新时代高等职业教育精品教材

产教融合　标准引领　赛教结合　思政育人

互联网+
新形态
一体化教材

仪器分析与检测技术

主编 ◎ 赵春海　　主审 ◎ 陈红杰

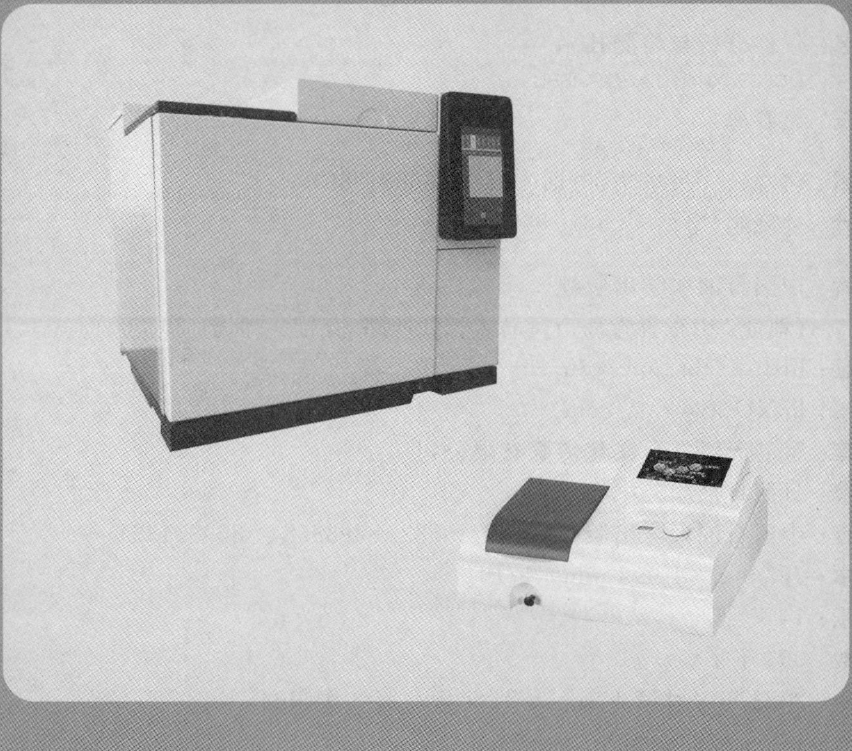

中国石油大学出版社
CHINA UNIVERSITY OF PETROLEUM PRESS
山东·青岛

图书在版编目(CIP)数据

仪器分析与检测技术 / 赵春海主编. -- 青岛 : 中国石油大学出版社，2023.8(2024.7 重印)

ISBN 978-7-5636-7884-6

Ⅰ. ①仪… Ⅱ. ①赵… Ⅲ. ①仪器分析 Ⅳ. ①O657

中国国家版本馆 CIP 数据核字(2023)第 118281 号

书　　名：仪器分析与检测技术
YIQI FENXI YU JIANCE JISHU

主　　编：赵春海

责任编辑：付晓云　吕华华(电话　0532-86981980)

封面设计：孙晓娟(电话　0532-86981529)

出 版 者：中国石油大学出版社
(地址：山东省青岛市黄岛区长江西路 66 号　邮编：266580)

网　　址：http://cbs.upc.edu.cn

电子邮箱：bjzx1130@sina.com

排 版 者：青岛天舒常青文化传媒有限公司

印 刷 者：日照日报印务中心

发 行 者：中国石油大学出版社(电话　0532-86983584，86983437)

开　　本：787 mm×1 092 mm　1/16

印　　张：14

字　　数：353 千字

版 印 次：2023 年 8 月第 1 版　2024 年 7 月第 2 次印刷

书　　号：ISBN 978-7-5636-7884-6

定　　价：39.80 元

编委会

主　编　赵春海

副主编　张晓博　李　文　蔡银萍

参　编　王亚奇（滨州职业学院）

王义春（滨州职业学院）

吴春涛（东营职业学院）

王旭峰（德州职业技术学院）

杨红霞（济宁职业技术学院）

姜　曼（济宁职业技术学院）

张丽华（滨州航空中等专科学校）

王致鹏（青岛农业大学）

池　哲（中国海洋大学）

丁卫平（滨州市检验检测中心）

王　刚（山东安和安全技术研究院有限公司）

主　审　陈红杰（广东轻工职业学院）

前言

PREFACE

《仪器分析与检测技术》是生物技术、食品、制药、石油化工等相关高职专业的专业基础课程“仪器分析”的配套教材，主要介绍基于化学分析实践技能的各种分析仪器检测技术，可作为成人教育和职业培训的指导教材，也可作为从事企业生产、分析操作人员以及相关工程技术人员的参考用书。

《仪器分析与检测技术》以分析检验行业中化学检验员和食品检验员等岗位的工作要求为指导，以典型项目任务为依托，以仪器分析应用为落脚点，通过项目导引、学习目标、知识准备、仪器认知、基本技能、工作任务等环节，从电位分析法、光学分析法、色谱分析法和现代分析技术4个方面梳理出8个项目，系统介绍了最为常用的一些仪器的分析方法、原理、结构、操作方法、典型工作任务及操作练习等。

教材主编邀请行业企业人员深度参与教材开发，以实际检验岗位工作任务为引导，以食品安全与质量检测和技能竞赛标准作为课程教学的示范和标杆，与《1+X粮农食品安全评价等级职业证书（中级）》的考核的内容与要求相融通，并在每个工作情境中挖掘思政元素，注重培养学生的人文素养、家国情怀和科学精神，从而实现岗、课、赛、证的有机融合，并且合理地融入思政元素。

教材提供授课用演示文稿、教学动画、教学视频等数字化教学资源。几乎每章节都附习题、思政园地、课堂讨论和思维导图，便于学生及时检查、总结和提高。教材中重要内容和知识点可通过扫描书中的二维码观看。教材兼具目标导向明确、简洁易学、育人育德等特点，体系鲜明，重点突出，图文并茂，通俗易懂。

前言

目录

CONTENTS

模块一　电位分析

模块二　光学分析

模块三 色谱分析

模块四　现代分析技术

模块一

电位分析

项目一

电位分析法

项目导引

在化学上，通常把 pH 大于 7 的物质称为碱性物质，pH 小于 7 的称为酸性物质，pH 等于 7 的称为中性物质。物质的酸碱性与人们的生活息息相关，衣食住行无一不与酸碱性有关。生活中物质酸碱性的实例有哪些？物质的酸碱性如何确定呢？确定物质的酸碱性有好多方法，如添加酸碱指示剂判断酸碱性、用 pH 试纸测定其酸碱性，但要精确测定样品的酸碱性，就需要用到特殊的仪器——酸度计。

学习目标

知识目标

1. 掌握电位分析法基本原理。
2. 掌握电位分析法的测量原理和分析方法。
3. 掌握电位分析的仪器的构造。

技能目标

1. 会一点标定法和两点标定法标定电极。
2. 会使用酸度计测定溶液的 pH。
3. 能对酸度计进行日常保养和维护。

素质目标

1. 培养良好的职业道德。
2. 培养严谨的工作作风和安全意识。
3. 培养精益求精、实事求是、一丝不苟的职业素质。
4. 培养团队协作能力。

任务1　知识准备

认识电位分析法

1.1　认识电位分析法

应用电化学的基本原理和实验技术，依据物质的电化学性质，包括电流、电位、电导、电荷量等，在溶液中有电流或无电流流动的情况下，测定物质组成及含量的分析方法称为电化学分析或电分析化学。

电化学分析是最早应用仪器的分析方法。

分析方法，始于19世纪初，在某些方面比如说抗体和抗原的免疫分析方面，要比色谱分析灵敏得多。电化学分析具有以下特点：一是灵敏度、准确度高，选择性好；二是电化学仪器装置较为简单，操作方便，尤其适合于化工生产中的自动控制和在线分析；三是适用范围广，如可用于测定无机离子、有机电化学、药物、活体分析等。

根据所测电物理量不同，电化学分析可分为电位分析法、电解与库仑分析法、极谱与伏安分析法和电导分析法。电位分析法依据的电化学性质为电极电位。

1.2　电位分析法基本原理

1）电化学电池

电化学分析测量装置由两支电极和电解质溶液组成，即能将化学能与电能进行相互转化的装置，也就是电化学电池。电极是提供电子转移或发生电极反应的场所，电极要插入对应的电解质溶液中才能发生作用。

电化学分析法中涉及两类化学电池，即原电池和电解池。原电池能自发地将化学能转变成电能，是能够向外部提供能量的装置。而电解池则由外电源提供电能，使电流通过电极并发生电极反应，是将电能转换成化学能的装置。电位分析法是在原电池内进行的，图1-1所示为Cu-Zn原电池。

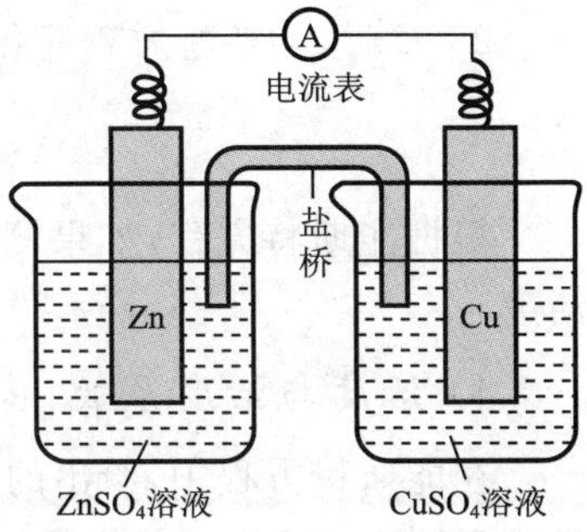

图1-1　Cu-Zn原电池示意图

化学电池工作时，电流在电池内部和外部流过，构成回路。溶液中的电流是依靠溶液中正、负离子的移动而形成的。在电解池中，发生氧化反应的电极称为阳极，发生还原反应的电极称为阴极。

为了简化对电池的描述，通常可以用电池表达式表示。如上述原电池可以表示为：

$$(-)Zn|ZnSO_4(x\ mol\cdot L^{-1})\|CuSO_4(y\ mol\cdot L^{-1})|Cu(+)$$

单竖线“|”表示不同相界面；双竖线“‖”表示盐桥，说明有两个接界面。双竖线两侧为两个半电池，习惯上把正极写在右边，负极写在左边。

2）电极电位

将金属M插入含有该金属离子M^{n+}的溶液中，金属片中的自由电子会发生转移，同时溶液中的金属离子也会向金属片表面转移，即在金属与溶液界面间发生电子的转移，从而造成金属与溶液两相间的多余正负电荷分别集中分布在相界面的两边，即金属和溶液的接触面的两边，从而形成的这个层面，称为化学双电层。双电层的形成，使两相界面产生电位差，当两相间建立动态平衡，也就是金属离子进出溶液的速度相等时，电位差值达到稳定，该电位差值称为相界电位，它对于金属而言就是金属的电极电位。

金属越活泼，金属阳离子进入溶液的倾向越大，电极还原性越强，电极电位越负。因而在电化学电池中，正极电极电位高，负极电极电位低。

3）能斯特方程

如果想要利用电极电位做定量分析，那么就先要了解电极电位与离子活度之间的关系，它们之间的关系可用能斯特(Nernst)方程表示。因为这一方程把化学能和原电池电极电位联系起来，在电化学方面有重大贡献，故以其发现者德国化学家能斯特命名，能斯特曾因此获1920年诺贝尔化学奖。

能斯特方程：

$$\varphi_{M^{n+}/M}=\varphi^{\ominus}_{M^{n+}/M}+\frac{RT}{nF}\times\ln a_{M^{n+}}$$

式中 $\varphi^{\ominus}_{M^{n+}/M}$——标准电极电位，V；

R——摩尔气体常数，8.314 5 J·mol^{-1}·K^{-1}；

T——热力学温度，K；

n——电极反应中转移的电子数；

F——法拉第常数，96 485 C·mol^{-1}；

$a_{M^{n+}}$——金属离子 M^{n+} 的活度，mol·L^{-1}。

25 ℃时，能斯特方程简化式：

$$\varphi_{M^{n+}/M}=\varphi^{\ominus}_{M^{n+}/M}+\frac{0.059\ 2}{nF}\times\ln a_{M^{n+}}$$

根据能斯特方程，如果测量出金属离子电对的电极电位，那么就可以确定金属离子的活度。

4）活度与活度系数

在能斯特方程中，给出的是电极电位与活度之间的关系，而在一般分析中，测定的是物质的量浓度，活度 a_i 与物质的量浓度 c_i 之间的关系为：

$$a_i=\gamma_i c_i$$

式中，γ_i称为活度系数。单个离子活度和活度系数没有严格的方法测定，由实验求得的为溶液中正负离子的平均活度系数。

5）电极的电极电位测量

目前单支电极的电位是无法测量的，只能选择另一支电极作为标准，将待测电极与之比较，求得电极电位的相对值，通常所说的某电极的“电极电位”就是相对电极电位。

国际纯粹与应用化学联合会(IUPAC)规定标准氢电极为标准电极。所谓标准状态，是指组成电极的离子浓度为1 mol·L^{-1}，气体的分压为100 kPa，纯液体和纯固体的状态。通常选择温度为298.15 K，标准电极电势以符号$\varphi^{\ominus}$表示。

将铂片表面镀上一层多孔的铂黑即细粉状的铂(铂对氢气的吸附能力特别强)，放入氢离子浓度（严格讲应为活度）为 1 mol · L^{-1} 的酸溶液（如硫酸）中，在 298.15 K 下不断通入压力为 100 kPa 的纯氢气流，使铂黑电极上吸附的氢气达到饱和，这就构成了标准氢电极。此系统产生的平衡电势差称为标准氢电极的电极电位，其数值规定为零。

对于任意给定的电极，测定其标准电极电位时，在标准状态下，用标准氢电极作为负极，待测电极为正极，组成的原电池为"标准氢电极 ‖ 待测电极"，所测得电池电动势即待测电极的标准电极电位。非标准状态下，电极的电极电位可以通过能斯特方程进行计算。

在实际应用中，通常用一支电极电位随待测离子活度变化而变化的指示电极和一支电极电位恒定的参比电极与待测溶液组成工作电池，通过测量工作电池的电动势来获得 $\varphi_{M^{n+}/M}$ 的电位。

根据公式，电池电动势为：

$$E=\varphi(+)-\varphi(-)+\varphi_L$$

式中，$\varphi(+)$ 为电位较高的正极的电极电位；$\varphi(-)$ 为电位较低的负极的电极电位；φ_L 为液接电位，其值很小，可以忽略。

所以电池的电动势为：

$$E=\varphi_{参比}-\varphi_{M^{n+}/M}$$

式中，$\varphi_{参比}$ 在一定温度下是常数，因此只要测量出电池电动势，就可以求出待测离子 M^{n+} 的活度，进而计算出物质的量浓度。

这种在原电池内进行的，即将指示电极和参比电极插入待测溶液中组成一个化学电池，如图 1-2 所示，通过测定电极电位，实际测得的是电池电动势，进而求得溶液中待测组分含量的方法，为电位分析法。

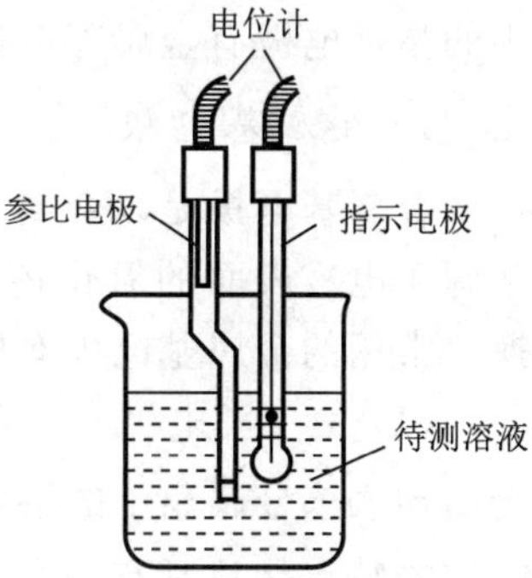

图 1-2 电位分析示意图

1.3 电位分析法分类

根据分析应用的方式不同，电位分析法可分为直接电位法和电位滴定法。

1）直接电位法

通过测量电池电动势即两电极间的电位差，直接求算被测物质含量的方法，称为直接电位法。电位分析法的理论基础是能斯特方程，即某一个电极的电极电位与它的离子浓度的关系用能斯特方程表示。

直接电位法的特点是简便、快速、灵敏度高、应用广泛，常用于测定溶液的 pH 及一些离子的浓度，在工业生产的连续自动分析和环境监测等方面具有独特的应用。

2）电位滴定法

电位滴定法是用已知准确浓度的滴定剂来滴定待测物质，根据消耗掉的滴定剂的量，来计算待测物质的含量。需要注意的是，滴定终点是通过测量原电池电动势的突跃来确定的。

电位滴定法的特点是测定结果的准确度高，易实现自动控制，能进行连续和自动滴定。电位滴定法广泛应用于酸碱滴定、配位滴定、沉淀滴定和氧化还原滴定终点的确定，特别适合用于滴定突跃小、溶液有色或浑浊的滴定，并可以获得理想的结果。

任务2　仪器认知

2.1　指示电极

电位分析法中，电极电位随溶液中待测离子活(浓)度的变化而变化，并指示出待测离子活(浓)度的电极称为指示电极。指示电极能够对溶液中参与电极半反应的离子活度做出快速而灵敏的响应。依据能斯特方程，当溶液中相应离子活度发生变化时，指示电极的电位与离子活度的常数对数成线性关系。为避免共存离子的干扰，指示电极对测定的离子应具有较大的选择性，即每种电极仅对特定离子有很高的响应，这也使得指示电极的种类较多。常用的指示电极有金属基电极和离子选择性电极两大类。

1）金属基电极

常用的指示电极

金属基电极是以金属为基体的电极，其特点是：它们的电极电位主要来源于电极表面的氧化还原反应，所以在电极反应过程中都发生电子交换。常用的金属基电极有以下几种。

(1) 第一类电极——金属-金属离子电极。这类电极结构简单，将某种金属插入该金属离子的溶液中即构成了金属-金属离子电极，可表示为 $M|M^{n+}$。这类电极的结构特点是只具有一个相界面。如 Ag-$AgNO_3$ 电极(银电极)、Zn-$ZnSO_4$ 电极(锌电极)等都是这类电极。电极反应为：

$$M^{n+}+ne^{-}\rightleftharpoons M$$

25 ℃时，电极电位为：

$$\varphi_{M^{n+}/M}=\varphi^{\ominus}_{M^{n+}/M}+\frac{0.059\,2}{n}\lg a_{M^{n+}}$$

第一类电极的电位值与溶液中金属离子的活度有关。组成第一类电极的金属有银、铜、锌、汞等。活泼金属极易与水反应，不能使用。铁、钴、镍、铬等金属表面易生成氧化膜而改变金属表面的结构和性质，故也不能用作第一类电极。

(2) 第二类电极——金属-金属难溶盐电极。它由金属、该金属难溶盐和难溶盐的阴离子溶液组成。甘汞电极和银-氯化银电极就属于这类电极，其电极电位随所在溶液中的难溶盐阴离子活度变化而变化。例如，银-氯化银电极可用来测定氯离子活度。

(3) 第三类电极——汞电极。这类电极是将金属汞(或汞齐丝)浸入含有少量 EDTA(乙二胺四乙酸二钠)配合物及被测金属离子的溶液中所组成的。

电极反应为：

$$HgY^{2-}+M^{n+}+2e^{-}=Hg+MY^{n-4}$$

半电池符号为：

$$Hg|HgY\cdot MY^{n-4},M^{n+1}$$

根据溶液中同时存在的 Hg^{2+} 和 M^{n+} 与 EDTA 间的两个配位平衡，可以导出 25 ℃时的电极电位为：

$$\varphi_{Hg^{2+}/Hg}=\varphi^{\ominus}_{Hg^{2+}/Hg}+\frac{0.059\ 2}{2}\lg\frac{K_{MY^{n-4}}}{K_{HgY^{2-}}}+\frac{0.059\ 2}{2}\lg\frac{[HgY^{2-}]}{[MY^{n-4}]}+\frac{0.059\ 2}{2}\lg[M^{n+}]$$

这种电极可以作为 EDTA 滴定时的指示电极。

(4) 惰性金属电极。惰性电极也称零类电极，一般是由化学性质稳定的惰性材料，如铂、金、石墨等，浸入含有一种元素两种不同价态离子的溶液中组成的。这类电极本身不参与反应，但其晶格间的自由电子可与溶液进行交换。故惰性金属电极可作为溶液中氧化态和还原态获得电子或释放电子的场所。例如，将铂电极插入含有 Fe^{3+}/Fe^{2+} 电对的溶液中，组成的半电池符号为：

$$Pt|Fe^{3+},Fe^{2+}$$

其电极反应为：

$$Fe^{3+}+e^{-}=\!=\!=Fe^{2+}$$

25 ℃时的电极电位为：

$$\varphi_{Fe^{3+}/Fe^{2+}}=\varphi^{\ominus}_{Fe^{3+}/Fe^{2+}}+0.059\ 2\lg\frac{a_{Fe^{3+}}}{a_{Fe^{2+}}}$$

2) 离子选择性电极

离子选择性电极是目前应用广泛、发展迅速的一类电极，其特点是仅对溶液中特定离子有选择性响应。这类电极都具有一个敏感膜，故又称为膜电极。常用符号“ISE”表示。

(1) 分类。

膜电极的分类如图 1-3。

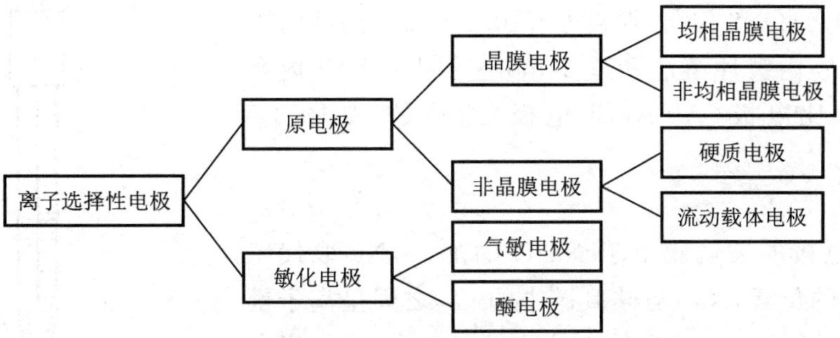

图 1-3　膜电极的分类

(2) 基本结构。

膜电极的关键是一个称为选择膜的敏感元件，安装在玻璃或塑料电极杆的头部，典型膜电极结构如图 1-4 所示。电极管由玻璃或高分子聚合物材料做成；内参比电极通常为 Ag-AgCl 电极；内参比溶液由氯化物及响应离子的强电解质溶液组成；敏感元件可由特殊组成的玻璃、单晶、混晶、液膜、高分子功能膜或生物膜等构成。

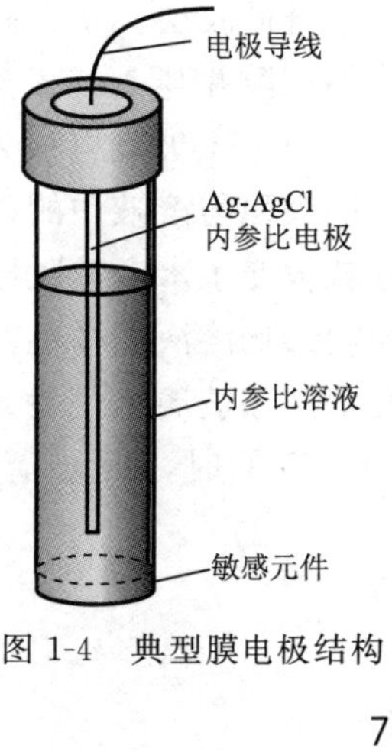

图 1-4　典型膜电极结构

(3) 膜电位。

将某一合适的离子选择性电极浸入含有一定活度的待测离子溶液中，敏感膜的一面与被测溶液接触，另一面与电极的内充液接触。敏感膜上不发生电子转移，只是在膜表面上发生离子交换而形成膜电位。

离子选择性电极的膜电位与溶液中待测离子活度的关系符合能斯特方程，即

$$\varphi_{膜} = K \pm \frac{0.059\ 2}{n} \lg a_i \text{（25 ℃时）}$$

式中 K——离子选择性电极常数，在一定实验条件下为一常数，它与电极的敏感膜、内参比电极、内参比溶液及温度等有关。

a_i——i 离子的活度。

n——i 离子的电荷数。当 i 为阳离子时，式中第二项取正值；当 i 为阴离子时，该项取负值。

离子选择性电极的电位为内参比电极的电位与膜电位之和，即

$$\varphi = \varphi_{内参} + \varphi_{膜}$$

由于内参比电极的电位为常数，所以离子选择性电极的电位应为：

$$\varphi = K \pm \frac{0.059\ 2}{n} \lg a_i \text{（25 ℃时）}$$

（4）常用的离子选择性电极。

① pH 玻璃电极。

pH 玻璃电极属于离子选择性电极中的非晶膜刚性基质电极，就是对 H^+ 有响应的氢离子选择性电极，其敏感膜就是玻璃膜。pH 玻璃电极是测定溶液 pH 的一种常用指示电极。

a. 构造。

pH 玻璃电极是由对 H^+ 有选择性响应的软质球状玻璃膜（含 Na_2O、CaO 和 SiO_2，厚度小于 0.1 mm）、内部溶液（pH＝6～7 的膜内缓冲溶液和 0.1 $mol \cdot L^{-1}$ 的 KCl 内参比溶液）、内参比电极（Ag-AgCl 电极）组成的，如图 1-5 所示。

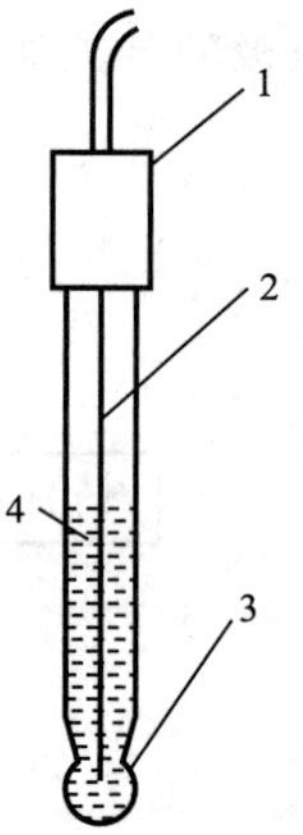

图 1-5　pH 玻璃电极结构示意图

1—绝缘套；2—Ag-AgCl 电极；3—玻璃膜；4—内部缓冲溶液。

b. 膜电位。

pH 玻璃电极的玻璃膜由于 Na_2O 的加入，Na 取代了玻璃中 Si(Ⅳ)的位置，Na^+ 与硅氧键中的 O^- 之间呈离子键性质，形成可以进行离子交换的点位—Si—O—Na^+。当电极浸入水溶液中时，玻璃外表面吸收水产生溶胀，形成很薄的水合硅胶层。水合硅胶层只容许氢离子扩散进入玻璃结构的空隙并与 Na^+ 发生交换反应。

当 pH 玻璃电极外膜与待测溶液接触时，由于水合硅胶层表面与溶液中的氢离子的活度不同，氢离子便从活度大的一方向活度小的一方迁移。这就改变了水合硅胶层和溶液两相界面的电荷分布，产生了外相界电位。pH 玻璃电极内膜与内参比溶液同样也产生内相界电位。可见，pH 玻璃电极两侧的相界电位的产生是氢离子在溶液和玻璃水化层界面之间转移的结果。

25 ℃时，pH 玻璃电极的膜电位大小可表示为：

$$\varphi_{膜} = K' + 0.059\ 2 \lg a_{H^+} \text{（外）}$$

或

$$\varphi_{膜}=K'-0.059\ 2\text{pH}_{外}$$

式中，K'由 pH 玻璃电极本身的性质决定，对于某一确定的电极，K'是常数。在一定温度下，pH 玻璃电极的膜电位与外部溶液的 pH 成线性关系。

c. pH 玻璃电极的电极电位。

$$\varphi_{玻璃}=\varphi_{AgCl/Ag}+\varphi_{膜}=\varphi_{AgCl/Ag}+K'-0.059\ 2\text{pH}_{外}$$

$$\varphi_{玻璃}=K_{玻璃}-0.059\ 2\text{pH}_{外}$$

其中

$$K_{玻璃}=\varphi_{AgCl/Ag}+K'$$

可见，当温度等实验条件一定时，pH 玻璃电极的电极电位与试液的 pH 成线性关系。

d. pH 玻璃电极的特点。

优点：不受溶液中氧化剂和还原剂的影响；玻璃膜不易因杂质的作用而中毒；能在胶体溶液和有色溶液中应用。

缺点：必须辅以电子放大装置（因其本身具有很高电阻）；电阻随温度变化，一般只能在5～60 ℃使用；电极玻璃球泡很薄，很容易破损。

pH 玻璃电极的测量范围一般为 pH＝1～10。当试液 pH＜1 时，电位值偏离线性关系，pH 的测量结果偏高，称为酸差。当试液 pH＞10 时，测定结果偏低，称为碱差或钠差。

② 氟离子选择性电极。

氟离子选择性电极属于典型的均相晶膜电极。氟离子选择性电极的敏感膜是掺入 EuF_2 的 LaF_3 单晶膜，单晶膜封在聚四氟乙烯管中，管中充入 0.1 mol·L^{-1} 的 NaF 溶液和 0.1 mol·L^{-1} 的 NaCl 溶液作为内参比溶液，插入银-氯化银电极作为内参比电极，氟离子可在 LaF_3 单晶膜中移动，如图 1-6 所示。

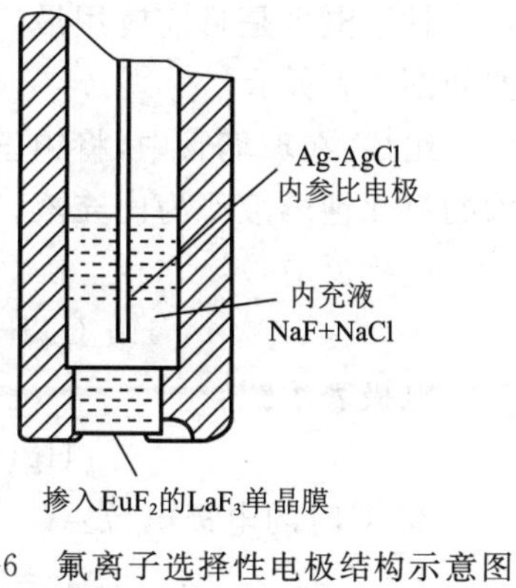

图 1-6　氟离子选择性电极结构示意图

LaF_3 单晶膜表面存在晶格离子空穴，当晶膜与试液接触时，试液中的 F^- 能进入晶格离子空穴，而晶膜中的 F^- 也会扩散进入溶液而在膜中留下新空穴。当离子交换达到平衡时，晶膜表面与试液两相界面上形成双电层而产生膜电位。

氟离子选择性电极的电极电位计算如下：

$$\varphi=K-0.059\ 2\lg a_{F^-}$$

式中　φ——氟离子选择性电极电位；

a_{F^-}——氟离子活度；

K——常数。

电位 E 与氟离子活度有关。

氟离子选择性电极对 F^- 活度的线性响应范围是 10^{-6}～1 mol·L^{-1}。溶液的酸度对其测定准确度有较大影响，pH 过低，溶液中的 H^+ 会与部分 F^- 反应生成 HF 或 HF_2^-，使测定结果偏低；pH 过高，OH^- 与晶体膜 LaF_3 发生反应释放出 F^-，使测定结果偏高。实践证明，F^- 选择性电极测定的适宜范围为 pH＝5.0～7.0。另外，溶液中存在 Be^{2+}、Al^{3+}、Fe^{3+} 等能与 F^- 稳定配位的阳离子时，也会干扰 F^- 活度的测定，通常加入掩蔽剂来消除干扰。

常见的晶体膜电极的品种和性能见表 1-1。

表 1-1　晶体膜电极的品种和性能

电　极	膜材料	线性响应浓度范围 /(mol·L^{-1})	适用 pH 范围	主要干扰离子	可测定离子
Cl^-	$AgCl+Ag_2S$	$5\times10^{-5}\sim1\times10^{-1}$	2～12	Br^-、$S_2O_3^{2-}$、I^-、CN^-、S^{2-}	Ag^+、Cl^-
Br^-	$AgBr+Ag_2S$	$5\times10^{-6}\sim1\times10^{-1}$	2～12	$S_2O_3^{2-}$、I^-、CN^-、S^{2-}	Ag^+、Br^-
I^-	$AgI+Ag_2S$	$1\times10^{-7}\sim1\times10^{-1}$	2～11	S^{2-}	Ag^+、I^-、CN^-
CN^-	AgI	$1\times10^{-6}\sim1\times10^{-2}$	>10	I^-	Ag^+、I^-、CN^-
Ag^+、S^{2-}	Ag_2S	$1\times10^{-7}\sim1\times10^{-1}$	2～12	Hg^{2+}	Ag^+、S^{2-}
Cu^{2+}	$CuS+Ag_2S$	$5\times10^{-7}\sim1\times10^{-1}$	2～10	Ag^+、Hg^{2+}、Fe^{3+}、Cl^-	Cu^{2+}
Pb^{2+}	$PbS+Ag_2S$	$5\times10^{-7}\sim1\times10^{-1}$	3～6	Cd^{2+}、Ag^+、Hg^{2+}、Fe^{3+}、Cu^{2+}、Cl^-	Pb^{2+}
Cd^{2+}	$CdS+Ag_2S$	$5\times10^{-7}\sim1\times10^{-1}$	3～10	Pb^{2+}、Ag^+、Hg^{2+}、Fe^{3+}、Cu^{2+}	Cd^{2+}

2.2　参比电极

在电位分析中，需要一支电极的电极电位不随测量对象的不同和浓度的变化而发生改变，即保持恒定，这种电极称为参比电极。因而，对参比电极的要求是电位值已知且恒定，受外界影响小，对温度或浓度没有滞后现象，具有良好的重现性和稳定性，制作简便，使用寿命长。常用的参比电极是甘汞电极和银-氯化银电极。

常用的参比电极

1）甘汞电极

甘汞电极是目前应用最广的参比电极，属于二级标准。甘汞电极的结构如图 1-7 所示。

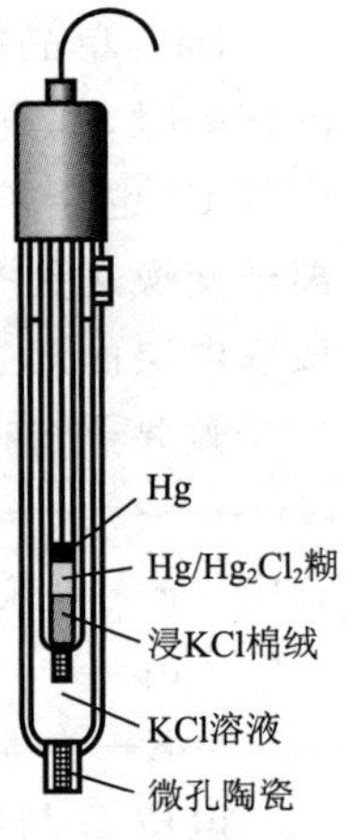

图 1-7　甘汞电极

组成：在玻璃管中，将铂丝浸入汞与氯化亚汞的糊状物中，并以氯化亚汞的氯化钾溶液作为内充液，即甘汞电极。

电极反应：

$$Hg_2Cl_2+2e^- \longrightarrow 2Hg(l)+2Cl^-$$

电极表示式：

$$Hg(l), Hg_2Cl_2(s) \mid KCl$$

25 ℃时的电极电位：

$$\varphi_{Hg_2Cl_2/Hg}=\varphi^{\ominus}_{Hg_2Cl_2/Hg}-0.0592\lg a_{Cl^-}$$

即在一定温度下，甘汞电极的电极电位取决于电极内充液中Cl^-的活度，因而当其活度保持固定时，电极电位恒定，故甘汞电极可以作为参比电极使用。

按 KCl 溶液的浓度，甘汞电极可分为三种类型，即饱和型、标准型及 0.1 mol·L^{-1}型，其中最常用的是饱和甘汞电极(SCE)。在 25 ℃，它们的电极电位值(包括液体接界电位)见表 1-2。

表 1-2　甘汞电极的电极电位(25 ℃)

名　称	KCl 溶液浓度/($mol \cdot L^{-1}$)	电极电位/V
饱和甘汞电极(SCE)	饱和溶液	0.243 8
标准甘汞电极(NCE)	1.0	0.282 8
0.1 $mol \cdot L^{-1}$甘汞电极	0.1	0.336 5

当温度不是 25 ℃时，应对表中所列数据进行温度校正。对于 SCE，t (℃)时的电极电位为：

$$\varphi_t = 0.243\ 8 - 7.6 \times 10^{-4}(t-25) \quad (单位为\ V)$$

电位分析法最常用的甘汞电极的 KCl 溶液为饱和溶液，因此称为饱和甘汞电极(SCE)。在使用饱和甘汞电极时，需要注意下面几个问题：

① 使用前应先取下电极下端口和上侧加液口的小胶帽，不用时戴上。

② 电极内饱和 KCl 溶液的液位应保持足够的高度(以浸没内电极为度)，溶液不足时要补加。为了保证内参比溶液是饱和溶液，电极下端要保持有少量 KCl 晶体存在，否则必须由上加液口补加少量 KCl 晶体。

③ 使用前应检查玻璃弯管处是否有气泡。若有气泡，则应及时排除掉，否则将引起电路断路或仪器示数不稳定。

④ 使用前要检查电极下端陶瓷芯毛细管是否畅通。检查方法是：先将电极外部擦干，然后用滤纸紧贴瓷芯下端片刻，若滤纸上出现湿印，则证明毛细管未堵塞。

⑤ 安装电极时，电极应垂直置于溶液中，内参比溶液的液面应较待测溶液的液面高，以防止待测溶液向电极内渗透。

⑥ 饱和甘汞电极在温度改变时常显示出滞后效应(例如，温度改变 8 ℃时，3 h 后电极电位仍偏离平衡电位 0.2～0.3 mV)，因此不宜在温度变化太大的环境中使用。但若使用双盐桥型电极，如图 1-8 所示，加置盐桥可减小温度滞后效应所引起的电位漂移。饱和甘汞电极在 80 ℃以上时电位值不稳定，此时应改用银-氯化银电极。

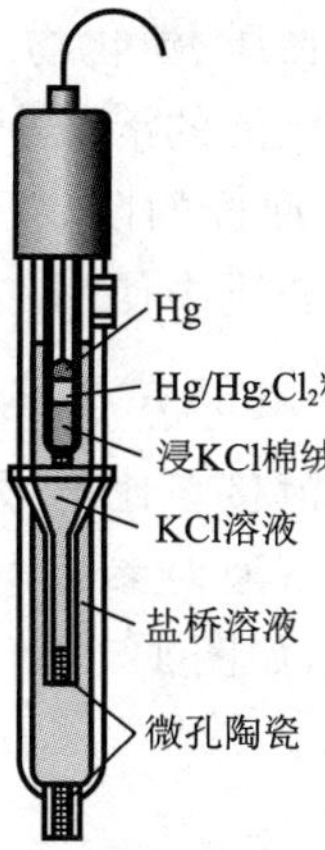

图 1-8　双液接饱和甘汞电极

⑦ 待测溶液中含有Ag^+、S^{2-}、Cl^-及高氯酸等物质时，应加置 KNO_3 盐桥。

2) 银-氯化银电极

组成：将银丝镀上一层 AgCl 沉淀，浸在用 AgCl 饱和的一定浓度的 KCl 溶液中，即构成了银-氯化银电极，其结构如图 1-9 所示。

电极反应：

$$AgCl + e^- \rightleftharpoons Ag + Cl^-$$

电极表示式：

$$Ag, AgCl(s) | KCl$$

25 ℃时的电极电位：

$$\varphi_{AgCl/Ag} = \varphi^{\ominus}_{AgCl/Ag} - 0.059\ 2 \lg a_{Cl^-}$$

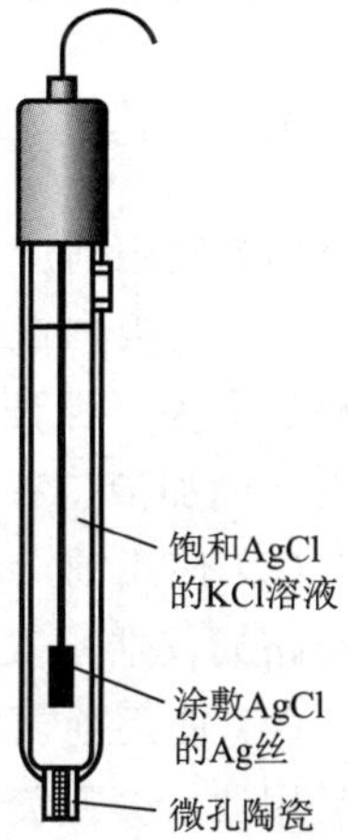

图 1-9　银-氯化银电极

银-氯化银电极的电极电位也取决于电极内充液中Cl^-的活度，不同浓度内充液的电极电位见表 1-3。

表 1-3　银-氯化银电极的电极电位(25 ℃)

名　称	KCl 浓度/($mol \cdot L^{-1}$)	电极电位/V
饱和银-氯化银电极	饱和溶液	0.200 0
标准银-氯化银电极	1.0	0.222 3
0.1 $mol \cdot L^{-1}$银-氯化银电极	0.1	0.288 0

当温度不是 25 ℃时，应对表中所列数据进行温度校正。任意温度 t(℃)时的电极电位为：

$$\varphi_t = 0.222\,3 - 6\times10^{-4}(t-25)\qquad(\text{单位为 V})$$

银-氯化银电极的温度滞后效应非常小，可在温度高于80 ℃的体系中使用。银-氯化银电极是重现性最好的参比电极，常在 pH 玻璃电极和其他各种离子选择性电极中用作内参比电极。但该电极易受能引起银离子浓度变化的其他干扰组分的影响，因此，不能直接(即在没有附加盐桥的情况下)用于含有蛋白质、溴化物、碘化物或二价硫离子等能与银离子形成沉淀的溶液中，也不能在含有 CN^-、SCN^- 等能与 Ag^+ 配位的阴离子存在的情况下或在强氧化性、强还原性介质中使用。

3) 双液接参比电极

双液接参比电极常用于电动势的精确测定，可防止样品溶液对参比电极内充液造成污染，并可降低液接电位，如图 1-10 所示。

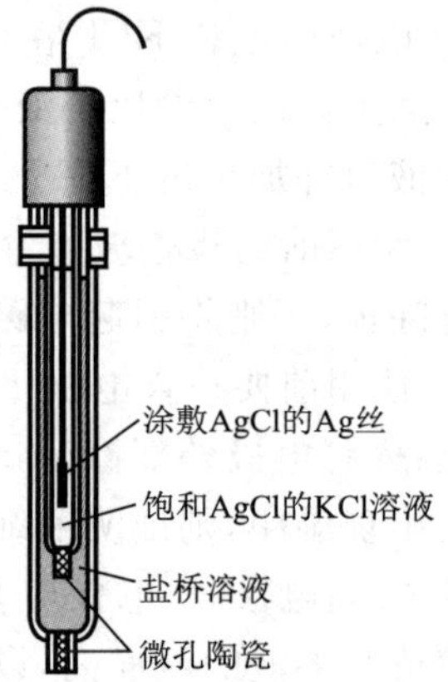

图 1-10　双液接银-氯化银电极

任务 3　基本技能

电极的规范使用与维护

3.1　饱和甘汞电极的规范使用

(1) 使用前应先取下电极下端口和上侧加液口的小胶帽，不用时戴上。

(2) 电极内饱和 KCl 溶液的液位应保持足够的高度(以浸没内电极为度)，溶液不足时要补加。为了保证内参比溶液是饱和溶液，电极下端要保持有少量 KCl 晶体存在，否则必须由上侧加液口补加少量 KCl 晶体。

(3) 使用前应检查玻璃弯管处是否有气泡。若有气泡，则应及时排除掉，否则将引起电路断路或仪器示数不稳定。

(4) 使用前要检查电极下端陶瓷芯毛细管是否畅通。检查方法是：先将电极外部擦干，然后用滤纸紧贴瓷芯下端片刻，若滤纸上出现湿印，则证明毛细管未堵塞。

(5) 安装电极时，电极应垂直置于溶液中，内参比溶液的液面应较待测溶液的液面高，以防止待测溶液向电极内渗透。

(6) 饱和甘汞电极在温度改变时常显示出滞后效应，故不宜在温度变化太大的环境中使用。

(7) 当待测溶液中含有 Ag^{+}、S^{2-}、Cl^{-} 及高氯酸等物质时，应加置 KNO_3 盐桥。

3.2　pH 玻璃电极的规范使用

(1) 使用前在蒸馏水中浸泡 24 h。

(2) 检查玻璃球泡是否有裂痕，检查内参比电极是否浸入内参比溶液中，检查内参比溶液中是否有气泡。有裂纹或内参比电极未浸入内参比溶液的电极不能使用。若内参比溶液内有气泡，则应稍晃动以将其除去。

(3) pH 玻璃电极在长期使用或储存中会老化，老化的电极不能再使用。pH 玻璃电极的使用期一般为一年。

(4) pH 玻璃电极玻璃膜很薄，容易因为碰撞或受压而破裂，使用时必须特别注意。电极不能倒置。

(5) 使用前球泡外壁的溶液只能用滤纸吸干，不能擦。检查插线柱是否干燥。

(6) pH 玻璃电极在使用中沾污后必须清洗。对油污，可用 5%～10%的丙酮溶液清洗；对无机盐，可用 0.1 mol · L^{-1}的盐酸溶液清洗。

(7) pH 玻璃电极不能应用于浓硫酸、铬酸洗液、95%以上的乙醇溶液和含氟较高的试液等。

3.3　复合电极的规范使用

目前实验室使用的电极都是复合电极(即 pH 玻璃电极和甘汞电极的复合)，其优点是使用方便，不受氧化性或还原性物质的影响，且平衡速度较快。

(1) 初次使用或久置后重新使用时，把电极球泡及砂芯浸在 3 mol · L^{-1} KCl 溶液中活化 8 h。切忌用洗涤液或其他吸水性试剂浸洗。

(2) 使用前，检查 pH 玻璃电极前端的球泡。正常情况下，电极应该透明而无裂纹；球泡内要充满溶液，不能有气泡存在。

(3) 测量时拔去外罩，去掉橡皮套，将电极的球泡及砂芯微孔同时浸在被测组分溶液内。测量另一溶液时，先将电极在蒸馏水中洗净，防止将杂质带入溶液，避免溶液间交叉污染，保证测量精度。内参比溶液为饱和的 3.33 mol · L^{-1} KCl 溶液，从上端小孔补充，溶液量保持在内腔容量的 1/2 以上。不用时，将小孔用橡皮套盖上。

(4) 测量浓度较大的溶液时，尽量缩短测量时间。测完后仔细清洗电极，防止被测液黏附在电极上而污染电极。

(5) 测量中注意电极的银-氯化银内参比电极应浸入球泡内氯化物缓冲溶液中，避免电极显示部分出现数字乱跳现象。使用前，注意将电极轻轻甩几下。

(6) 清洗电极后，不要用滤纸擦拭玻璃膜，而应用滤纸吸干，避免损坏玻璃薄膜，防止交叉污染，否则会影响测量精度。

(7) 严禁在脱水性介质如无水乙醇、重铬酸钾等溶液中使用。

(8) 避免将电极长期浸在酸性氟化物溶液中。电极不能用于强酸、强碱或其他腐蚀性溶液的测量。

(9) 电极球泡或砂芯沾污会使电极响应速度减慢。根据污染物性质选用适当溶液清洗,可使电极性能恢复。

3.4　氟电极使用注意事项

(1) 为了避免 OH^- 的干扰,测定时溶液需要控制 pH 为 5～6。

(2) 被测溶液中存在能与 F^- 生成稳定配合物或难溶化合物的阳离子(如 Al^{3+} 、Ca^{2+}),会对测定结果造成干扰,须加入掩蔽剂消除。但切不可使用能与 La^{3+} 形成稳定配合物的配位剂,以免溶解 LaF_3 而使电极灵敏度降低。

(3) 用氟离子选择性电极测定试样与标准溶液时,应用磁力搅拌器搅拌,并使试样与标准溶液搅拌速度相等。

(4) 在用氟离子选择性电极做测定时,试样和标准溶液应在同一温度。在测量时,电极用蒸馏水清洗后,应用滤纸吸干后进行测试,以防止引起测量误差。

(5) 氟电极在用毕后建议用去离子水清洗后干放,这样可以延长电极使用寿命,并且不影响下一次测量。

任务 4　工作任务

直接电位法的应用——矿泉水pH的测定

4.1　直接电位法的应用一:水样 pH 的测定

1) 目的要求

(1) 了解 pH 的直接电位法测定原理及方法。

(2) 学习酸度计的使用方法。

2) 基本原理

以 pH 玻璃电极做指示电极,甘汞电极做参比电极,插入溶液中即组成测定 pH 的原电池。在一定条件下,电池电动势 E 是试液中 pH 的线性函数。测量 E 时,若参比电极(甘汞电极)为正极,则:

$$E=K+0.0592\text{pH}(25\ ℃)$$

上述能斯特方程中的 K 值包括甘汞电极电位、内参比电极电位、玻璃膜的不对称电位及参比电极与溶液间的液接电位,它难以用理论方法计算出来,但在一定的实验条件下是常数。通常需要用与待测溶液 pH 接近的标准缓冲溶液进行校正,以抵消 K 值对测量的影响。其原理是:当 pH 玻璃电极-甘汞电极对分别插入 pH_s 标准缓冲溶液和 pH_x 未知溶液中时,电动势 E_s 和 E_x 分别为:

$$E_s=K+0.0592\text{pH}_s(25\ ℃)$$

$$E_x=K+0.0592\text{pH}_x(25\ ℃)$$

两式相减，得

$$pH_x = pH_s + \frac{E_x - E_s}{0.059\ 2} = pH_s + \frac{\Delta E}{0.059\ 2}(25\ ℃)$$

在酸度计上，pH 示值按照 $\Delta E/0.059\ 2$ 分度，此分度值只适用于温度为 25 ℃时。为适应不同温度下的测量，需进行温度补偿。在实际测定中，先将“温度补偿”旋钮调至溶液的温度处，然后采用一点定位法或二点定位法进行定位校正（将 K 值抵消）以测量溶液 pH。

一点定位法是在温度补偿后，将 pH 玻璃电极-甘汞电极对插入某一份已知 pH 的标准缓冲溶液中，用“定位”调节旋钮将仪器示值调节到 pH_s 的数值处，这个过程叫做定位。进行温度补偿和定位校正后，电极插入未知 pH 的试液中，仪器就可以直接显示出待测试液 pH_x 的测定值。

二点定位法是在温度补偿后，将 pH 玻璃电极-甘汞电极对先插入某一份较低 pH 的标准缓冲溶液中，转动“定位”调节旋钮（此时，“斜率”调节旋钮应处于 100%处），使仪器显示为“0”。再将 pH 玻璃电极-甘汞电极对插入另一份较高 pH 的标准缓冲溶液中，缓慢调节“斜率”调节旋钮，使仪器显示为两份 pH 标准缓冲溶液的 pH 之差，再转动“定位”调节旋钮，使仪器显示的 pH 稳定在第二份标准缓冲溶液的 pH。最后，将 pH 玻璃电极-甘汞电极对插入待测试液中，这时仪器即显示出 pH_x 的测定值。

从测定原理来看，二点定位法的测定结果要比一点定位法准确。因为 25 ℃时，酸度计的单位 pH 的理论电位变化值应为 59 mV，若 pH 玻璃电极在实际测量中响应斜率不符合 59 mV 的理论值，这时仍用一份 pH 标准缓冲溶液对酸度计进行校正，那么就会因电极响应斜率与仪器不一致而引入测量误差。采用二点定位法（即双 pH 标准缓冲溶液），由于酸度计的单位 pH 的电位变化与电极的电位变化较为一致，故提高了测量准确度。

3）仪器与试剂

（1）仪器。

pH SJ-3F 型（或其他型号）酸度计、pH 复合电极、3 只 50 mL 烧杯。

（2）试剂。

pH 标准缓冲溶液甲（邻苯二甲酸氢钾）：称取在（115±5）℃下烘干 2～3 h 的邻苯二甲酸氢钾（$KHC_8H_4O_4$）10.12 g，溶于不含 CO_2 的去离子水中，在容量瓶中稀释至 1 000 mL，摇匀，储于塑料瓶中，备用。

pH 标准缓冲溶液乙（混合磷酸盐）：分别称取在（115±5）℃下烘干 2～3 h 的磷酸二氢钾（KH_2PO_4）3.39 g 和磷酸氢二钠（Na_2HPO_4）3.53 g，溶于不含 CO_2 的去离子水中，在容量瓶中稀释至 1 000 mL，摇匀，储于塑料瓶中，备用。

pH 标准缓冲溶液丙（硼砂）：称取硼砂（$Na_2B_4O_7 \cdot 10H_2O$）3.80 g，溶于不含 CO_2 的去离子水中，在容量瓶中稀释至 1 000 mL，摇匀，储于塑料瓶中，备用。（注意：硼砂不能烘！称重前应放在以蔗糖和 NaCl 饱和溶液为干燥剂的干燥器中平衡数天，使其组成恒定。）

以上各种 pH 标准缓冲溶液也可用市售袋装标准缓冲溶液试剂按规定进行配制。

pH 标准缓冲溶液应储于塑料瓶中密封保存，通常能稳定 2～3 个月。发现浑浊、发霉、沉淀等现象时，不能继续使用。

pH 标准缓冲溶液的 pH 随温度不同而稍有差异，参见表 1-4。

表 1-4 不同温度时标准缓冲溶液的 pH

温度/℃	不同标准缓冲溶液的 pH		
	$KHC_8H_4O_4$	KH_2PO_4-Na_2HPO_4	$Na_2B_4O_7 \cdot 10H_2O$
0	4.01	6.98	9.46
5	4.00	6.95	9.39
10	4.00	6.92	9.33
15	4.00	6.90	9.28
20	4.00	6.88	9.23
25	4.00	6.86	9.18
30	4.01	6.85	9.14
35	4.02	6.84	9.11
40	4.03	6.84	9.07
45	4.04	6.83	9.04
50	4.06	6.83	9.02
55	4.07	6.83	8.99
60	4.09	6.84	8.97
70	4.12	6.85	8.93
80	4.16	6.86	8.89

4）实验步骤

(1) 电极的外观检查。

检查 pH 玻璃电极前端的球泡。正常情况下，电极应该透明而无裂纹；球泡内要充满溶液，不能有气泡存在。

(2) 仪器校准。

① 按下仪器电源开关键，预热 30 min。

② 将电极用蒸馏水洗净，用滤纸吸干。

③ 将电极放入盛有 pH=4 的标准缓冲溶液的烧杯内。按下“校准”键，待数值相对稳定后，按下“确定”键。

④ 把电极从 pH=4 的标准缓冲溶液中取出，用蒸馏水洗净，用滤纸吸干。

⑤ 将电极放入 pH=6.86 或 pH=9.18 的标准缓冲溶液中。按下“校准”键，使仪器指示值为该标准缓冲溶液在此温度下的 pH，然后按下“确定”键。

⑥ 取出电极，用蒸馏水洗净，用滤纸吸干。

⑦ 按下“取消”键，退出校准。

(3) 测量水样 pH。

① 将电极放入矿泉水溶液中，仪器将自动读数。

② 待数值相对稳定后，显示屏所指示的值即此样品溶液 pH，记录。

(4) 实验结束工作。

① 关闭酸度计电源开关。取出电极,用蒸馏水清洗干净,再用滤纸吸干外壁水分,套上小帽。

② 清洗烧杯,晾干后妥善保存。

③ 用干净抹布擦净工作台。

(5) 实验记录及结果。见表 1-5。

表 1-5 待测水样的 pH

待测水样	1	2	3
pH			

(6) 思考题。

① 用酸度计测 pH 时,为什么必须用标准缓冲溶液校正仪器?校正时应注意什么?

② 为什么定位时应选用与被测液 pH 接近的标准缓冲溶液?

③ 检查和安装电极时,应注意哪些问题?

④ 若对所测 pH 的准确性有怀疑,应当如何鉴定?

4.2 直接电位法的应用二:水样氟含量的测定

1) 目的要求

(1) 了解离子选择性电极法测定离子含量的原理。

(2) 掌握标准曲线法测定水中微量氟的方法。

(3) 了解使用总离子强度调节缓冲溶液的意义和作用。

(4) 学会离子计的使用方法。

2) 基本原理

氟离子选择性电极是以氟化镧单晶片为敏感膜的指示电极,它对溶液中的氟离子有良好的选择性响应。当氟离子选择性电极与作为参比电极的甘汞电极插入试液中,组成测量原电池时,电池电动势 E 在一定的条件下与F^-活度a_{F^-}的常数对数成线性关系。测量时,若指示电极(氟离子选择性电极)为正极,则:

$$E=K'-\frac{2.303RT}{F}\lg a_{F^-}$$

当溶液的总离子强度不变时,离子活度系数也是常数,于是上式可写成:

$$E=K-\frac{2.303RT}{F}\lg c_{F^-}$$

式中,K 为截距电位,包括内外参比电极电位、液接电位、不对称电位和离子活度系数的对数项等,一定测量条件下是常数。上式表明,在一定温度下,当溶液中离子强度保持不变时,E 和F^-浓度的常数对数成线性关系。

为了保持溶液中总离子强度不变,通常在标准溶液与试样溶液中同时加入等量的惰性电解质作为总离子强度调节缓冲溶液(TISAB)。

溶液的酸度对测定有影响。酸性溶液中，H^+ 与部分F^-形成 HF 或 HF_2^-，降低F^-浓度；在碱性溶液中，LaF_3薄膜与OH^-发生交换作用而使F^-浓度增加。氟离子选择性电极最适宜于 pH=5.5～6.5 测定，故通常用 pH=6 的柠檬酸盐缓冲溶液来控制溶液的 pH，柠檬酸盐还可消除Al^{3+}、Fe^{3+}等对F^-的干扰。

氟电极的选择性良好，除能与F^-生成稳定配合物或难溶沉淀的元素（如 Al、Fe、Zr、Th、Ca、Mg、Li 及稀土等）会干扰测定外，10^3倍以上的Cl^-、Br^-、I^-、SO_4^{2-}、HCO_3^-、NO_3^-、Ac^-、$C_2O_4^{2-}$等阴离子均不干扰，加入总离子强度调节缓冲溶液，可以使溶液中离子平均活度系数保持定值，并控制溶液的 pH 和消除共存离子的干扰。

当 F^-浓度为10^{-6}～1 mol·L^{-1}时，F^-电极电位与 pF（即$-\lg a_{F^-}$）成直线关系，可用标准曲线法测定。

3）仪器与试剂

（1）仪器。

PXD-2 型（或其他型号）离子计或精密酸度计、201 型（或其他型号）氟离子选择性电极 1 支、232 型甘汞电极 1 支、电磁搅拌器 1 台、容量瓶（100 mL）11 个、吸量管（10 mL）2 支、移液管（25 mL）1 支、烧杯（50 mL）8 只。

（2）试剂。

100 μg·mol·mL^{-1}氟标准溶液：准确称取于 120 ℃烘干 2 h 并冷却的 NaF 0.221 0 g，溶于去离子水，转入 1 000 mL 容量瓶中，稀释至刻度，储于聚乙烯瓶中。

10 μg·mol·mL^{-1}氟标准溶液：吸取 100 μg·mol·mL^{-1}氟标准溶液 10.00 mL 于 100 mL 容量瓶中，用去离子水稀释至刻度。

总离子强度调节缓冲溶液（TISAB）：于 1 000 mL 烧杯中加入 500 mL 去离子水和 57 mL 冰醋酸、58 g NaCl、12 g $Na_3C_6H_5O_7\cdot 2H_2O$（柠檬酸钠），搅拌至溶解。将烧杯放在冷水浴中，缓缓加入 6 mol·L^{-1}NaOH 溶液（约 125 mL），直到 pH 为 5.0～5.5，放至室温，转入 1 000 mL 容量瓶中，用去离子水稀释至刻度。

4）实验步骤

（1）氟电极的准备。

电极使用前，先置于10^{-3} mol·L^{-1} NaF 溶液中浸泡 1～2 h，进行活化，再用去离子水清洗电极到空白电位，即氟电极在去离子水中的电位，约为－300 mV（此值各支电极不一样）。在电极内装入内参比溶液（0.1 mol·L^{-1} NaF-0.1 mol·L^{-1} NaCl），为防止晶片内侧附着气泡而使电路不通，在电极使用前，可让晶片朝下，轻击电极杆，以排除晶片上可能附着的气泡。

（2）标准曲线法。

① 溶液的配制。准确吸取 10.0 μg·mol·mL^{-1}的氟标准溶液 2.00 mL、4.00 mL、6.00 mL、8.00 mL、10.00 mL 及待测水样 25.00 mL，分别放入 6 个 100 mL 容量瓶中，各加入 TISAB 溶液 10 mL，用去离子水稀释至刻度，摇匀。

② 电位的测量。将上述配制好的标准系列溶液由低浓度到高浓度依次转入塑料烧杯中，插入氟离子选择性电极和饱和甘汞电极，电磁搅拌 2 min，静置 1 min，待电位稳定后读数（即读取平衡电位值。达到平衡电位所需要的时间还与电极状况、溶液浓度和温度等有关，

视实际情况掌握)。最后,依上述方法测定待测水样的电位值,此值也即标准曲线法计算结果所需的E_1。

5) 实验记录

标准曲线法数据见表1-6。

表1-6　标准曲线法数据

氟标准溶液体积/mL	2.00	4.00	6.00	8.00	10.00	待测水样
$-\lg m_{F^-}$						
E						

6) 数据处理及计算结果

以电位值E为纵坐标,氟离子质量的常数对数为横坐标,绘制标准曲线(或采用半对数坐标纸绘制)。根据待测水样的电位值E_x(即E_1)从标准曲线上查出F^-浓度,再求出待测水样的原始浓度($\mu g \cdot mol \cdot mL^{-1}$)。

7) 思考题

(1) 用氟电极测F^-浓度的原理是什么?

(2) 用氟电极测得的电位是F^-的浓度还是活度的响应值?在什么条件下才能测得F^-的浓度?

(3) 总离子强度调节缓冲溶液是由哪些组分组成的?各组分的作用是怎样的?

(4) 测量F^-标准系列溶液的电位值,为什么测定顺序要由稀到浓?

任务5　理论链接

5.1　电位滴定装置与测定过程

电位滴定装置如图1-11所示。

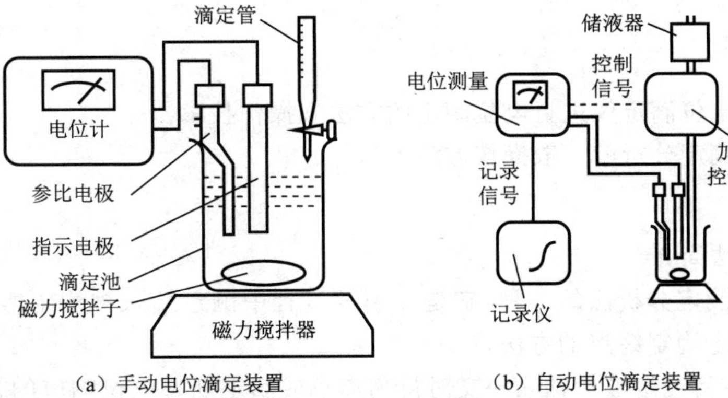

(a) 手动电位滴定装置　　(b) 自动电位滴定装置

图1-11　电位滴定装置图

(1) 滴定管。根据被测物质含量的高低,可选用常量滴定管或微量滴定管、半微量滴定管。

(2) 电极。

① 指示电极。电位滴定法在滴定分析中应用广泛,可用于酸碱滴定、沉淀滴定、氧化还原滴定及配位滴定。不同类型滴定需要选用不同的指示电极,表 1-7 列出了各类滴定常用的电极和电极预处理方法,以供参考。

表 1-7　各类滴定常用电极

滴定类型	电极系统		预处理
	指示电极	参比电极	
酸碱滴定(水溶液中)	玻璃电极、锑电极	饱和甘汞电极	(1) 玻璃电极:使用前须在水中浸泡 24 h 以上,使用后立即清洗并浸于水中保存。 (2) 锑电极:使用前用砂纸将表面擦亮,使用后应冲洗并擦干
氧化还原滴定	铂电极	饱和甘汞电极	铂电极:使用前应注意电极表面不能有油污物质,必要时可在丙酮或硝酸溶液中浸洗,再用水洗涤干净
银量法	银电极	饱和甘汞电极(双盐桥型)	(1) 银电极:使用前应用细砂纸将表面擦亮,然后浸入含有少量硝酸钠的稀硝酸(1+1)溶液中,直到有气体放出为止,取出用水洗干净。 (2) 双盐桥型饱和甘汞电极:盐桥套管内装饱和硝酸钠和硝酸钾溶液。其他注意事项与饱和甘汞电极相同
EDTA 配位滴定	金属基电极、离子选择性电极、Hg/Hg-EDTA	饱和甘汞电极	

② 参比电极。电位滴定中的参比电极一般选用 SCE。实际工作中应使用产品分析标准规定的指示电极和参比电极。

③ 高阻抗毫伏计和电磁搅拌器。高阻抗毫伏计可用酸度计或离子计代替。

5.2　酸碱中和滴定——电位滴定法

1) 实验目的

(1) 学习利用电位滴定仪进行电位滴定的方法和操作技术。

(2) 掌握电位滴定分析的一般操作方法。

2) 基本原理

(1) 电位滴定法简介。

电位滴定法是滴定分析法的一种,它是在滴定过程中测量插入被测定溶液中的指示电极的电位变化来确定滴定终点的方法。

进行滴定时,在待测溶液中插入一支对待测离子或滴定剂有电位响应的指示电极,并与参比电极组成工作电池。随着滴定剂的加入,由于待测离子与滴定剂之间发生化学反应,待测离子浓度不断变化,造成指示电极电位也相应发生变化。在化学计量点附近,待测离子活度发生突变，指示电极的电位也相应发生突变。因此，测量电池电动势的变化，可以确定滴定终点。最后根据滴定剂浓度和终点时滴定剂消耗的体积计算试液中待测组分的含量。

电位滴定法不同于直接电位法。直接电位法是以所测得的电池电动势(或其变化量)作为定量参数，因此其测量值的准确与否直接影响定量分析结果。电位滴定法测量的是电池电动势的变化情况，它不以某一电动势的变化量作为定量参数，只根据电动势变化情况确定滴定终点，其定量参数是滴定剂的体积，因此在直接电位法中影响测定的一些因素，如不对称电位、液接电位、电动势测量误差等，在电位滴定法中可得以抵消。

电位滴定法与化学分析法的区别是终点指示方法不同。普通的滴定法是利用指示剂颜色的变化来指示滴定终点的，电位滴定法是利用电池电动势的突跃来指示终点的。因此，电位滴定虽然没有用指示剂确定终点那样方便，但可以用在浑浊、有色溶液以及找不到合适指示剂的滴定分析中。另外，电位滴定的一个诱人的特点是可以连续滴定和自动滴定。

(2) 电位滴定测定过程。

进行电位滴定时，先要称取一定量试样并将其制备成试液。然后选择一对合适的电极，经适当的预处理后，浸入待测试液中，并连接组装好装置。开动电磁搅拌器和毫伏计，先读取滴定前试液的电位值(读数前要关闭搅拌器)，然后开始滴定。滴定过程中，每加一次一定量的滴定溶液，就应测量一次电动势(或 pH)，滴定刚开始时可快些，测量间隔可大些(如可每次滴入 5 mL 标准滴定溶液，测量一次)，当标准滴定溶液滴入约为所需滴定体积的 90% 的时候，测量间隔要小些。滴定进行至近化学计量点时，应每滴加 0.1 mL 标准滴定溶液就测量一次电池电动势(或 pH)，直至电动势变化不大为止。记录每次滴加标准滴定溶液后滴定管相应读数及测得的电位(或 pH)。根据所测得的一系列电动势(或 pH)以及相应的滴定消耗的体积，确定滴定终点。

3) 仪器和试剂

仪器：GT90 全自动滴定仪、搅拌器、pH 复合电极。

试剂：0.1 mol·L^{-1} HCl 溶液、0.1 mol·L^{-1}NaOH 溶液。

4) 测定步骤

(1) 准备滴定。

① 将仪器进液管(较粗的一根)放置到纯水中，将滴定管(较细的一根)放到空烧杯中，点击“维护—清洗次数 3 次—开始清洗”，等待清洗完成。

② 将进液管放置到滴定剂中，点击“维护—清洗次数 3 次—开始清洗”，等待清洗完成，点击“补液”，等待弹出补液完成弹窗。

③ 将电极拿出来轻轻放置到纯水中浸泡 5 min 后，套上橡胶塞放到电极支架上，将滴定管套上防扩散头放置到电极支架上。搅拌器固定到电极支架。

(2) 滴定过程。

① 编辑方法。“方法—动态滴定—对应方法名称—点我编辑—保存”，可以对方法中的相应参数进行编辑。

② “测试—样品信息—双击孔位”，弹出编辑样品信息，选择样品(样品名称编号、样品量、滴定方法、滴定模块一、滴定剂浓度)，选择方法。

③ 数据。“数据—对应样品名称”，勾选复选框，点击“导出 PDF”可以导出对应报告单，

点击“导出列表”可以以表格形式导出结果。结果位数可以调整报告单显示的结果位数。

(3) 仪器关机。

① 将仪器进液管(较粗的一根)放置到纯水中,将滴定管(较细的一根)放到空烧杯中,点击“维护—清洗次数 3 次—开始清洗”,等待清洗完成。

② 关闭软件,关闭进样器、主机电源开关。

5) 思考题

为什么开始滴定和离化学计量点较远处,每次可加入较多的滴定剂,而在化学计量点附近,每次加入量应尽可能少一些?

习　题

一、单选题

1. 在电位法中,指示电极的电位与被测离子的活(浓)度的关系是(　　)。

A. 无关

B. 成正比

C. 与被测离子活(浓)度的常数对数成正比

D. 符合能斯特方程

2. 在电位滴定中,以 E-V 作图绘制滴定曲线,滴定终点为(　　)。

A. 曲线的最大斜率点　　B. 曲线的最小斜率点

C. E 为最正值的点　　D. E 为最负值的点

3. 在电位滴定中,以 $\frac{\Delta E}{\Delta V}$-$V$ 作图绘制曲线,滴定终点为(　　)。

A. 曲线突跃的转折点　　B. 曲线的最大斜率点

C. 曲线的最小斜率点　　D. 曲线的斜率为零时的点

4. 在电位滴定中,以 $\frac{\Delta^2 E}{\Delta V^2}$-$V$ 平均作图绘制曲线,滴定终点为(　　)。

A. $\frac{\Delta^2 E}{\Delta V^2}$为最正值的点　　B. $\frac{\Delta^2 E}{\Delta V^2}$为最负值的点

C. $\frac{\Delta^2 E}{\Delta V^2}$为零时的点　　D. 曲线的斜率为零时的点

5. 用电位法测定溶液的 pH 时,电极系统由玻璃电极与饱和甘汞电极组成,其中玻璃电极是作为测量溶液中氢离子活度(浓度)的(　　)。

A. 金属电极　　B. 参比电极　　C. 电解电极　　D. 指示电极

6. 常用的参比电极是(　　)。

A. 玻璃电极　　B. 气敏电极　　C. 晶体膜电极　　D. 银-氯化银电极

7. 关于 pH 玻璃电极膜电位的产生原因,下列说法中正确的是(　　)。

A. 氢离子在玻璃表面还原而传递电子

B. 钠离子在玻璃膜中移动

C. 氢离子穿透玻璃膜而使膜内外氢离子产生浓度差

D. 氢离子在玻璃膜表面进行离子交换和扩散的结果

8. 离子选择性电极的选择系数可用于(　　)。

A. 估计电极的检测限　　B. 估计共存离子的干扰程度

C. 校正方法误差　　D. 估计电极的线性响应范围

9. 用离子选择性电极进行测量时，用磁力搅拌器搅拌溶液是为了(　　)。

A. 减小浓差极化　　B. 加快响应速度

C. 使电极表面保持干净　　D. 降低电极电阻

10. 玻璃电极使用前应在蒸馏水中浸泡活化(　　)以上。

A. 12 h　　B. 6 h　　C. 18 h　　D. 24 h

11. 电位滴定法用于氧化还原滴定时，指示电极应选用(　　)。

A. 玻璃电极　　B. 甘汞电极　　C. 银电极　　D. 铂电极

E. 复合甘汞电极

12. 水样 pH 的测定中，每次测量后，都要用(　　)冲洗电极，用(　　)小心地吸干后再进行下次测量。

A. 蒸馏水　干滤纸　　B. 水　干滤纸

C. 蒸馏水　擦镜纸　　D. 水　擦镜纸

13. 电位滴定法测量的是电池电动势的变化情况，其定量参数是(　　)。

A. 滴定剂的体积　　B. 被滴定剂的体积

C. 滴定剂和被滴定剂的百分比　　D. 滴定剂的浓度

14. 电位滴定法测定卤素时，滴定剂为 $AgNO_3$，指示电极用(　　)。

A. 铂电极　　B. 玻璃电极　　C. 银电极　　D. 甘汞电极

15. 玻璃电极的内参比电极是(　　)。

A. 银电极　　B. 氯化银电极　　C. 铂电极　　D. 银-氯化银电极

16. 在一定条件下，电极电位恒定的电极称为(　　)。

A. 指示电极　　B. 参比电极　　C. 膜电极　　D. 惰性电极

17. 离子选择性电极在一段时间内不用或新电极在使用前必须进行(　　)。

A. 活化处理　　B. 用被测浓溶液浸泡

C. 在蒸馏水中浸泡 24 h 以上　　D. 在 NaF 溶液中浸泡

18. 下列关于离子选择性电极的描述中，错误的是(　　)。

A. 是一种电化学传感器　　B. 由敏感膜和其他辅助部分组成

C. 在敏感膜上发生了电子转移　　D. 敏感膜是关键部件

19. 测定 pH 的指示电极为(　　)。

A. 标准氢电极　　B. 玻璃电极　　C. 甘汞电极　　D. 银-氯化银电极

20. 玻璃电极在使用前一定要在水中浸泡几小时，目的在于(　　)。

A. 清洗电极　　B. 活化电极　　C. 校正电极　　D. 检查电极好坏

二、多选题

1. 膜电位的建立是(　　)。

A. 溶液中离子与电极膜上离子之间发生交换作用的结果

B. 溶液中离子与内参比溶液离子之间发生交换作用的结果

C. 内参比溶液中离子与电极膜上离子之间发生交换作用的结果

D. 溶液中离子与电极膜水化层中离子之间发生交换作用的结果

2. 电位滴定确定终点的方法是(　　)。

A. E-V 曲线法　　B. $\frac{\Delta E}{\Delta V}$-$V$ 曲线法

C. 标准曲线法　　D. 二阶微商法

3. 用相关电对的电位可判断氧化还原反应的一些情况，它可以判断(　　)。

A. 氧化还原反应的方向　　B. 氧化还原反应进行的程度

C. 氧化还原反应突跃的大小　　D. 氧化还原反应的速度

4. 电位滴定在滴定分析中应用广泛，可用于(　　)。

A. 酸碱滴定　　B. 沉淀滴定　　C. 氧化还原滴定　　D. 配位滴定

5. 电位滴定可以用在(　　)的滴定分析中。

A. 浑浊　　B. 有色溶液

C. 找不到合适指示剂　　D. 无离子参加

6. 电位滴定滴定管可选择(　　)。

A. 半量滴定管　　B. 常量滴定管　　C. 微量滴定管　　D. 半微量滴定管

7. 电位滴定的特点有(　　)。

A. 连续滴定　　B. 置换滴定　　C. 自动滴定　　D. 返滴定

8. 电位分析法包括(　　)。

A. 直接电位法　　B. 间接电位法　　C. 直接滴定法　　D. 电位滴定法

9. 在溶液 pH 测定时，通常使用(　　)。

A. 气敏电极　　B. 玻璃电极　　C. 饱和甘汞电极　　D. 银-氯化银电极

10. 玻璃电极的优点是不受溶液中(　　)的影响。

A. 氧化剂　　B. 还原剂　　C. 颜色　　D. 沉淀

三、简答题

1. 电位分析法的定义是什么？
2. 直接电位法的定义是什么？
3. 电位滴定法的定义是什么？
4. 参比电极的定义是什么？
5. 指示电极的定义是什么？
6. 玻璃电极在使用前，需在蒸馏水中浸泡 24 h 以上，目的是________________________________；饱和甘汞电极使用温度不得超过________℃，这是因为温度较高时_______________，__________________________________。
7. 何谓指示电极及参比电极？试各举例并说明其作用。
8. 直接电位法的主要误差来源有哪些？应如何减免之？
9. 为什么一般来说，电位滴定法的误差比电位测定法小？
10. 列表说明各类反应的电位滴定中所用的指示电极及参比电极，并讨论选择指示电极的原则。

四、判断题

1. 电位分析法是电化学分析法的一个重要组成部分。(　　)
2. 电位分析测量参数为电极电位或体系的电池电动势。(　　)

3.电位分析法是属于第三类涉及电极反应的电化学分析法。（　　）

4.电位分析法只有直接电位法一个方法。（　　）

5.在水样 pH 测定中，以 pH 玻璃电极做参比电极，甘汞电极做指示电极。（　　）

6.在水样 pH 测定中，在一定条件下，电池电动势 E 是试液中 pH 的线性函数。（　　）

7.玻璃电极是出现最早、应用最广的晶体膜电极。（　　）

8.玻璃膜电极被称为玻璃电极或 pH 电极，是测定溶液 pH 的指示电极。（　　）

9.玻璃电极使用前应在蒸馏水中浸泡活化 12 h 以上。（　　）

10.忌用浓硫酸或铬酸洗液洗涤电极的薄膜，不可在无水或脱水的液体中浸泡电极。（　　）

思政园地

1

2022 年 11 月世界技能大赛特别赛落下帷幕。世界技能大赛是当今世界地位最高、规模最大、影响力最大的职业技能赛事，其竞技水平代表了当今职业技能发展的世界最高水平，被誉为“世界技能奥林匹克”。我国派出的 36 名选手在赛场上挥洒汗水、激扬青春，发扬执着专注、精益求精、一丝不苟、追求卓越的工匠精神，取得了 21 枚金牌、3 枚银牌、4 枚铜牌和 5 个优胜奖的优异成绩，实现了新的突破。他们不仅展示了精益求精的技能水平、追求卓越的工匠精神，还激励着广大青年学习技能、精进技能，成为能工巧匠，收获出彩的人生。以青春之名，赴时代之约。在“世赛”舞台上，中国技能选手用奋斗和汗水书写了精彩人生，更绘就了技能成才、技能报国的精彩时代画像。

2

2022 年世界技能大赛特别赛奥地利赛区的比赛中，来自河南化工技师学院的 20 岁女孩姜雨荷获得化学实验室技术项目金牌，实现我国该项目金牌“零”的突破。姜雨荷参加的项目为化学实验室技术，她表示，这个项目一方面要求熟练操作化学实验室内的各种仪器、设备，另一方面要求选手掌握充足的化学理论知识，理论结合实际，才能完成比赛所规定的项目。这个项目对于动手操作的要求非常高，在比赛中，她需要用到一种叫“化学滴定法”的方法，需要将溶液一滴一滴地滴进专门的容器，到了关键时刻，要将单次滴下去的溶液量降到半滴的量，最后时刻，更是要降到四分之一滴的量，大约相当于 0.012 5 mL。这些控制全部需要手工来完成。长期的训练，让她熟能生巧。“我觉得自己已经有了肌肉记忆，拿起一个实验器材，我不用思考都能知道怎么操作。”姜雨荷说。反复的练习提升了她的能力。河南化工技师学院校长杨箴立说：“以姜雨荷为代表的当代青年正身处这样一个人人皆可成才，人人尽展其才的时代，一个英雄不问出处、人生不被定义的时代。”“希望更多的中国学子走上学习技能、掌握技能，最终利用自己的技能回报社会的道路。”

课堂讨论

1. 在测量溶液的 pH 时，为什么 pH 计要用标准 pH 缓冲溶液进行定位？

答：因为 pH 计使用前需要进行校正，才会使测定的样品准确度高，所以我们用已知 pH 的缓冲溶液将 pH 计校正到该 pH 下。目前常用的 pH 计校正的缓冲溶液有三种，分别为 pH 为 4.00 的邻苯二甲酸氢钾溶液、pH 为 6.86 的磷酸二氢钾和磷酸氢二钠混合盐溶液、pH 为 9.18 的硼砂溶液。一般 pH 计厂家发货时，会带有干燥的 pH 缓冲剂，客户使用时需要自己配置，只要使其溶解在预先煮沸 15～30 min 的去离子水中，适当冲洗试剂袋中残留的试剂，再倒入 250 mL 容量瓶中，稀释至刻度，充分摇匀即可。

2. 试比较普通滴定法与电位滴定法的区别。

答：直接滴定法是根据指示剂的颜色变化来确定滴定终点，但待测溶液有颜色或浑浊时，终点的指示就比较困难，或者根本找不到合适的指示剂。而电位滴定法是根据电极电位的突跃来指示滴定终点。被测成分的含量都是通过消耗滴定剂的量来计算，但电位滴定法可利用电脑软件直接得到结果，方便快捷。

思维导图

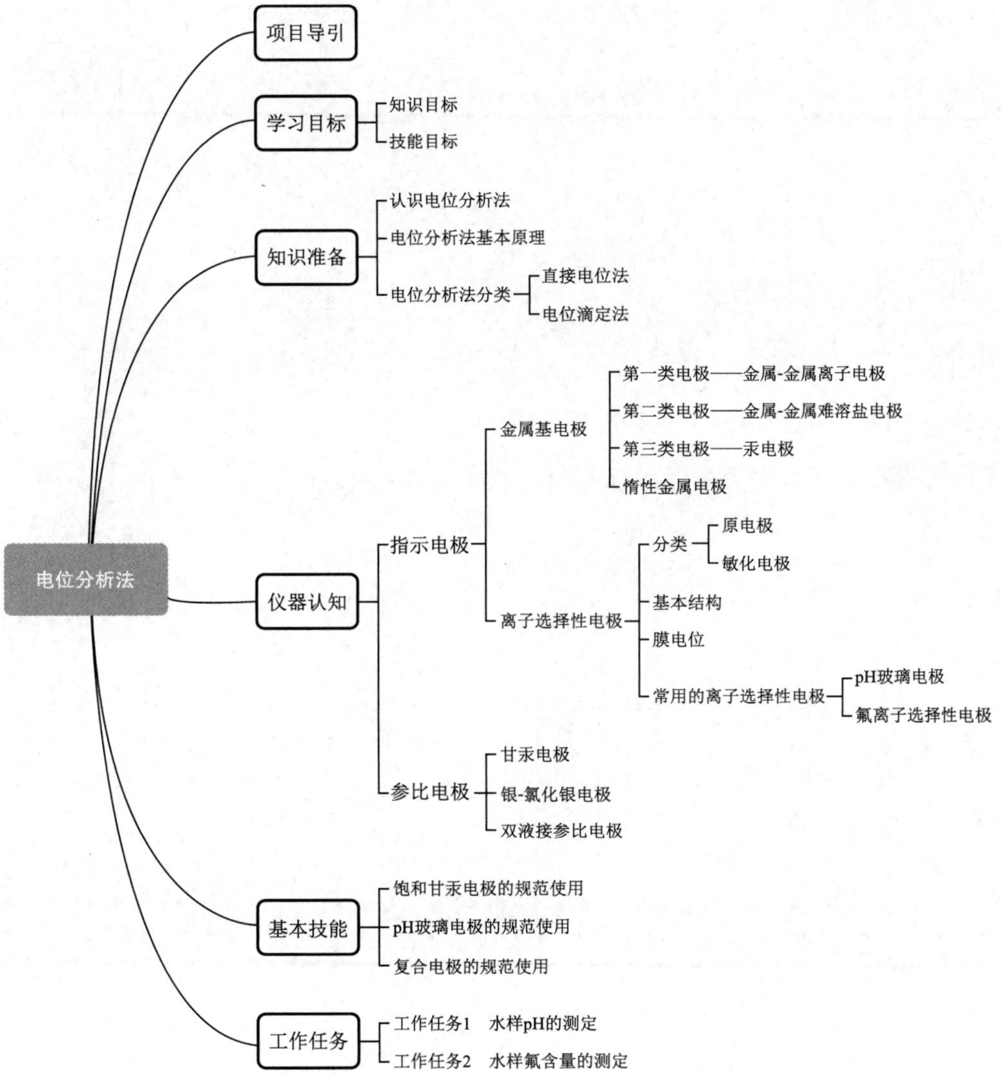
电位分析法
项目导引
学习目标
知识目标
技能目标
知识准备
认识电位分析法
电位分析法基本原理
电位分析法分类
直接电位法
电位滴定法
仪器认知
指示电极
金属基电极
第一类电极——金属-金属离子电极
第二类电极——金属-金属难溶盐电极
第三类电极——汞电极
惰性金属电极
离子选择性电极
分类
原电极
敏化电极
基本结构
膜电位
常用的离子选择性电极
pH玻璃电极
氟离子选择性电极
参比电极
甘汞电极
银-氯化银电极
双液接参比电极
基本技能
饱和甘汞电极的规范使用
pH玻璃电极的规范使用
复合电极的规范使用
工作任务
工作任务1　水样pH的测定
工作任务2　水样氟含量的测定

模块二

光学分析

项目二

可见分光光度法

项目导引

2020 年 1 月，安徽省安庆市宿松县人民政府发布官方微博称，宿松县洲头乡某村发生一起疑似因食用含亚硝酸盐物质的食物而中毒的事件，造成 1 人死亡，17 人呈现不同程度的中毒症状。

想一想：国家标准对食品中的亚硝酸盐是如何规定的？亚硝酸盐含量是否可以通过仪器分析的手段来测定？

学习目标

知识目标

1. 了解光的基本概念。
2. 理解光分析的基本原理。
3. 深入了解可见分光光度计的组成部件。

技能目标

会使用可见分光光度计测定有色、无色可显色物质的含量。

任务 1　知识准备

认识分光光度法

1.1　可见分光光度法概述

1）可见分光光度法定义

可见分光光度法是基于物质分子对 400～780 nm 区域内光辐射的吸收而建立起来的分析方法。由于 400～780 nm 光辐射的能量主要与物质中原子的价电子的能级跃迁相适应，可以导致这些电子的跃迁，所以可见分光光度法又称为电子光谱法。

2）分光光度法分类

（1）比色法。

我们知道，许多物质是有颜色的，如高锰酸钾水溶液呈紫红色，重铬酸钾水溶液呈橙色，硝酸镍水溶液呈绿色，氯化钴水溶液呈红色；物质颜色的深浅与物质的浓度有关。显然，浓度越大，溶液颜色越深。因此通过比较溶液颜色的深浅就可以确定溶液中有色物质含量的多少，这种方法称为比色分析法。比色分析根据检测方法的不同又分为目视比色法和光电比色法，其中目视比色法是以人的眼睛观察颜色深浅进而确定物质含量，而光电比色法则是通过光电转换器（光电池）检测颜色深浅来确定物质含量的。比色分析仅适用于可见光区。

（2）分光光度法。

随着近代测试仪器的发展，现今常用分光光度计测定物质对特定波长光的吸收程度来确定物质含量，这种方法称为分光光度法。根据所利用光波区域的不同，分光光度法又分为可见分光光度法（400～780 nm）、紫外分光光度法（200～400 nm）和红外分光光度法（2.5～25 μm）。

3）可见分光光度法的特点

可见分光光度法是仪器分析中应用最广的分析方法之一，它具有以下特点。

（1）灵敏度高。

滴定分析和称量分析一般只适用于常量组分的测定，不能测定微量组分，而可见分光光度法可测浓度为 10^{-6}～10^{-5} $mol \cdot L^{-1}$，相当于含量为 0.000 1%～0.001%的物质。

（2）准确度高。

一般比色分析的相对误差为5%～20%，可见分光光度法的相对误差为2%～5%，虽不如滴定及称量分析（0.2%），但对微量组分来说是符合要求的。如某样品中某组分的真实含量为 10 $\mu g \cdot mL^{-1}$，用可见分光光度法分析测得的结果为 9 $\mu g \cdot mL^{-1}$，虽然相对误差为10%，但其结果还是令人满意的，而用化学分析法是无法完成这个测定的。

（3）操作简便，分析速度快。

分光光度法的仪器操作十分简单，容易掌握。将试样制成溶液后，一般经显色、测定就可以直接求出结果。在生产控制分析中，有的几分钟甚至数十秒就可以报出测定结果。

（4）仪器价格低廉，自动化程度高。

现代的可见分光光度计一般都是数字显示，并且配备工作站，可以直接对测定数据进行处理并报告出分析结果。

（5）应用广泛。

大部分无机离子和有机物可以直接或间接地用可见分光光度法进行测定，凡有分析任务的部门，可见分光光度计是必不可少的。随着灵敏度、选择性更好的显色剂、掩蔽剂的研究，可见分光光度法的前景更加诱人。

1.2　光分析的基本原理

光的基本性质

1）光的特性

光是一种电磁波，具有波动性和粒子性。光的波动性说明光是一种波，因而具有相应的波长(λ)和频率(υ)；光的粒子性说明光是一种粒子，因而具有一定的能量(E)。其能量与频率或波长的关系为：

$$E=h\upsilon=h\frac{c}{\lambda}$$

式中　E——能量，eV（电子伏特）；

h——普朗克常数，6.626×10^{-34} J·s^{-1}；

υ——频率，Hz(赫兹)；

λ——波长，nm(纳米)；

c——真空中的光速，3×10^{10} cm·s^{-1}。

由该公式可知，光的频率越大，波长越短，则能量越高；反之，频率越小，波长越长，则能量越低。

表 2-1 为各种电磁波谱的波长、频率及能量情况。

表 2-1　电磁波谱表

波谱区名称	波长范围	频率范围/MHz	光子能量/eV
γ 射线	5×10^{-3}～0.14 nm	6×10^{14}～2	2.5×10^{6}～8.3×10^{3}
X 射线	10^{-2}～10 nm	3×10^{14}～3×10^{10}	1.2×10^{6}～1.2×10^{2}
远紫外光区	10～200 nm	3×10^{10}～1.5×10^{9}	125～6
近紫外光区	200～400 nm	1.5×10^{9}～7.5×10^{8}	6～3.1
可见光区	400～780 nm	7.5×10^{8}～4×10^{8}	3.1～1.7
近红外光区	0.75～2.5 μm	4×10^{8}～1.2×10^{8}	1.7～0.5
中红外光区	2.5～50 μm	1.2×10^{8}～6×10^{6}	0.5～0.02
远红外光区	50～1 000 μm	6×10^{6}～10^{5}	2×10^{-2}～4×10^{-4}
微波区	0.1～100 cm	10^{5}～10^{2}	4×10^{-4}～4×10^{-7}
无线电波	1～1 000 m	10^{2}～0.1	4×10^{-7}～4×10^{-10}

由表 2-1 可见，可见光和紫外光只是某一范围的电磁波。可见光的波长范围是 400～780 nm，它是由红橙黄绿青蓝紫七色按一定比例混合而成的白光。各种光的近似波长范围为：紫色(400～450 nm)、蓝色(450～480 nm)、青色(480～500 nm)、绿色(500～560 nm)、黄色(560～590 nm)、橙色(590～620 nm)、红色(620～780 nm)。各种色光之间没有明显界限，如黄色与绿色之间就有各种不同色调的黄绿色光。

具有同一波长的光称为单色光，如 500 nm 的光；含有多种波长的光称为复合光，如白光。如果两种色光按一定的比例和强度能合成白光，则这两种光互称为补色。如红色光与青色光可以按一定比例合成白光，则红色光和青色光互为补色。各种光的互补关系如图 2-1 所示，直线上的两种光互为补色。

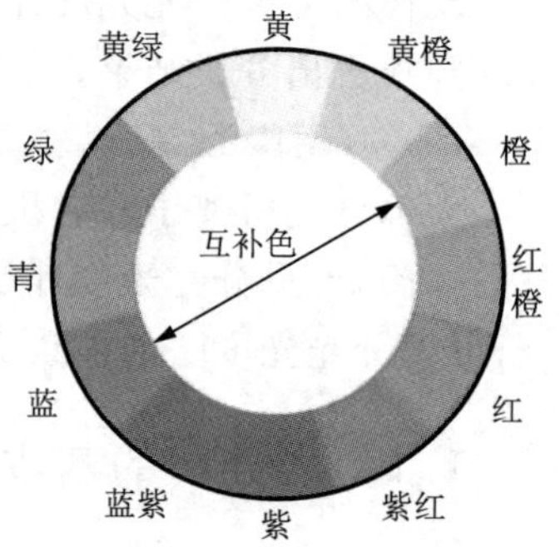

图 2-1　互补色光示意图

2）物质对光的选择性吸收

物质显色是物质对光有选择性吸收的结果。某透明溶液，如果可见光都能透过，则显无色，如果只透过一部分光而另一部分光被吸收，则显透过光的颜色。例如，高锰酸钾溶液吸收了青绿色光而透过了紫红色光，所以显紫红色；重铬酸钾溶液吸收了蓝色光而透过了黄色光，所以显黄色。分析工作者研究的是物质吸收的光，例如对于高锰酸钾，我们测定的是它对青绿色光的吸收。

物质对光的
选择性吸收

3）吸收光谱曲线

物质对不同波长光的吸收情况可以用吸收光谱曲线来描述。

吸收光谱曲线是这样绘制的：将不同波长的光依次通过固定浓度的被测溶液，用光度计测量每一波长下相应的光的吸收程度（吸光度，用 A 表示），再以波长（λ）为横坐标，以吸光度 A 为纵坐标作图，可得一曲线，这条曲线就称为物质溶液的吸收光谱曲线，它描述了物质对不同波长光的吸收程度。以邻菲罗啉-亚铁配合物溶液的吸收光谱曲线为例，如图 2-2 所示，可以看出：

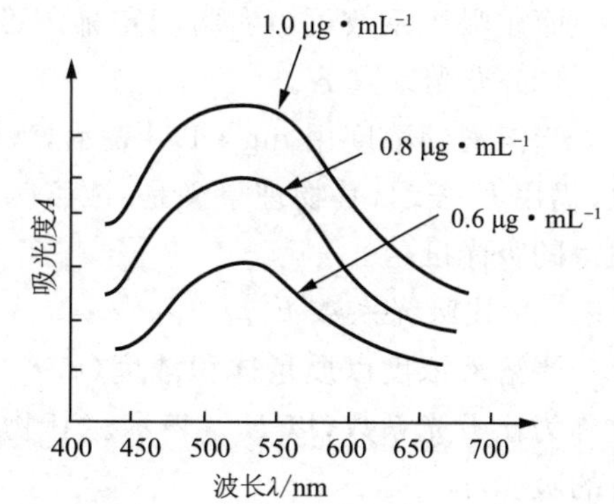

图 2-2　邻菲罗啉-亚铁配合物吸收光谱曲线

（1）同一溶液对不同波长光的吸收程度是不同的，其中对 510 nm 的绿色光吸收最多；曲线上的峰称为吸收峰，吸收程度最大处的波长称为最大吸收波长，用 λ_{max} 表示，一般定量分析都是在最大吸收波长处进行的。

（2）不同浓度的邻菲罗啉-亚铁配合物溶液，其吸收光谱曲线的形状相似，最大吸收波长也一样，不同的是吸收峰峰高随浓度增加而增高。

不同物质的吸收光谱曲线，其形状和最大吸收波长都不相同，因此可以利用吸收光谱曲线来作为物质定性分析的依据。

4）吸收光谱曲线产生的机理

物质是运动的，构成物质的分子及原子也是运动的，每一种运动方式都有各自相应的能量；不同的物质，分子或原子结构不同，所具有的能量不同，运动方式改变所需要的能量也不同，所以对不同波长光的吸收程度也不同，即物质只能吸收与其运动方式改变所需能量相当的光，这就是物质吸收光谱曲线产生的机理。

1.3　光的吸收定律

光吸收定律

1）朗伯-比尔定律

当一束平行的单色光通过均匀的吸光物质的稀溶液时，溶液对光的吸收程度（A）与溶液的浓度（c）及液层厚度（L）的乘积成正比，用数学公式表示为：

$$A = KcL$$

其中，K 为比例系数，它与入射光的波长、物质的性质和溶液的温度等因素有关，其物理意义为单位浓度的溶液，单位厚度时在一定波长下测得的吸光度。由于浓度的表示方式不同，比例系数也有不同的表示方式，常用的有以下三种。

（1）摩尔吸光系数 ε。

当溶液的浓度用物质的量浓度（$mol \cdot L^{-1}$）表示，液层厚度用厘米（cm）表示时，比例系数 K 称为摩尔吸光系数，用 ε 表示，它的物理意义是：浓度为 1 $mol \cdot L^{-1}$ 的溶液，在 1 cm 的吸收池中，一定波长下测得的吸光度值。摩尔吸光系数是物质在一定波长下的特征常数，它表示物质对相应波长光的吸收能力。ε 值越大，表明物质对某波长光的吸收能力越强，用该波长光测定时的灵敏度就越高。因此常选用最大吸收波长处进行定量分析。

摩尔吸光系数可由实验测定稀浓度溶液的吸光度后，再经计算求出。

（2）吸光系数 K。

当溶液的浓度用 $mg \cdot L^{-1}$ 表示，液层厚度用厘米（cm）表示时，比例常数 K 称为吸光系数，仍用 K 表示，其物理意义是：浓度为 1 $mg \cdot L^{-1}$ 的溶液，液层厚度为 1 cm 时，一定波长下测得的吸光度值。

（3）比吸光系数 $E_{1\,cm}^{1\%}$。

当溶液浓度以质量体积浓度（$m \cdot V^{-1}$）表示，液层厚度用厘米（cm）表示时，比例吸光系数称为比吸光系数，以 $E_{1\,cm}^{1\%}$ 表示。其物理意义是：浓度为 1% 的溶液在 1 cm 的吸收池中测得的吸光度。

2）吸光度的加和性

当溶液中有多种物质对光产生吸收时，溶液的吸光度等于溶液中所有物质吸光度的和，这个性质称为吸光度的加和性，用式子表示为：

$$A = A_1 + A_2 + A_3 + \cdots + A_i$$

任务 2　仪器认知

紫外-可见分光光度计的基本构造

2.1　可见分光光度计的构成

在可见光区用于测定溶液吸光度的分析仪器称为可见分光光度计（简称分光光度计），目前，可见分光光度计的型号较多，但它们的基本构造都相似，都由光源、单色器、样品吸收池、检测器和信号显示系统五大部件组成，其组成方框图如图 2-3 所示。

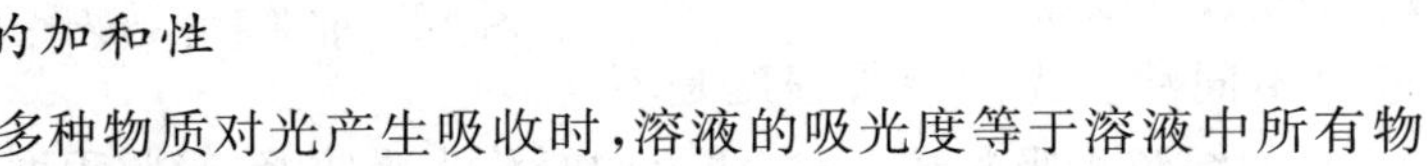

图 2-3　分光光度计组成方框图

由光源发出的光，经单色器获得一定波长单色光照射到样品溶液上，被吸收后，经检测器将光强度变化转变为电信号变化，并经信号显示系统调制放大后，显示或打印出吸光度 A（或透射比 t），完成测定。

2.2 可见分光光度计的主要部件

1）光源

光源的作用是提供测定所需的光信号。

可见分光光度计用钨灯做光源，它可以提供波长为 320 nm 到 3.5 μm 的光信号；紫外分光光度计常用氢灯做光源，氢灯可以发出波长为 150～400 nm 的光。

2）单色器

单色器的作用是将光源发出的连续波长的光转变为单色光以供分析所用。

常用的单色器装置有滤光片、棱镜和光栅，目前常用棱镜和光栅。玻璃棱镜适用于可见分光光度计，而紫外分光光度计则须采用石英棱镜，因玻璃棱镜对紫外光有较强吸收，而石英对紫外光无吸收。棱镜分光是基于光的折射，而光栅分光是基于光的衍射。

3）吸收池

吸收池又称为比色皿，用以盛放被测试液进行测定。可见光区测定用玻璃比色皿，紫外光区测定用石英比色皿。

4）检测器

检测器的作用是将光信号转变为电信号。目前常用光电管或光电倍增管作为光电转换器。

5）数据显示装置

数据显示装置将电信号转变为数字信号，直接显示出光吸收的测定结果。光吸收结果的显示有两种，即吸光度(A)和百分透光率(T)。二者的关系为 $A=-\lg T$。

常用的可见分光光度计有 721、722 型等。

任务 3 基本技能

实验准备及比色皿的成套性检测

3.1 比色皿成套性及仪器波长准确性的检查

1）目的要求

(1) 学会比色皿成套性的检查方法。

(2) 了解仪器波长准确性的检查。

(3) 了解分光光度计的使用。

2）基本原理

在分光光度分析中，能否得到准确、可靠的分析结果，受到许多因素的影响，如比色皿成套性、仪器波长的准确性、光源电压的稳定性等。在一般分析中，实验前，通常需进行比色皿成套性和仪器波长准确性的检查。

在分析中，成套的比色皿说明它们具有相同的光程长度和透光特性，能正确地对溶液的吸光度(或透光度，即透射比)进行比较，能保证分析结果的准确性。同一套比色皿，要求相互间透光度(即透射比)之差在 0.5%以内。

仪器的波长是否准确与分析结果的灵敏度和可靠性有着密切的关系，应定期检查其波长的准确性。一般是利用仪器所附的镨钕滤光片进行检查，若所测中心波长与镨钕滤光片的标准中心波长 529.0 nm 相符，则说明仪器波长准确。否则，就需要对仪器的波长进行校正。

3）仪器与试剂

（1）仪器。

紫外-可见分光光度计、光学玻璃、石英比色皿各 1 套。

镨钕滤光片。

（2）试剂。

0.001 mol·L $^{-1}$ $K_2Cr_2O_7$ 的 $HClO_4$ 溶液。

4）实验步骤

（1）比色皿成套性检查。

① 光学玻璃比色皿成套性检查。将波长置于 600 nm 处，在一组比色皿中加入适量蒸馏水（或将波长置于 400 nm 处，加入适量 0.001 mol·L^{-1} $K_2Cr_2O_7$ 的 $HClO_4$ 溶液）。以其中任一比色皿为参比，调整透光度（透射比）为 95.0%，测定并记下其他各比色皿的透光度（透射比）值。比色皿间的透光度（透射比）偏差小于 0.5%的即视为同一套。

若多只比色皿同时使用，则必须保证任意两只透光度（透射比）偏差小于 0.5%。

② 石英玻璃比色皿成套性检查。检查方法同上，仅将波长分别置于 220 nm（蒸馏水）和 350 nm（$K_2Cr_2O_7$ 的 $HClO_4$ 溶液）即可。

（2）比色皿配套性校正。

石英比色皿在最大吸收波长处装蒸馏水，以一个比色皿为参比，调节 A 为 0.000，测定其余比色皿的吸光度，记录其余比色皿的吸光度值作为校正值。

（3）波长准确性的检查。

用镨钕滤光片在波长 520～538 nm 内，以空气作为参比，每隔 2 nm 测一次吸光度（或百分透光度，即百分透射比），得到此范围内的中心波长应在 529.0 nm，若波长偏差在 −3～3 nm 内，则可不必对仪器波长进行校正。

5）实验记录

（1）比色皿成套性检查（见表 2-2）。

表 2-2　比色皿透光度

比色皿编号	1	2	3	4
透光度（透射比）/%				

（2）比色皿配套性校正（见表 2-3）。

表 2-3　比色皿校正值

比色皿编号	1	2	3	4
比色皿校正值				

(3) 波长准确性的检查(见表 2-4)。

表 2-4　波长准确性的检查

波长/nm	520	522	524	526	528	529	530	532	534	536	538
吸光度 A											

6) 数据处理和实验结论

(1) 比色皿配套情况为：____________________。

(2) 绘制镨钕滤光片的吸收光谱曲线，其中心波长为多少？说明仪器波长准确性情况。

7) 思考题

(1) 定量分析中，为什么要求使用配套比色皿？

(2) 实验前，为什么要对仪器波长的准确性进行检查？

3.2　显色与操作条件的选择

一般紫外分光光度法不需经过显色即可直接测定，而比色及可见分光光度法往往需要经过显色后才能测定。

1) 显色反应与显色剂

显色反应与显色剂

无色物质通过化学反应生成有色物质，该反应称为显色反应，所用的试剂称为显色剂。显色反应选择得是否恰当，直接影响着分光光度法的结果准确性。

(1) 显色反应的要求。

常用的显色反应主要有氧化还原反应和配位化合反应两大类，而配位化合反应更为重要。一般显色反应要满足下列要求。

① 选择性好。所用的显色剂最好只与被测组分起显色反应，可以免除其他干扰离子的影响。

② 灵敏度高。分光光度法主要测定微量物质，灵敏度高有利于低含量组分的测定。灵敏度的高低可由生成的有色物质的摩尔吸光系数 ε 来判断，ε 值越大，则灵敏度越高，颜色越明显。

③ 有色化合物的组成恒定，化学性质稳定。有色物质的组成不稳定，则测定的重现性就差；化学性质不稳定，易氧化或分解，则测定的稳定性就差，从而影响分析结果的准确度。

④ 显色剂最好是无色的。

⑤ 显色条件要易于控制。

(2) 常用的显色剂。

① 无机显色剂。

不少无机试剂能与金属离子形成有色化合物，但灵敏度和选择性都不太好，其中性能较好、使用较多的有硫氰酸盐(可测定铁、钼、钨、铌)、钼酸铵(可测硅、磷、钒)、氨水(可测铜、钴、镍)和过氧化氢(可测钛、钒、铌)。

② 有机显色剂。

许多有机试剂在一定条件下能与金属离子反应生成有色配合物，并且具有颜色鲜明、灵敏度高（$\varepsilon > 10^4$），性质稳定、离解常数小，选择性高，易于有机溶剂萃取等特点，是分光光度法中应用较多的显色剂。表 2-5 是部分有机显色剂在分光光度法中的应用情况。

表 2-5　常用的有机显色剂

显色剂	测定离子	显色条件	颜　色	λ_{max}/nm	ε
双硫腙	Zn^{2+}	pH＝5.0，CCl_4萃取	红　紫	535	1.12×10^5
双硫腙	Cd^{2+}	碱性，CCl_4萃取	红	520	8.8×10^4
双硫腙	Ag^+	pH＝4.5，CCl_4萃取	黄	462	3.05×10^4
双硫腙	Hg^{2+}	微酸性，CCl_4萃取	橙	490	7.0×10^4
双硫腙	Pb^{2+}	pH＝8～11，CCl_4萃取	红	520	6.68×10^4
双硫腙	Cu^{2+}	0.1 mol·L^{-1}盐酸，萃取	紫	545	4.55×10^4
硫　脲	Bi^{3+}	1 mol·L^{-1}硝酸	橙　黄	470	9.0×10^4
铝试剂	Al^{3+}	pH＝5.0～5.5，HAc	深　红	525	1.0×10^4
二甲酚橙	Pb^{2+}	pH＝4.5～5.5	红	580	1.94×10^4
二甲酚橙	Zr^{4+}	0.8 mol·L^{-1}盐酸	红	535	3.38×10^4
丁二酮肟	Ni^{2+}	碱性，$CHCl_3$萃取	红	360	3.40×10^4
磺基水杨酸	Fe^{3+}	pH＝8.5	黄	420	5.5×10^3
亚硝基 R 盐	Co^{2+}	pH＝6～8	深　红	550	1.06×10^4
偶氮胂Ⅲ	Ba^{2+}	pH＝5.3	绿	640	5.10×10^3
邻菲罗啉	Fe^{2+}	pH＝2～9	橙　红	510	1.11×10^4

2）影响显色反应的因素

显色反应能否满足分光光度法测定的需要，除了与显色剂的性质有关外，控制好显色反应的条件也十分重要。如果条件控制得不好，则会严重影响分析的准确度。

（1）显色剂用量。

为了保证显色反应尽可能进行完全，需要加入过量的显色剂。但是显色剂也不是越多越好，对于有些显色反应，显色剂太多会引起副反应，对测定产生负作用。在实际工作中，通常根据实验来确定显色剂用量。

（2）溶液酸度。

酸度对显色反应的影响主要有以下几方面。

① 影响显色剂的浓度。有机显色剂大部分是有机弱酸，显色反应进行时，首先是有机弱酸发生离解，然后才与金属离子反应形成配合物。酸度可以影响显色剂的离解程度，从而影响显色反应的进行。

② 酸度影响金属离子的存在状态。有些金属离子在一定的酸度下会发生水解而沉淀，使显色反应无法进行。例如，Al^{3+}在 pH＝4 时发生水解生成 $Al(OH)_3$沉淀，使显色反应无法进行而影响 Al^{3+}的测定。

③ 影响显色剂的颜色。显色反应中许多显色剂本身就是酸碱指示剂，例如二甲酚橙，在 $pH>6.3$ 时呈红紫色，在 $pH<6.3$ 时呈亮黄色，在 $pH=6.3$ 时呈中间色，而二甲酚橙与金属离子的配合物呈红色。因此二甲酚橙只能在 $pH<6$ 的酸性溶液中才能作为金属离子的显色剂。

④ 酸度影响配合物的组成和稳定性。有些配合反应，在不同的酸度下，将生成不同配位比的配合物；而有些配合物在不同的酸度下，将会发生解离。

(3) 显色时间的影响。

显色后，一般须放置 5～10 min，使颜色达到最深，吸光度达到稳定时，再去测定吸光度。显色后，也不能放置过久，因为部分有色配合物的溶液放置时间太长后，颜色会发生变化，从而使测定结果产生较大误差。

(4) 温度影响。

温度影响显色反应的速率。一般显色反应在室温下进行，但有些显色反应需要在高温或低温下进行。为了保证测定的准确度，要求标准溶液和被测试液在相同的温度条件下进行显色测定。

(5) 溶剂的影响。

① 溶剂影响配合物的离解度。不少有机化合物在水中有较大的溶解度，而在有机溶剂中离解度较小。故在不少显色反应中加入一定的有机溶剂以减少配合物的离解，用得较多的有机溶剂是丙酮。例如，在 $Fe(SCN)_3$ 溶液中加入丙酮，不但降低了 $Fe(SCN)_3$ 的离解度，而且使配合物的颜色加深，提高了测定的灵敏度。

② 溶剂影响配合物的颜色。溶剂能够改变配合物的颜色，是由于其极性不同，改变了配合物内部的状态或形成了不同的溶剂化物。如 $Co(SCN)_4^{2-}$ 在水中无色，而在戊醇等有机溶剂中呈蓝色。

③ 溶剂影响反应速率。有些反应，在水中反应较慢，而在有机溶剂中则反应较快。例如，氯代磺酚 S 测定铌时，在水中显色需要几小时，加入丙酮后只需 30 min。

(6) 干扰离子的影响及消除。

① 干扰离子的影响。

a. 与试剂生成有色配合物。例如，硅钼蓝测定硅时，磷也能生成磷钼蓝而干扰。

b. 与试剂生成无色配合物。例如，磺基水杨酸测定铁(Fe^{3+})时，Al^{3+} 也与磺基水杨酸作用生成无色配合物而消耗显色剂，从而使 Fe^{3+} 显色不完全而影响测定。

c. 干扰离子本身有颜色。例如，Co^{2+}、Ni^{2+}、Cu^{2+} 等的存在都会对吸光度测定产生影响。

d. 干扰离子与被测离子生成无色配合物。例如，测 Fe^{3+} 时，F^- 能与 Fe^{3+} 形成稳定的无色配合物而影响 Fe^{3+} 的测定。

② 干扰离子的消除。

a. 控制酸度。控制酸度可以选择性地控制配合物的形成，从而消除干扰离子与显色剂或被测离子发生配合反应而产生的干扰。

b. 加入掩蔽剂。加入掩蔽剂可以消除有色离子或干扰离子与试剂反应而产生的干扰。例如，要免除铁离子的干扰，则可加入 NaF。

c. 选择适当的测量条件。选择被测物质有吸收而干扰物质不吸收的波长处进行测定，可以避免干扰物质吸收的影响。

3）参比溶液的选择

在分光光度分析中设定吸光度时，需要一个参比溶液来调节仪器零点，选择合适的参比溶液能消除某些干扰，提高分析的准确度。在分析中常用的参比溶液有以下几种。

其他实验条件的选择与优化

（1）溶剂参比。

当样品比较简单，无干扰时，可以选择纯溶剂做参比来进行测定。

（2）试剂参比。

试剂参比又叫空白参比，多数情况下采用试剂溶液做参比。所谓试剂参比，就是与样品溶液进行平行操作，即加所有试剂，只是不加样品。试剂参比可以消除由试剂不纯带入杂质而产生的影响。

（3）样品参比。

当样品中含有某些有色离子或有色物质时，这些有色物质又不与显色剂发生反应的情况下，为消除有色物质的干扰，可以选择样品溶液作为参比。

（4）褪色参比。

如果显色剂和样品基体均有吸收，那么可在显色液中加入褪色剂，选择性地与被测物反应，生成稳定无色的配合物，使已显色的产物褪色。

4）分光光度分析中的最佳浓度范围

除上述各种因素之外，仪器的测量误差也是影响分光光度法的一个重要因素。例如，光源强度不稳定，光电效应非线性，单色器质量差，吸收池的透光率不一致，仪器调节误差等。另外，控制被测试液的浓度范围，使吸光度在一定范围，也可减小相对误差。

一般对分光光度分析而言，为了减小由读数误差引起的测定误差，要求吸光度为 0.2～0.7。

使吸光度在 0.2～0.7 的浓度范围，即为最佳浓度范围。

3.3　邻菲罗啉光度法测铁条件实验

1）实验目的

（1）通过本实验了解测定条件对分光光度法测定的影响。

（2）掌握最佳测定条件的选择方法。

2）实验原理

（1）分别改变测定条件，同时测定相应条件下的吸光度值，并对条件作图，其中吸光度值较大的区间为最佳的测定条件区间。

（2）本实验主要考查酸度(pH)、显色剂用量、时间对分光光度测定的影响。

3）仪器与试剂

（1）仪器。

分光光度计 1 台，50 mL 容量瓶 7 只，1 mL、2 mL、5 mL、10 mL 吸量管各 1 支，吸耳球 1 只。

（2）试剂。

① 铁标准溶液（100.0 $\mu g \cdot mL^{-1}$）。准确称取 0.863 4 g 铁铵矾[化学式为

$NH_4Fe(SO_4)_2 \cdot 12H_2O$]置于烧杯中，加入 10 mL 硫酸(3 mol · L^{-1})后移入 1 000 mL 容量瓶中，用蒸馏水稀释至标线，摇匀。

② 铁标准溶液(10.0 μg · mL^{-1})。准确移取 100.0 μg · mL^{-1}铁标准溶液 10.00 mL 于 100 mL 容量瓶中，并用蒸馏水稀释至刻度。

③ 盐酸羟胺溶液(100 g · L^{-1})。临用时配制。

④ 邻菲罗啉溶液(1.5 g · L^{-1})。先用乙醇溶解，再用水稀释至所需浓度(避光保存)。

⑤ 醋酸钠溶液(1.0 mol · L^{-1})。

⑥ 氢氧化钠溶液(1.0 mol · L^{-1})。

4）实验步骤

(1) 时间的影响(A-t 曲线)。分别移取铁标准溶液(10.0 μg · mL^{-1})0.0 mL、6.0 mL 加入 2 只 50 mL 容量瓶中，再依次加入 10 g · L^{-1}盐酸羟胺溶液 1 mL→1.0 mol · L^{-1}醋酸钠溶液 5 mL→1.5 g · L^{-1}邻菲罗啉溶液 2 mL→定容。以“0.0”为参比，测定“6.0”试液在连续不同的时间内的吸光度值，绘制 A-t 曲线。

(2) 酸度的影响(A-pH 曲线)。分别移取铁标准溶液(10.0 μg · mL^{-1})5 mL 加入 6 只 50 mL 容量瓶中，再依次加入 10 g · L^{-1}盐酸羟胺溶液 1 mL→1.5 g · L^{-1}邻菲罗啉溶液 2 mL，用吸量管分别移取 1 mol · L^{-1}的 NaOH 溶液 0.0 mL、0.5 mL、1.0 mL、1.5 mL、2.0 mL、2.5 mL，用蒸馏水稀释定容后摇匀；用精密 pH 试纸分别测定各试液的 pH。以试剂空白为参比，分别测定各试液的吸光度值，绘制 A-pH 曲线，确定测定的最佳酸度范围。

(3) 显色剂用量的影响(A-V 曲线)。分别移取铁标准溶液(10.0 μg · mL^{-1})5 mL 加入 7 只 50 mL 容量瓶中，再分别加入 10%盐酸羟胺溶液 1 mL 和 1.0 mol · L^{-1}醋酸钠溶液 5 mL 摇匀，用吸量管分别移取 0.15%邻菲罗啉溶液 0.0 mL、0.2 mL、0.5 mL、1.0 mL、2.0 mL、3.0 mL、4.0 mL 加入各容量瓶中，用蒸馏水稀释定容后摇匀。以试剂空白为参比，分别测定各试液的吸光度值，绘制 A-V 曲线，确定最佳的显色剂用量范围。

5）实验数据记录及处理

(1) 时间对吸光度的影响，数据见表 2-6。

表 2-6 时间对吸光度的影响

时 间	2 min	5 min	10 min	30 min	60 min	120 min	240 min	1 d
吸光度 A								

(2) 酸度对吸光度的影响，数据见表 2-7。

表 2-7 酸度对吸光度的影响

编 号	1	2	3	4	5	6
加铁标量/mL	5.00	5.00	5.00	5.00	5.00	5.00
V_{NaOH}/mL	0.0	0.5	1.0	1.5	2.0	2.5
酸度(pH)						
吸光度 A						

(3) 显色剂用量对吸光度的影响,数据见表 2-8。

表 2-8 显色剂用量对吸光度的影响

编 号	1	2	3	4	5	6	7
加铁标量/mL	5.00	5.00	5.00	5.00	5.00	5.00	5.00
显色剂体积/mL	0.0	0.5	1.0	1.5	2.0	3.0	4.0
吸光度 A							

6) 思考题

(1) 影响分光光度分析的因素有哪些?

(2) 如何通过实验选择最佳测定条件?

(3) 酸度对邻菲罗啉分光光度法测定铁有何影响? 通过实验,最佳的 pH 范围是什么?

(4) 显色剂是否用得越多越好?

(5) 设计一实验,考查干扰离子对铁测定的影响情况。

3.4 定量分析方法

通过测定物质溶液对相应波长光的吸收程度,利用朗伯-比尔定律,即可确定物质含量。常用的方法如下。

1) 比较法

当被测样品数量较少,且吸光度与浓度的线性比例关系甚佳时,可采用比较法定量。此法只需取 3 只容量瓶,分别配制一个标准溶液、一个样品溶液和一个参比溶液,设 c_s 测得的吸光度为 A_s,c_x 测得的吸光度为 A_x,则根据朗伯-比尔定律,有:

$$A_x = Kc_xL$$
$$A_s = Kc_sL$$

两式相比,得:

$$\frac{A_x}{A_s} = \frac{c_x}{c_s}$$

则有:

$$c_x = \frac{A_x}{A_s} \cdot c_s$$

2) 标准曲线法(又称为工作曲线法)

采用一定容积的容量瓶(如 50 mL),配制一系列标准溶液,分别测定其吸光度,以浓度 c 为横坐标,以吸光度 A 为纵坐标,作一条通过原点的直线,该直线即标准曲线或工作曲线,如图 2-4 所示。样品也按同样方法处理后测定吸光度,而后在标准曲线上作图求出对应吸光度的浓度值;最后换算为原样品中被测物质的含量。

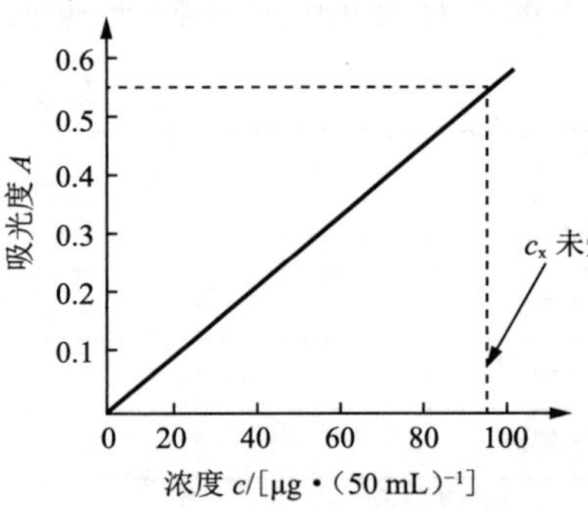

图 2-4 标准曲线图

下面以纯碱中微量铁的测定为例,说明标准曲线法的测定过程。

(1) 基本原理。亚铁离子与邻菲罗啉在 pH 为 2～9(5～6 最佳)的酸度条件下能生成橙红色配合物。溶液中的 Fe^{3+} 可用盐酸羟胺或抗坏血酸还原成 Fe^{2+}，加入醋酸钠以调节 pH，再加入邻菲罗啉显色，即可进行测定。

(2) 铁系列标准溶液的配制。分别移取铁标准溶液(10 $\mu g \cdot mL^{-1}$)0.0 mL、2.0 mL、4.0 mL、6.0 mL、8.0 mL、10.0 mL 加入 6 只 50 mL 容量瓶中，再依次加入 1 mL 100 $g \cdot L^{-1}$ 的盐酸羟胺溶液、5 mL 1.0 $mol \cdot L^{-1}$ 的醋酸钠溶液、2 mL 0.2%的邻菲罗啉溶液后，加水至刻度。

(3) 吸收光谱曲线测绘。以加 0.0 mL 标准溶液的试液为参比(试剂参比)，测定加 6.0 mL 标准溶液的试液在波长 420～600 nm 区域的吸光度(每隔 10 nm 测定一次)；以波长为横坐标，以吸光度为纵坐标，绘制吸收光谱曲线，并找出最大吸收波长。(λ_{max}=510 nm)

(4) 标准曲线测绘。用 1 cm 的吸收池(比色皿)，在 510 nm 处仍以加 0.0 mL 标准溶液的试液为参比，依次测定各试液的吸光度；以浓度为横坐标，以吸光度为纵坐标作图，即得标准曲线。

(5) 样品的处理与测定。称取样品纯碱 4.000 g 加入 100 mL 烧杯中，缓慢加入 1+1 盐酸 10 mL 左右至全部溶解，小心转移至 50 mL 容量瓶中，按上述方法显色，并测定其在 510 nm 处的吸光度 A_x。

若 $A_x=0.55$，则在工作曲线上通过作图可知 $c_x=90\ \mu g/50\ mL$。

则样品纯碱中铁含量为：

$$w_{Fe}=\frac{c_x}{m}\times10^{-6}\times100\%$$

$$=\frac{90}{4.00}\times10^{-6}\times100\%=0.002\ 25\%$$

3) 双组分体系

若试液中有两种或两种以上的物质对光产生吸收，则互相干扰测定，必须想办法消除干扰。

对于双组分体系，根据吸光度的加和性，即某波长下测得的吸光度等于溶液中两种组分吸光度的总和，可以选择两个波长 λ_1、λ_2 进行测定，则有 $A_{\lambda1}^{a+b}=A_{\lambda1}^{a}+A_{\lambda1}^{b}$，$A_{\lambda2}^{a+b}=A_{\lambda2}^{a}+A_{\lambda2}^{b}$，根据朗伯-比尔定律，有：

$$\begin{cases}A_{\lambda1}^{a+b}=A_{\lambda1}^{a}+A_{\lambda1}^{b}=\varepsilon_{\lambda1}^{a}c^{a}+\varepsilon_{\lambda1}^{b}c^{b}\\A_{\lambda2}^{a+b}=A_{\lambda2}^{a}+A_{\lambda2}^{b}=\varepsilon_{\lambda2}^{a}c^{a}+\varepsilon_{\lambda2}^{b}c^{b}\end{cases}$$

联立两式得一方程组，式中 $A_{\lambda1}^{a+b}$、$A_{\lambda2}^{a+b}$ 为样品溶液在选定波长 λ_1、λ_2 处测得的吸光度，$\varepsilon_{\lambda1}^{a}$、$\varepsilon_{\lambda2}^{a}$、$\varepsilon_{\lambda1}^{b}$、$\varepsilon_{\lambda2}^{b}$ 分别为组分 a、b 在波长 λ_1、λ_2 处的摩尔吸收系数，可通过相应方法求出。

c^a、c^b 为样品中被测组分的浓度，解方程组即可求得。

下面以混合液中钴、铬含量的测定为例说明测定过程。

钴和铬的吸收光谱曲线如图 2-5 所示。根据吸收光谱曲线，可选择钴的最大吸收波长 520 nm 和铬的吸收波长 580 nm 作为测定波长。

通过配制钴和铬的标准溶液，分别在 520 nm 和 580 nm 处测定吸光度，可求得 520 nm 和 580 nm 处钴和铬的摩尔吸光系数 ε_{520}^{Co}、$\varepsilon_{\lambda580}^{Co}$、$\varepsilon_{520}^{Cr}$、$\varepsilon_{\lambda580}^{Cr}$，另可测定样品溶液在 520 nm 和 580 nm 处的吸光度 A_{520}、A_{580}，代入方程组即可求得样品中钴和铬的含量。

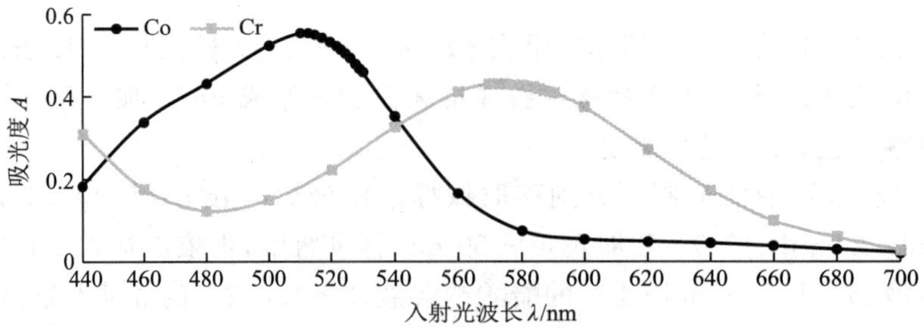

图 2-5 钴与铬的吸收光谱曲线

3.5 分光光度法测定混合液中的钴和铬

1）实验目的

（1）了解并掌握分光光度法中双组分的测定原理和测定方法。

（2）了解钴和铬的吸收曲线情况。

（3）掌握摩尔吸光系数的确定方法。

2）实验原理

（1）当样品中有两种或两种以上的物质对光产生吸收时，可以利用吸光度的加和性，选择不同的波长进行测定，再解方程组，从而求出样品中各组分的含量；一般情况下，选择的波长为两物质的最大吸收波长。本实验中选择钴的最大吸收波长（520 nm）和铬的最大吸收波长（580 nm）为测定波长。

（2）摩尔吸光系数可采用标准曲线法进行测定；当标准曲线的浓度以摩尔浓度表示时，标准曲线的斜率即物质的摩尔吸光系数。

（3）由于本实验中钴的吸收较小，故为减小测定误差，要对所使用的比色皿进行校正。

3）仪器与试剂

（1）仪器。

分光光度计 1 台、50 mL 容量瓶 9 只、10 mL 吸量管 3 支。

（2）试剂。

0.700 mol·L^{-1}硝酸钴溶液、0.200 mol·L^{-1}硝酸铬溶液。

4）实验步骤

（1）比色皿校正。以蒸馏水为参比，分别测定各比色皿的吸光度值，确定比色皿的误差情况。

（2）钴和铬标准测定溶液的配制。分别移取钴和铬标准溶液 2.5 mL、5.0 mL、7.5 mL、10.0 mL 加入 8 只 50 mL 容量瓶中，用蒸馏水稀释至刻度，摇匀。另取 10 mL 样品溶液加入 50 mL 容量瓶中，用蒸馏水稀释至刻度。

（3）吸收光谱曲线测绘。以蒸馏水为参比，以加 5.0 mL 标准溶液的试液为样品，测绘钴和铬的吸收光谱曲线。根据吸收曲线选择定量分析的波长。

（4）样品测定。在选定的波长处，以蒸馏水为参比，分别测定各试液及样品的吸光度值，绘制相应的标准曲线，确定摩尔吸光系数，并根据样品的吸收列解方程组，求出样品中钴和铬的含量。

(5) 计算出原试液中钴和铬的浓度。

5) 实验数据及处理

仪器型号：________________________。

(1) 钴和铬的吸收光谱曲线数据见表 2-9。

表 2-9　钴和铬的吸收光谱曲线数据

波长/nm	450	480	510	520	530	550	560	570	580	585
钴　液										
铬　液										

(2) 摩尔吸光系数测定数据见表 2-10。

表 2-10　摩尔吸光系数测定数据

编　号	1	2	3	4
加标液量/mL	2.5	5.0	7.5	10.0
钴 A(520 nm)				
钴 A(580 nm)				
铬 A(520 nm)				
铬 A(580 nm)				

(3) 样品吸光度测定数据见表 2-11。

表 2-11　样品吸光度测定数据

测定波长/nm	520	580
吸光度值 A		

(4) 作钴、铬吸收光谱曲线，选择测定波长为 520 nm、580 nm。

(5) 摩尔吸光系数分别为：

$\varepsilon_{520}^{Co}=$ ____________　　$\varepsilon_{580}^{Co}=$ ____________

$\varepsilon_{520}^{Cr}=$ ____________　　$\varepsilon_{580}^{Cr}=$ ____________

列方程组：

$$\begin{cases} A_{520}=\varepsilon_{520}^{Co}\times c^{Co}+\varepsilon_{520}^{Cr}\times c^{Cr} \\ A_{580}=\varepsilon_{580}^{Co}\times c^{Co}+\varepsilon_{580}^{Cr}\times c^{Cr} \end{cases}$$

解之，得：

$c^{Co}=$ ____________

$c^{Cr}=$ ____________

(6) 原试样中：

$$钴的浓度=\frac{c^{Co}\times 50}{10}=\text{\_\_\_\_\_\_\_\_\_\_\_\_}$$

$$铬的浓度=\frac{c^{Cr}\times 50}{10}=\_\_\_\_\_\_\_\_\_\_\_\_$$

6）思考题

(1) 为什么要对比色皿进行校正？如何校正？

(2) 本实验中，摩尔吸光系数是如何确定的？为什么可以用标准曲线来确定摩尔吸收系数？

(3) 标准曲线法求钴溶液的摩尔吸光系数时，由于吸光度较小，故会产生较大作图误差。应如何处理，才能减小误差？

(4) 比较上实验与本实验摩尔吸光系数确定方法的差别，分析哪种方法结果更好些。

(5) 如何换算出原始样品中钴和铬的浓度？

(6) 当溶液中有三种物质对光吸收时，能否用分光光度法进行分析？怎样进行分析？

3.6　高含量组分的测定

1）实验目的

通过标准曲线的绘制及试样溶液的测定，了解高吸光度示差分析法的基本原理、方法优点。掌握分光光度计的使用方法。

2）实验原理

普通吸光光度法是基于测量试样溶液与试剂空白溶液（或溶剂）相比较的吸光度，从相同条件下所作的标准曲线来计算被测组分的含量。这种方法的准确度一般不会优于1%～2%，因此，它不适合于高含量组分的测定。

为了提高吸光光度法测定的准确度，使其适合于高含量组分的测定，可采用高吸光度示差分析法。示差分析法与普通吸光光度法的不同之处在于，用一个待测组分的标准溶液代替试剂空白溶液作为参比溶液，测量待测量溶液的吸光度。它的测定步骤如下。

(1) 在仪器没有光线通过时（接收器上无光照射时），调节透光率为0，这与比色法或普通分光光度法相同。

(2) 将一个比待测溶液（浓度为 $c+\Delta c$）稍稀的参比溶液（浓度为 c）放在仪器光路中，调节透光率为100%。

(3) 将待测量溶液（或标准溶液）推入光路中，读取表观吸光度 A_f。

表观吸光度 A_f 实际上是由 Δc 引起的吸收大小，可表达为：

$$A_f=ab\Delta c$$

上式说明，待测溶液（或标准溶液）与参比溶液的吸光度之差与这两种溶液的浓度差成正比。

无论是普通吸光光度法还是高吸光度示差分析法，只要符合郎伯-比尔定律，而且测量误差仅仅是由透光率（或吸光度）读数的不确定所引起的，都可以方便地计算出分析的误差。

仪器刻度上透光率读数改变数（dT）所引起的浓度误差 dc 为绝对误差，它与透光率有关，其关系式容易由郎伯-比尔定律推得：

$$A_f=ab\Delta c=k\Delta c$$

$$\lg T=-A_f=-k\Delta c$$

$$0.43\ln T = -k\Delta c$$

$$dc = \frac{0.43}{KT} \cdot dT$$

式中，k为标准曲线(A-c)的斜率。实验中三条曲线的三个k很接近。根据k值及上述关系可以计算出实验中各点的绝对误差(假设透光率读数误差为1%，即$dT=0.01$)。

对于化学工作者来说，更有意义的是浓度的相对误差$\left(\frac{dc}{c}\right)$，或者相对百分误差$\left(\frac{dc}{c}\times 100\right)$。浓度相对百分误差与参比溶液的浓度关系密切。随着有色参比溶液浓度的增加(或A的增加)，相对百分误差减小。当所用参比溶液的$A=1.736$时，最低的相对百分误差可减小至0.25%。由此可见，高吸光度示差分析法可达到容量分析和重量分析的准确度。

3）仪器与试剂

(1) 721型分光光度计(附2只1 cm比色皿)。

(2) 0～10 mL微量滴定管1支(刻度准确至0.005 mL)。

(3) 25 mL容量瓶16只。

(4) 0.250 0 mol·L^{-1} $Cr(NO_3)_3$溶液。

4）实验步骤

(1) 标准溶液的配制。

在16支25 mL容量瓶中，用微量滴定管分别放入1.0 mL、2.0 mL、3.0 mL、4.0 mL、5.0 mL、6.0 mL、7.0 mL、8.0 mL、9.0 mL、10.0 mL、11.0 mL、12.0 mL、13.0 mL、14.0 mL、15.0 mL、16.0 mL 0.250 0 mol·L^{-1} $Cr(NO_3)_3$溶液(也可放置相接近的毫升数，但须正确读到0.005 mL)，再用蒸馏水稀释至刻度，摇匀。

(2) 待测溶液的测定。

选择一对合适的厚度为1 cm的比色皿，在550 nm波长下分别测量下列三组溶液的吸光度。

① 以蒸馏水为参比溶液，测量1.0～5.0 mL 0.250 0 mol·L^{-1} $Cr(NO_3)_3$/25 mL溶液的吸光度。

② 以5.0 mL 0.250 0 mol·L^{-1} $Cr(NO_3)_3$/25 mL溶液为参比溶液，测量6.0～11.0 mL 0.250 0 mol·L^{-1} $Cr(NO_3)_3$/25 mL溶液的吸光度。

③ 以10.0 mL 0.250 0 mol·$L^{-1}$$Cr(NO_3)_3$/25 mL溶液为参比溶液，测量11.0～16.0 mL 0.250 0 mol·L^{-1} $Cr(NO_3)_3$/25 mL溶液及待测溶液的吸光度。

为了消除由标准溶液浓度、液槽厚度与光学性能不一致所带来的误差，常采用中性滤光片代替参比溶液，以获得良好的结果。以中性滤光片(相对空气其A约为1.0)代替参比溶液，测量11.0～16.0 mL 0.250 0 mol·$L^{-1}$$Cr(NO_3)_3$/25 mL溶液及试样溶液的吸光度。(注意：应固定中性滤光片的位置。)

5）结果与处理

(1) 在同一坐标纸上绘制①～③组的A-c标准曲线。

(2) 从三组标准曲线上求算待测溶液的浓度。

(3) 根据①～③组标准曲线，分别求其 K 值，然后计算出每个实验点的 $\frac{dc}{c}\times 100$，绘制①～③组 $\frac{dc}{c}\times 100$-T 图，看看可以从图中得出什么结论。

6) 思考题

(1) 在普通分光光度法中，若透光率读数改变 0.01，则最小误差点(即 $T=36.8\%$)的相对百分误差是多少？

(2) 根据实验数据，哪一个实验点的相对百分误差最低？比普通分光光度法中 T 为 36.8%处精确多少倍？

任务4　工作任务

4.1　邻菲罗啉分光光度法测定微量铁

1) 实验目的

(1) 熟悉分光光度计的使用方法。

(2) 了解邻菲罗啉-铁配合物的吸收曲线情况。

(3) 掌握标准曲线法测定铁的原理及操作方法。

2) 实验原理

(1) 二价铁(Fe^{2+})本身无色，但能在一定酸度下与邻菲罗啉形成橙红色配合物(显色)，对 510 nm 波长的光有强吸收，故可据此进行测定。

(2) 由于铁一般以三价的形式(Fe^{3+})存在，故需加入还原剂将其还原后才能测定。常用的还原剂有盐酸羟胺、抗坏血酸、间苯二酚等，本实验采用盐酸羟胺作为还原剂。

(3) 酸度对显色反应有较大的影响。酸度高(pH 小)时，反应慢而且色浅；酸度低(pH 大)时，Fe^{2+} 水解影响显色。pH 应控制在 4～6 为佳，本实验采用加入醋酸钠的方法来调节酸度。

(4) 应考虑的干扰因素有：

① 铋、镉、汞、锌、银由于能与邻菲罗啉形成沉淀而干扰测定；

② 铜、钴、镍本身有色且与邻菲罗啉形成有色物而干扰测定；

③ 铝、磷酸大量存在时影响反应速度；

④ 氰根能与铁生成配合物而严重干扰测定。

(5) 配合物 $\lg K_{稳}=21.3$，摩尔吸收系数 $\varepsilon_{510}=1.1\times 10^4\ L\cdot mol^{-1}\cdot cm^{-1}$。

3) 仪器与试剂

(1) 仪器。

分光光度计 1 台，50 mL 容量瓶 7 只，1 mL、2 mL、5 mL、10 mL 吸量管各 1 支，吸耳球 1 只。

(2) 试剂。

① 铁标准溶液(100.0 μg·mL^{-1})。准确称取 0.863 4 g 铁铵矾[$NH_4Fe(SO_4)_2 \cdot 12H_2O$]于烧杯中,加入 10 mL 硫酸(3 mol·$L^{-1}$)后移入 1 000 mL 容量瓶中,用蒸馏水稀释至标线,摇匀。

② 铁标准溶液(10.0 μg·mL^{-1})。准确移取 100.0 μg·mL^{-1}铁标准溶液 10.00 mL 于 100 mL 容量瓶中,并用蒸馏水稀释至刻度。

③ 盐酸羟胺溶液(100 g·L^{-1})。临用时配制。

④ 邻菲罗啉溶液(1.5 g·L^{-1})。先用乙醇溶解,再用水稀释至所需浓度(避光保存)。

⑤ 醋酸钠溶液(1.0 mol·L^{-1})。

4) 实验步骤

(1) 分光光度计的正确使用方法。检查→开机预热(打开比色槽室盖)→正确使用比色皿装入溶液→放入仪器→置"T"调"T=0%"→空白液置光路→合上盖→调节"T=100%"→置"A",显示为"0.000"→将被测液拉入光路→读数。

(2) 溶液配制。分别取铁标准溶液(10.0 μg·mL^{-1})0.0 mL、2.0 mL、4.0 mL、6.0 mL、8.0 mL、10.0 mL 及 10 mL 样品液加入 7 只 50 mL 容量瓶中,再依次加入 10%盐酸羟胺溶液 1 mL→1 mol·L^{-1}醋酸钠溶液 5 mL→0.15%邻菲罗啉溶液 2 mL→定容。

(3) 吸收光谱曲线测绘。以"0"号为参比,选"6"号作为样品,测定配合物在不同波长下的吸收情况,绘制吸收光谱曲线,确定最大吸收波长。

(4) 标准曲线测绘。在选定的最大吸收波长处,以"0"号为参比,测定所有试液(标准及样品)的吸光度值,绘制标准曲线,求出样品中铁的含量。

(5) 结果处理。将结果换算为原试样中铁的含量。

5) 实验数据记录及结果处理

仪器型号:________________________。

(1) 吸收光谱曲线数据见表 2-12。

表 2-12　吸收光谱曲线数据

波长 λ/nm	440	460	480	500	505	510	515	520	560	580
吸光度 *A*										

(2) 标准曲线数据见表 2-13。

表 2-13　标准曲线数据

编　号	1	2	3	4	5	6	样　品
加标量/mL	0.0	2.0	4.0	6.0	8.0	10.0	
含铁量/μg	0.0	20	40	60	80	100	
吸光度 *A*							

(3) 吸收曲线和标准曲线。

(4) 结果。

① 最大吸收波长为：

$$\lambda_{max}=\_\_\_\_\_\_\_\_\_\_\_\_$$

② 由标准曲线作图得：

$$c_x=\_\_\_\_\_\_\_\_\_\_\_\_$$

③ 则原样品中铁的含量为：

$$\text{Fe 含量}(mg\cdot L^{-1})=\_\_\_\_\_\_\_\_\_\_\_\_$$

6) 思考题

(1) 什么叫吸收曲线？什么叫标准曲线？各有何实际意义？

(2) 参比溶液的作用是什么？

(3) 本实验中，哪些溶液要量取得非常准确，哪些不必量取得很准确？

(4) 如何绘制标准曲线？实验中所测得的数据是否都在标准曲线上？

4.2 食品中亚硝酸盐含量的测定

1) 实验原理

在磷酸介质中，pH 为 1.8±0.3 时，亚硝酸盐与对氨基苯磺酰胺反应，生成重氮盐，再与 N-(1-萘基)-乙二胺偶联生成红色染料。在 540 nm 波长处有最大吸收。

2) 仪器与试剂

(1) 仪器。

分光光度计 1 台，50 mL 具塞比色管 30 支，5 mL 刻度吸管 10 支，4 mL、1 mL 比色皿各 1 只。

(2) 试剂。

① 对氨基苯磺酰胺溶液(10 $g\cdot L^{-1}$)。称取 5 g 对氨基苯磺酰胺($H_2NC_6H_4SO_3NH_2$)，溶于 350 mL 盐酸(1+6)中，用纯水稀释至 500 mL。

② 盐酸 N-(1-萘基)-乙二胺溶液(1.0 $g\cdot L^{-1}$)。又名 NEDD 溶液，称取 0.2 g 盐酸 N-(1-萘基)-乙二胺($C_{10}H_7NH_2CHCH_2\cdot NH_2\cdot 2HCl$)，溶于 200 mL 纯水中。储存于冰箱中。可稳定数周，若试剂颜色变深，则应弃去重配。

③ 亚硝酸盐氮标准使用溶液($\rho_{NO_2-N}=0.10\ \mu g\cdot mL^{-1}$)。

3) 实验步骤

(1) 标准曲线的绘制。依次吸取亚硝酸盐氮标准使用溶液 0.00 mL、1.00 mL、3.00 mL、5.00 mL、7.00 mL 及 10.00 mL，加入 50 mL 比色管中，用水稀释至标线，然后加入 1.0 mL 显色剂，密塞，混匀。静置 20 min，1 cm 比色皿于波长 540 nm 处，以水为参比，测量吸光度。从测得的吸光度减去零浓度空白管的吸光度后，获得校正吸光度，绘制曲线。

(2) 水样的测定。

① 当水样 pH≥11 时，可加入 1 滴酚酞指示液，边搅拌边逐滴加入(1+9)磷酸溶液，至红色刚消失。(如果水样有颜色和悬浮物，那么加入 2 mL 氢氧化铝悬浮液，搅拌、静置、过滤，弃去初滤液。)

② 分别取经预处理的水样置于 50 mL 比色管中，加 1.0 mL 显色剂，然后按与校准曲线绘制步骤相同的步骤操作，测量吸光度。从校准曲线上查得亚硝酸盐氮含量。

(3) 空白实验。

用实验用水代替水样，按相同步骤进行全程测定。

4) 实验数据

(1) 标准曲线绘制数据见表 2-14。

表 2-14 标准曲线绘制数据

波长/nm	440	460	480	500	505	510	515	520	560	580
吸光度 A										
回归方程										
相关系数										

(2) 水样测定结果。

测试样吸光度值为____________。

空白样吸光度值为____________。

5) 计算

$$\text{亚硝酸盐氮含量}(\mathrm{mg\cdot L^{-1}})=\frac{m}{V}$$

式中 m——由水样测得的校正吸光度上查得的相应的亚硝酸盐氮含量，μg；

V——水样体积，mL。

6) 思考题

(1) 亚硝酸盐对人健康有哪些影响？

(2) pH 对测定有无影响？

(3) 现有一份火腿肠样品，请自己设计一个分析方案，测定其亚硝酸盐含量。

4.3 分光光度法测定果蔬中维生素 C 含量

1) 实验目的

(1) 了解果类、蔬菜中维生素 C 的测定原理和测定方法。

(2) 了解维生素 C 对人体健康的影响情况。

2) 实验原理

维生素 C，又称抗坏血酸、脱氢抗坏血酸、己糖醛酸、抗坏血病维生素，是一种十分重要的物质，在人体的代谢过程中起着重要的作用。人体中缺少维生素 C 会引起多种疾病，如坏血病。此外，维生素 C 还有抑制胃内亚硝酸盐和胺类形成亚硝胺的作用，对人体有保护作用。人体中所需的维生素 C 大多数由新鲜的水果和蔬菜供给，因此测定包括西红柿、黄瓜、山药和马铃薯在内的新鲜果蔬中的维生素 C 的含量是营养分析的重要内容。

本方法是根据还原性抗坏血酸氧化成脱氢型抗坏血酸，然后与 2,4-二硝基苯肼作用生成红色的脎，其与总抗坏血酸含量成正比的原理，采用分光光度法对西红柿、黄瓜、山药和马铃薯中维生素C的含量进行测试分析的。本方法简便、快速、准确，测定结果对于指导人们食用果蔬补充维生素C以防治维生素C缺乏症提供了可靠的理论依据。

3）仪器与试剂

（1）仪器。

分光光度计、搅拌器、恒温水浴。

（2）试剂。

① 维生素C(抗坏血酸)标准溶液(1 g·L^{-1})。称取100 mg纯抗坏血酸，溶于100 mL 1%草酸溶液中，于4 ℃冰箱保存。

② 2% 2,4-二硝基苯肼溶液。称取2 g 2,4-二硝基苯肼，溶于100 mL 9 mol·L^{-1}硫酸中，过滤，不用时放入冰箱内，每次用前必须过滤。

③ 9 mol·L^{-1}硫酸。小心地将25 mL浓硫酸倒入75 mL蒸馏水中，冷却后盛于试剂瓶中。

④ 1%草酸溶液。称取10 g草酸，置于蒸馏水中，并稀释到1 L。

⑤ 1%硫脲溶液。称取5 g硫脲，置于500 mL 1%草酸中。

⑥ 85%硫酸。小心地将85 mL浓硫酸加于15 mL蒸馏水中，冷却后盛于试剂瓶中。

⑦ 活性炭。将100 g活性炭加入750 mL 1 mol·mL^{-1}盐酸中，加热煮沸2 h，在大布氏漏斗中抽气过滤，用蒸馏水反复洗涤，直至滤液无Fe(可用10%亚铁氰化钾进行检验)为止，然后置于110 ℃烘箱中烘干，冷却后，移入干燥、洁净的瓶内。

4）实验步骤

（1）吸收光谱曲线绘制。

在分光光度计上对生成的脎进行扫描，其峰值吸收范围为488～492 nm，本法选择490 nm为测定波长。

（2）标准曲线绘制。

依次取1 g·L^{-1}抗坏血酸标准溶液0.00 mL、2.00 mL、4.00 mL、6.00 mL、8.00 mL、10.00 mL，用1%硫脲溶液稀释到100 mL。然后分别加0.2 g活性炭于50 mL标准稀释液中，摇振1 min，过滤。分别取滤液10 mL置于50 mL容量瓶中，加1%硫脲4 mL，2% 2,4-二硝基苯肼2 mL，置于37 ℃恒温水浴中反应3 h后，将试管放在冰水中，加85%硫酸5 mL，小心用水稀释至刻度，在室温放置30 min，于波长490 nm处测定吸光度，以抗坏血酸的含量为横坐标，吸光度为纵坐标，作标准曲线。

（3）样品分析。

分别称100 g新鲜西红柿、黄瓜、马铃薯，加入2%草酸100 mL，在研钵中研成匀浆，分别倒入100 mL容量瓶中，用1%草酸稀释至刻度，混匀、过滤，以下同实验方法。

5）实验结果及处理

（1）吸收光谱曲线数据见表2-15。

表 2-15 吸收光谱曲线数据

波长 λ/nm	460	470	480	485	490	495	500	510	520
吸光度 A									

(2) 标准曲线数据见表 2-16。

表 2-16 标准曲线数据

编 号	1	2	3	4	5	6
加标量/mL	0.0	2.0	4.0	6.0	8.0	10.0
含维生素 C 量/mg	0.0	2	4	6	8	10
吸光度 A						

(3) 样品测定数据见表 2-17。

表 2-17 样品测定数据

样品名称	西红柿	黄 瓜	马铃薯
称取质量/g			
吸光度 A			
含维生素 C 量/mg			

6) 思考题

(1) 维生素对人体健康有哪些影响?

(2) 温度对测定有无影响?

(3) 样品溶液长时间放置会不会对测定结果产生影响?

4.4 水中正磷酸盐含量的测定

1) 实验目的

(1) 掌握水中正磷酸盐的测定方法。

(2) 了解标准的内容和形式,学会利用标准来指导分析测定。

2) 实验原理

正磷酸盐与钼酸盐直接反应,形成磷钼黄络合物。用抗坏血酸还原该络合物则形成磷钼蓝络合物,在波长 700 nm 处测定其吸光度,求得正磷酸盐的含量。

3) 仪器与试剂

(1) 仪器。

① 分光光度计。波长准确度为±3 nm。

② 分析天平。感量 0.1 mg。

③ 移液管。准确度 A 级。

④ 刻度吸管。5 mL,分度值为 0.05 mL;10 mL,分度值为 0.1 mL。

⑤ 所有的玻璃器皿使用前应当用 2 mol·L^{-1} 热盐酸洗涤，再用水洗净，不可使用含有磷酸盐的洗涤剂。显色步骤中所用的玻璃器皿在使用前应当用氢氧化钠溶液洗涤，以除去黏附于玻璃器皿内壁上的沉积物。

(2) 试剂。

① 硫酸(9 mol·L^{-1})。将 500 mL 硫酸(GB 625，相对密度 1.84)在不断搅拌下，小心地加入 500 mL 水中，混匀。

② 硫酸(4.5 mol·L^{-1})。将 200 mL 硫酸(①)在不断搅拌下，小心地加入 200 mL 水中，混匀。

③ 硫酸(2 mol·L^{-1})。将 110 mL 硫酸(①)在不断搅拌下，小心地加入 300 mL 水中，用水稀释至 500 mL，混匀。

④ 氢氧化钠溶液(2 mol·L^{-1})。称取 80 g 氢氧化钠(GB/T 629)溶于水中，冷却并用水稀释至 1 L，混匀，储存于聚乙烯瓶中。

⑤ 抗坏血酸溶液(100 g·L^{-1})。用时现配。

⑥ 酸性钼酸盐溶液。溶解 13 g 钼酸铵[$(NH_4)_6Mo_7O_{24}\cdot 4H_2O$](GB/T 657)于 100 mL 水中，溶解 0.35 g 酒石酸锑钾($KSbC_4H_4O_7\cdot \frac{1}{2}H_2O$)(Q/HG 10)于 100 mL 水中。在不断搅拌下将钼酸盐溶液加入 300 mL 硫酸(①)中，再加上述酒石酸盐溶液，混匀。该试剂若储存在棕色玻璃瓶中，至少可稳定 60 d。

⑦ 硫代硫酸钠溶液(12 g·L^{-1})。溶解 1.2 g 硫代硫酸钠(GB/T 637)于 100 mL 水中。加入 50 mg 无水碳酸钠(GB/T 639)。储于棕色玻璃瓶中。

⑧ 磷酸盐标准储备溶液(磷的浓度相当于 50 mg·L^{-1})。称取于 105～110 ℃烘箱中干燥至恒重的磷酸二氢钾(Q/HG 22，优级纯)0.219 7 g，溶解于约 800 mL 水中，转移至 1 L 容量瓶中，加 10 mL 硫酸(②)，并用水稀释至刻度，摇匀。

⑨ 磷酸盐标准溶液(磷的浓度相当于 2 mg·L^{-1})。用移液管吸取 10.0 mL 磷酸盐标准储备溶液(⑧)至 250 mL 容量瓶中，用水稀释至刻度，摇匀。使用时现配。

4) 测定步骤

(1) 正磷酸盐的测定。

① 用移液管准确吸取 25 mL 水样于 50 mL 容量瓶中，用水稀释至约 40 mL。

注：若水样的 pH 不在 3～10 内，则用氢氧化钠溶液或硫酸进行调节。

② 加入 1 mL 抗坏血酸溶液，混匀。再加 2 mL 酸性钼酸盐溶液，用水稀释至刻度，混匀，放置约 15 min。

③ 用 1～5 cm 比色皿，以标准系列 0 为参比，于波长 700 nm 处测定其吸光度。

若有砷干扰，则按下述步骤测定：用移液管准确吸取 25 mL 水样于 50 mL 容量瓶中，用水稀释至约 40 mL，加 0.5 mL 硫酸、1 mL 硫代硫酸钠溶液混匀。再加 1 mL 抗坏血酸溶液、2 mL 酸性钼酸盐溶液，用水稀释至刻度，摇匀。用 1～5 cm 比色皿，以标准系列 0 为参比，于波长 700 nm 处测定其吸光度。10 min 内进行比色测定，否则溶液易浑浊。

(2) 工作曲线的绘制。

① 磷酸盐标准系列溶液：用移液管分别取 0 mL、1.0 mL、2.0 mL、3.0 mL、4.0 mL、

5.0 mL、6.0 mL、7.0 mL、8.0 mL、9.0 mL、10.0 mL 磷酸盐标准溶液于 50 mL 容量瓶中，用水稀释至约 40 mL，其对应的磷的质量分别为 0 μg、2 μg、4 μg、6 μg、8 μg、10 μg、12 μg、14 μg、16 μg、18 μg、20 μg。

② 按正磷酸盐的测定步骤第②、③步操作。

③ 以磷的质量为横坐标，以其对应的吸光度为纵坐标，绘制工作曲线。

5）实验数据与整理

（1）正磷酸盐的测定数据见表 2-18。

表 2-18　正磷酸盐的测定数据

测试样品编号	1	2	3
吸光度值 A			

（2）工作曲线的绘制数据见表 2-19。

表 2-19　工作曲线的绘制数据

标准正磷酸盐浓度/$(mg \cdot L^{-1})$	
吸光度值 A	

6）结果及计算

正磷酸盐磷的含量按下式计算：

$$P_{PO_4^{3-}} = \frac{m}{V}$$

式中　$P_{PO_4^{3-}}$——正磷酸盐磷的含量，$mg \cdot L^{-1}$；

m——由工作曲线上查得相应正磷酸盐磷的质量，μg；

V——取用水样体积，mL。

结果计算到小数点后 3 位，修约至 2 位。

4.5　水中六价铬的测定(二苯碳酰二肼分光光度法)

1）实验目的

（1）了解水中铬的测定原理及测定方法。

（2）了解国家相应标准中对六价铬测定的要求。

2）实验原理

在酸性溶液中，六价铬与二苯碳酰二肼直接反应，形成水溶性的紫红色络合物，在波长 540 nm 处测定其吸光度，求得六价铬的总量。

3）仪器与试剂

（1）仪器。

① 分光光度计。波长准确度为±2 nm。

② 分析天平。感量 0.1 mg。

③ 移液管。准确度 A 级。

④ 刻度吸管。5 mL,分度值为 0.05 mL;10 mL,分度值为 0.1 mL。

所有的玻璃仪器内壁要求光洁,以免吸附铬离子。不得用重铬酸钾洗液洗涤,可用硝酸、硫酸混合液或合成洗涤剂洗涤,洗涤后要冲洗干净。

(2) 试剂。

① 无水乙醇。

② 硫酸($1\ mol\cdot L^{-1}$)。取 100 mL 硫酸(GB/T 625,相对密度 1.84)在不断搅拌和冷却下,小心地加入 1 700 mL 水中,混匀。

③ 二苯碳酰二肼溶液。称取 0.5 g 二苯碳酰二肼($C_{13}H_{14}N_4O_7$)溶于 25 mL 丙酮(GB/T 686)中,加入 25 mL 水,混匀后储于棕色玻璃瓶中,于冷暗处保存。若该溶液已变棕色,则应重新配制。

④ 铬标准储备溶液。该溶液每毫升含铬 0.5 mg。称取预先在 105~110 ℃干燥至恒重的重铬酸钾(GB/T 642,优级纯)1.414 5 g,于 1 L 容量瓶中定容,摇匀。

⑤ 铬标准溶液。该溶液每毫升含铬 5 μg。取 10.0 mL 铬标准储备溶液(④)于 1 L 容量瓶中,用水稀释至刻度,摇匀。使用当天配制。

4) 实验步骤

(1) 六价铬的测定。

① 用移液管准确吸取 25 mL 水样于 50 mL 容量瓶中。

② 用水稀释至约 40 mL,加入 2.5 mL 硫酸,再加入 1 mL 二苯碳酰二肼溶液用水稀释至 50 mL,摇匀。放置 5 min。

③ 用 1~5 cm 比色皿在波长 540 nm 处,以标准系列 0 做参比,测定其吸光度。

④ 水样空白实验。用移液管准确吸取 25 mL 水样于 100 mL 烧杯中,加入 2.5 mL 硫酸,再加入 1 mL 乙醇(①),充分煮沸 5 min,溶液体积保持在 40~45 mL,冷却后移入 50 mL 容量瓶中,以下按步骤③操作。

(2) 工作曲线的绘制。

① 分别取 0 mL、1.0 mL、2.0 mL、3.0 mL、4.0 mL、5.0 mL、6.0 mL、7.0 mL、8.0 mL、9.0 mL、10.0 mL 铬标准溶液,用水稀释至约 40 mL,其对应的铬的质量分别为 0 μg、5 μg、10 μg、15 μg、20 μg、25 μg、30 μg、35 μg、40 μg、45 μg、50 μg。

② 以下按六价铬的测定②、③操作。

③ 以铬的质量为横坐标,以对应的吸光度为纵坐标,绘制工作曲线。

5) 实验数据与整理

(1) 六价铬的测定数据见表 2-20。

表 2-20 六价铬的测定数据

测试样品编号	1	2	3
吸光度 A			

（2）工作曲线的绘制数据见表 2-21。

表 2-21 工作曲线的绘制数据

铬标准溶液浓度/($\mu g \cdot L^{-1}$)	
吸光度 A	

6）结果计算

六价铬含量按下式计算：

$$Cr(Ⅵ)=\frac{m}{V}$$

式中 Cr(Ⅵ)——六价铬含量，$mg \cdot L^{-1}$；

m——水样的吸光度减去水样空白的吸光度后，由工作曲线查得的六价铬的质量，μg；

V——所取水样体积，mL。

结果计算到小数点后 3 位，修约至 2 位。

精密度应符合表 2-22 规定。

表 2-22 Cr(Ⅵ)含量及精密度

	含 量	精密度
Cr(Ⅵ)	$\leqslant 0.1\ mg \cdot L^{-1}$	$\leqslant 0.01\ mg \cdot L^{-1}$（绝对）
	$>0.1\ mg \cdot L^{-1}$	≤10%（相对）

附：水样预处理

（1）对不含悬浮物、低色度的清洁地面水，可直接进行测定。

（2）如果水样有色但不深，可进行色度校正。即另取一份试样，加入除显色剂以外的各种试剂，以 2 mL 丙酮代替显色剂，用此溶液为测定试样溶液吸光度的参比溶液。

（3）对浑浊、色度较深的水样，应加入氢氧化锌共沉淀剂并进行过滤处理。

（4）水样中存在次氯酸盐等氧化性物质时，会干扰测定，可加入尿素和亚硝酸钠将其消除。

（5）水样中存在低价铁、亚硫酸盐、硫化物等还原性物质时，可将 Cr^{6+} 还原为 Cr^{3+}，此时，调节水样 pH 至 8，加入显色剂溶液，放置 5 min 后再酸化显色，并以同法作标准曲线。

7）思考题

（1）当样品的吸光度较大或超出测定范围时，应怎样进行处理？

（2）该测定方法中有哪些因素会对测定造成影响？如何消除其影响？

习 题

一、单选题

1. 吸光度读数在( )内,测量较准确。

A. 0～1　B. 0.15～0.7　C. 0～0.8　D. 0.15～1.5

2. 分光光度计产生单色光的元件是( )。

A. 光栅＋狭缝　B. 光栅　C. 狭缝　D. 棱镜

3. 分光光度计测量吸光度的元件是( )。

A. 棱镜　B. 光电管　C. 钨灯　D. 比色皿

4. 用分光光度法测铁所用的比色皿的材料为( )。

A. 石英　B. 塑料　C. 硬质塑料　D. 玻璃

5. 分光光度计的可见光波长范围是( )。

A. 200～400 nm　B. 400～800 nm　C. 500～1 000 nm　D. 800～1 000 nm

6. 用邻二氮杂菲测铁时,为测定最大吸收波长,在 400～600 nm 内每隔 10 nm 进行连续测定,现已测完 480 nm 处的吸光度,欲测定 490 nm 处吸光度,调节波长时不慎调过 490 nm,此时正确的做法是( )。

A. 反向调节波长至 490 nm 处

B. 反向调节波长过 490 nm 少许,再正向调至 490 nm 处

C. 从 400 nm 开始重新测定

D. 调过 490 nm 处继续测定,最后补测 490 nm 处的吸光度值

7. 用分光光度法测水中铁的含量分析步骤是( )。

A. 还原—发色—调节 pH—比色—酸化

B. 酸化—还原—调节 pH—发色—比色

C. 发色—酸化—还原—调节 pH—比色

D. 调节 pH—发色—还原—酸化—比色

8. 用分光光度法测水中铁含量时,时间条件实验是( )。

A. 用 200 $\mu g \cdot L^{-1}$ 溶液在 510 nm 处,每 5 min 测一次吸光度

B. 用 200 $\mu g \cdot L^{-1}$ 溶液在 510 nm 处,加入不等量显色剂分别测吸光度

C. 用 200 $\mu g \cdot L^{-1}$ 溶液在光路中,分别测不同波长下吸光度

D. 用 100～500 $\mu g \cdot L^{-1}$ 系列溶液在 510 nm 处,分别测吸光度

9. 在用分光光度法测铁实验中,绘制工作曲线标准系列至少要( )点。

A. 2 个　B. 3 个　C. 4 个　D. 5 个

10. 在用分光光度法测铁时,下面不是测量前调节溶液酸度的原因的是( )。

A. 酸度过低,Fe^{2+} 要水解　B. 保证显色反应正常进行

C. 掩蔽钙镁离子　D. 控制铁络合物的颜色

11. 邻二氮杂菲分光光度法测铁实验的显色过程中,按先后次序依次加入( )。

A. 邻二氮杂菲、NaAc、盐酸羟胺　B. 盐酸羟胺、NaAc、邻二氮杂菲

C. 盐酸羟胺、邻二氮杂菲、NaAc　　D. NaAc、盐酸羟胺、邻二氮杂菲

12. 用邻二氮杂菲测铁时所用的波长属于(　　)。

A. 紫外光　　B. 可见光　　C. 紫外-可见光　　D. 红外光

13. 用分光光度法测水中铁的含量时，所用的显色剂是(　　)。

A. 醋酸钠　　B. 1,10-氮杂菲　　C. 盐酸羟胺　　D. 刚果红试纸

14. 已知邻二氮杂菲亚铁络合物的吸光系数 $a=190\ \mathrm{L \cdot g^{-1} \cdot cm^{-1}}$，已有一组浓度分别为 $100\ \mu g \cdot L^{-1}$、$200\ \mu g \cdot L^{-1}$、$300\ \mu g \cdot L^{-1}$、$400\ \mu g \cdot L^{-1}$、$500\ \mu g \cdot L^{-1}$ 的工作溶液，测定吸光度时应选用(　　)比色皿。

A. 0.5 cm　　B. 1 cm　　C. 3 cm　　D. 10 cm

15. 在分光光度法测铁中，如果用配制已久的盐酸羟胺溶液，则分析结果会(　　)。

A. 无影响　　B. 不一定　　C. 偏低　　D. 偏高

16. 在分光光度法测铁中，加入盐酸羟胺后，摇匀，应放置至少 2 min，再加入邻二氮杂菲显色剂，若放置时间不足 2 min，则分析结果会(　　)。

A. 无影响　　B. 不一定　　C. 偏低　　D. 偏高

17. 使用 721 型分光光度计时，仪器在 100% 处经常漂移的原因是(　　)。

A. 保险丝断了　　B. 电流表动线圈不通电

C. 稳压电源输出导线断了　　D. 电源不稳定

18. 在分光光度法中，应用光的吸收定律进行定量分析，应采用的入射光为(　　)。

A. 白光　　B. 单色光　　C. 可见光　　D. 复合光

19. 入射光波长选择的原则是(　　)。

A. 吸收最大　　B. 干扰最小

C. 吸收最大，干扰最小　　D. 吸光系数最大

二、多选题

1. 下列因素中，不影响摩尔吸光系数大小的是(　　)。

A. 有色配合物的浓度　　B. 入射光强度

C. 比色皿厚度　　D. 入射光波长

2. 在分光光度法中判断出测得的吸光度有问题，可能的原因包括(　　)。

A. 比色皿没有放正位置　　B. 比色皿配套性不好

C. 比色皿毛面位于透光位置　　D. 比色皿润洗不到位

3. 有色溶液稀释时，对最大吸收波长的位置描述错误的是(　　)。

A. 向长波方向移动　　B. 向短波方向移动

C. 不移动，但峰高降低　　D. 全部无变化

4. 在分光光度分析中，常出现工作曲线不过原点的情况，下列说法中会引起这一现象的是(　　)。

A. 测量和参比溶液所用吸收池不对称　　B. 参比溶液选择不当

C. 显色反应灵敏度太低　　D. 显色反应的检测下限太高

5. 吸光物质的摩尔吸光系数与下面因素中无关的是(　　)。

A. 吸收池材料　　B. 吸收池厚度　　C. 吸光物质浓度　　D. 入射光波长

6. 下列操作中，正确的是(　　)。

A. 拿比色皿时用手捏住比色皿的毛面，切勿触及透光面

B. 比色皿外壁的液体要用细而软的吸水纸吸干，不能用力擦拭，以保护透光面

C. 在测定一系列溶液的吸光度时，按从稀到浓的顺序进行，以减小误差

D. 被测液要倒满比色皿，以保证光路完全通过溶液

7. 下列说法不正确的是(　　)。

A. 吸收曲线与物质的性质无关　　B. 吸收曲线的基本性质与溶液浓度无关

C. 浓度越大，吸光系数越大　　D. 吸收曲线是一条通过原点的直线

8. 某物质的吸光系数与下列(　　)因素有关。

A. 溶液浓度　　B. 测定波长　　C. 溶剂的种类　　D. 溶液的温度

E. 物质的结构

9. 摩尔吸光系数很大，则说明(　　)。

A. 该物质浓度很大　　B. 光通过该物质溶液的光程长

C. 该物质对某波长的光吸收能力强　　D. 测定该物质的方法的灵敏度高

10. 是单色器的组成部分的是(　　)。

A. 棱镜　　B. 光栅　　C. 准直镜　　D. 狭缝

E. 光电管

三、简答题

1. 在分光光度计中，常因波长范围不同而选用不同材料的容器，石英比色皿和玻璃比色皿各适用的光区是什么？

2. 可见分光光度计常用光源有哪些？它们使用的波长范围各是多少？

3. 吸收光谱曲线的定义是什么？

4. 吸光度的定义是什么？

5. 摩尔吸光系数的定义是什么？

6. 吸收曲线及其横坐标、纵坐标的定义分别是什么？

7. 吸光光度法对显色反应的要求有什么？

8. 可见分光光度计由哪几个主要部件组成？各部件的作用是什么？

9. 何谓分光光度法？

10. 可见分光光度法具有什么特点？

四、判断题

1. 有色物质溶液只能对可见光范围内的某段波长的光有吸收。(　　)

2. 不同波长的电磁波，具有不同的能量，其大小顺序为微波＞红外光＞可见光＞紫外光＞X 射线。(　　)

3. 符合郎伯-比尔定律的有色溶液稀释时，其最大吸收峰的波长位置不移动，但吸收峰降低。(　　)

4. 吸光系数与入射光波长及溶液浓度有关。(　　)

5. 进行吸光光度法测定时，必须选择最大吸收波长的光做入射光。(　　)

6. 因为透射光和吸收光按一定比例混合而成白光，故称这两种光为互补色光。(　　)

7. 符合朗伯-比尔定律的某有色溶液的浓度越低，其透光率越小。(　　)

8. 朗伯-比尔定律的物理意义是：当一束平行单色光通过均匀的有色溶液时，溶液吸光

度与吸光物质浓度和液层厚度的乘积成正比。（　　）

9. 有色溶液的透光度随着溶液浓度的增大而减小，所以透光度与溶液的浓度成反比关系。（　　）

10. 朗伯-比耳定律只适用于单色光，入射光的波长范围越狭窄，吸光光度测定的准确度越高。（　　）

思政园地

实验废弃物不可直接倒入水池，要全部规范回收，注意保护环境。必须树立和践行“绿水青山就是金山银山”的理念，坚持节约资源和保护环境的基本国策，像对待生命一样对待生态环境，形成绿色发展方式和生活方式，建设美丽中国。

课堂讨论

在吸光光度分析中，为什么要控制溶液透光率 T 在 20%～65%？若 T 超出上述范围，则应采取何种措施？

答：溶液的透光率很大或很小时，所产生的相对误差很大。只有在 T 为 20%～65% 或 A 为 0.2～0.7 时，浓度相对误差较小，是测量的适宜范围。

可通过调节溶液的浓度和吸收池的厚度来解决。

思维导图

- 可见分光光度法
  - 项目导引
  - 学习目标
    - 知识目标
    - 技能目标
  - 知识准备
    - 可见分光光度法概述
      - 定义
      - 分类
      - 特点
    - 光分析的基本原理
      - 光的特性
      - 物质对光的选择性吸收
      - 吸收光谱曲线
      - 吸收光谱曲线产生的机理
    - 光的吸收定律
      - 朗伯-比尔定律
        - 摩尔吸光系数ε
        - 吸光系数K
        - 比吸光系数
      - 吸光度的加和性
  - 仪器认知
    - 可见分光光度计的构成
    - 可见分光光度计的主要部件
      - 光源
      - 单色器
      - 吸收池
      - 检测器
      - 信号显示系统
  - 基本技能
    - 比色皿成套性及仪器波长准确性的检查
    - 显色与操作条件的选择
    - 邻二氮菲光度法测铁条件试验
    - 定量分析方法
    - 分光光度法测定混合液中的钴和铬
    - 高含量组分的测定
  - 工作任务
    - 工作任务1　邻菲罗啉分光光度法测定微量铁
    - 工作任务2　食品中亚硝酸盐含量的测定
    - 工作任务3　分光光度法测定果蔬中维生素C含量
    - 工作任务4　水中正磷酸盐含量的测定（国家行业标准）
    - 工作任务5　水中六价铬的测定（二苯碳酰二肼分光光度法）

项目三

紫外分光光度法

项目导引

蛋白质分子中，酪氨酸、苯丙氨酸和色氨酸残基的苯环含有共轭双键，使蛋白质具有吸收紫外光的性质。吸收高峰在 280 nm 处，其吸光度(即光密度值)与蛋白质含量成正比。此外，蛋白质溶液在 238 nm 处的光吸收值与肽键含量成正比。利用一定波长下蛋白质溶液的光吸收值与蛋白质浓度的正比关系，可以进行蛋白质含量的测定。

想一想：紫外线分为哪几个区域？哪几段波长？波长范围各为多少？利用蛋白质对紫外线的吸收性质测定蛋白质含量，与传统方法相比有何优势？

学习目标

知识目标

1. 了解紫外线的基本概念。
2. 理解紫外分光光度法的基本原理和特点。
3. 认识有机化合物产生紫外吸收的原因。

技能目标

1. 会使用紫外-可见分光光度计。
2. 会用紫外分光光度法定性和定量分析未知物。

任务 1　知识准备

1.1　紫外线的概念及分段

紫外线(Ultraviolet，UV)是电磁波谱中频率为 750 THz～30 PHz，对应真空中波长为 10～400 nm 辐射的总称，不能引起人们的视觉。

1801年,德国物理学家里特发现日光光谱的紫端外侧一段能够使含有溴化银的照相底片感光,因而发现了紫外线的存在。

自然界的主要紫外线光源是太阳。太阳光透过大气层时,波长短于290 nm的紫外线被大气层中的臭氧吸收。人工的紫外线光源有多种气体的电弧(如低压汞弧、高压汞弧)。紫外线有化学作用,能使照相底片感光;紫外线荧光作用强,日光灯、各种荧光灯和农业上用来诱杀害虫的黑光灯都是用紫外线激发荧光物质发光的;紫外线可以防伪;紫外线有生理作用,能杀菌、消毒、治疗皮肤病和软骨病等;紫外线的粒子性较强,能使各种金属产生光电效应。

紫外线可分为近紫外线(低频,简称UVA)、远紫外线(中频,简称UVB)、超短紫外线(高频,简称UVC)和极紫外线(超高频,简称EUV)。

1) 超短紫外线

超短紫外线是波长200～280 nm的高频紫外线,波长较短,能量较高。超短紫外线在经过地球表面同温层时被臭氧层吸收,不能到达地球表面。超短紫外线能对人体产生重要作用,因此要对其足够重视。

2) 远紫外线

远紫外线是波长280～320 nm的中频紫外线,波长适中,能量适中。远紫外线对人体皮肤有一定的生理作用。此类紫外线的极大部分被皮肤表皮所吸收,不能渗入皮肤内部。但其阶能较高,可对皮肤产生强烈的光损伤,使被照射部位真皮血管扩张,使皮肤出现红肿、水泡等症状。长久照射,皮肤会出现红斑、炎症、老化,严重者可引起皮肤癌。由此,远紫外线又被称作紫外线的晒伤(红)段,是应重点预防的紫外线波段。

3) 近紫外线

近紫外线是波长315～400 nm的低频紫外线,波长较长,能量较低。近紫外线对衣物和人体皮肤的穿透性远比远紫外线强,可达到真皮深处,并可对表皮部位的黑色素起作用,从而引起皮肤黑色素沉着,使皮肤变黑,起到了防御紫外线,保护皮肤的作用。因而近紫外线也被称作晒黑段。近紫外线虽不会引起皮肤急性炎症,但对皮肤的作用缓慢,可长期积累,是导致皮肤老化和严重损害的原因之一。

1.2 紫外分光光度法

紫外分光光度法是基于物质对200～400 nm区域内光辐射的吸收而建立起来的分析方法。200～400 nm光辐射的能量主要与物质中原子的价电子的能级跃迁相适应,可以导致这些电子的跃迁,所以紫外分光光度法和可见分光光度法都称为电子光谱法。

1) 分光光度法的分类

随着近代测试仪器的发展,目前已普遍使用分光光度计进行分析。应用分光光度计,根据物质对不同波长的单色光的吸收程度不同而对物质进行定性和定量分析的方法,称为分光光度法(又称吸光光度法)。分光光度法按所用光的波谱区域不同,又可分为可见分光光度法(400～780 nm)、紫外分光光度法(200～400 nm)和红外分光光度法(2.5～25 μm)。由于近代分析仪器的发展,仪器厂商常将紫外分光光度计和可见分光光度计合二为一,紫外分光光度法和可见分光光度法合称紫外-可见分光光度法。

2）紫外-可见分光光度法的特点

紫外-可见分光光度法是仪器分析中应用最为广泛的分析方法之一。它所测试液体的浓度下限可达 $10^{-6}\sim10^{-5}$ mol · L^{-1}（达 μg 量级），在某些条件下甚至可测定 10^{-7} mol · L^{-1} 的物质，因而它具有较高的灵敏度，适用于微量组分的测定。

紫外-可见分光光度法测定的相对误差为 2%～5%，若采用精密分光光度计进行测定，则相对误差可达 1%～2%。显然，对于常量组分的测定，准确度不及化学法，但对于微量组分的测定，已完全能满足要求。因此，它特别适用于低含量和微量组分的测定，而不适用于中、高含量组分的测定。不过，如果采取适当的技术措施，比如差示法，则可提高准确度，可用于测定高含量组分。

紫外-可见分光光度法分析速度快，仪器设备不复杂，操作简便，价格低廉，应用广泛。大部分无机离子和许多有机物质的微量成分都可以用这种方法进行测定。紫外-可见分光光度法可用于芳香化合物及含共轭体系化合物的鉴定及结构分析。此外，紫外-可见分光光度法还常用于化学平衡等的研究。

1.3 有机化合物紫外-可见吸收光谱的产生

有机化合物的紫外-可见吸收光谱是由构成分子的原子的外层价电子跃迁所产生的。按分子轨道理论，有机化合物分子中外层价电子有三种类型，即形成 σ 键的 σ 电子、形成 π 键的 π 电子及非成键的孤对电子（n 电子），形成五种分子轨道，即 σ 成键轨道、σ^* 反键轨道、π 成键轨道、π^* 反键轨道以及 n 轨道。

处于不同运动轨道的电子，即不同运动状态的电子，具有不同的能量。电子得到能量后可以从低能量轨道跃迁到高能量轨道。

一般对应四种类型的跃迁：

① N→V 跃迁，即基态轨道→反键轨道，$\sigma\to\sigma^*$、$\pi\to\pi^*$；

② N→Q 跃迁，即未成键 n 电子→反键轨道，$n\to\sigma^*$、$n\to\pi^*$；

③ N→R 跃迁，即 σ 电子→高能级→分子、离子；

④ 电荷迁移跃迁，即电荷从化合物的一部分→另一部分。

各种跃迁所对应的能量大小为 $n\to\pi^* < \pi\to\pi^* < n\to\sigma^* < \sigma\to\sigma^*$，有机分子中各种电子轨道能量的高低及电子跃迁的类型如图 3-1 所示。

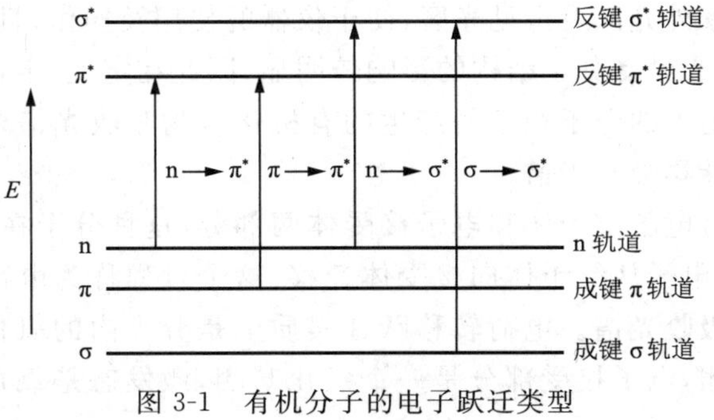

图 3-1 有机分子的电子跃迁类型

1）$\sigma \rightarrow \sigma^*$ 跃迁

$\sigma \rightarrow \sigma^*$ 跃迁是 σ 电子从 σ 成键轨道向 σ^* 反键轨道的跃迁。这是所有存在 σ 键的有机化合物都可以发生的跃迁类型。实现 $\sigma \rightarrow \sigma^*$ 跃迁所需的能量在所有跃迁类型中最大，因而所吸收的辐射的波长最短，处于小于 200 nm 的真空紫外区。例如，甲烷的 λ_{max} 为 125 nm，乙烷的 λ_{max} 为 135 nm。在此波长区域，O_2 和 H_2O 都有吸收。目前一般的紫外-可见分光光度计还难以在远紫外区工作，因此一般不讨论 $\sigma \rightarrow \sigma^*$ 跃迁所产生的吸收带。仅能产生 $\sigma \rightarrow \sigma^*$ 跃迁的物质由于在 200 nm 以上波长区没有吸收，故可用作紫外-可见分光光度法分析的溶剂，例如己烷、庚烷、环己烷等。

2）$n \rightarrow \sigma^*$ 跃迁

$n \rightarrow \sigma^*$ 跃迁是非成键 n 电子从非键轨道向 σ^* 反键轨道的跃迁。含有杂原子（如氮、氧、硫、磷和卤素原子）的饱和有机化合物都含有 n 电子，都会发生这类跃迁。$n \rightarrow \sigma^*$ 跃迁需要的能量比 $\sigma \rightarrow \sigma^*$ 跃迁小，吸收的波长 λ_{max} 可在 200 nm 附近，但大多数化合物仍在小于 200 nm 的区域内，且 λ_{max} 随杂原子的电负性不同而不同，一般电负性越大，n 电子被束缚得越紧，跃迁所需的能量越大，吸收的波长越短，例如，CH_3Cl 的 λ_{max} 为 173 nm，CH_3Br 的 λ_{max} 为 204 nm，CH_3I 的 λ_{max} 为 258 nm。

3）$\pi \rightarrow \pi^*$ 跃迁

$\pi \rightarrow \pi^*$ 跃迁是 π 电子从成键 π 轨道向反键 π^* 轨道的跃迁。含有 π 电子基团的不饱和有机化合物都会发生 $\pi \rightarrow \pi^*$ 跃迁，如含有双键、三键等的有机化合物。$\pi \rightarrow \pi^*$ 跃迁所需的能量比 $\sigma \rightarrow \sigma^*$ 跃迁小，一般也比 $n \rightarrow \sigma^*$ 跃迁小，所以吸收辐射的波长比较长，一般 λ_{max} 在 200 nm 附近。此外，$\pi \rightarrow \pi^*$ 跃迁还具有以下特点：吸收波长一般受结构中不饱和键的影响不大，例如乙烯的 λ_{max} 是 180 nm。

对于共轭情况，由于共轭形成了大 π 键，π 电子进一步离域，π^* 轨道有更大的成键性质，降低了 π^* 轨道的能量，因此使 ΔE 降低，吸收波长向长波方向移动，通常每增加一个共轭双键，λ_{max} 增加 30 nm 左右。

4）$n \rightarrow \pi^*$ 跃迁

$n \rightarrow \pi^*$ 跃迁是由 n 电子从非键轨道向 π^* 反键轨道的跃迁。含有不饱和杂原子基团的有机物分子，基团中既有 π 电子，又有 n 电子，可以发生这类跃迁。$n \rightarrow \pi^*$ 跃迁所需的能量最低，因此吸收辐射的波长最长，一般都在近紫外光区，甚至在可见光区。

在以上四种跃迁类型所产生的吸收光谱中，$\pi \rightarrow \pi^*$、$n \rightarrow \pi^*$ 跃迁在分析上最有价值，因为它们的吸收波长在近紫外光区及可见光区，便于仪器的使用及操作，且 $\pi \rightarrow \pi^*$ 跃迁具有很大的摩尔吸光系数，吸收光谱受分子结构的影响较明显，因此在定性、定量分析中用处很大。

除上述价电子轨道上的电子跃迁所产生的有机化合物吸收光谱外，还有分子内的电荷转移跃迁产生的电荷转移吸收光谱。

某些分子同时具有电子给予体和电子接受体两部分，这种分子在外来辐射的激发下会强烈地吸收辐射能，使电子从给予体向接受体迁移，这个过程称为电荷转移跃迁，产生的吸收光谱称为电荷转移吸收光谱。电荷转移跃迁实质上是分子内的氧化—还原过程，电子给予部分是一个还原基团，电子接受部分是一个氧化基团，激发态是氧化—还原的产物，是一种双极分子。电荷转移过程可表示为：$A \cdots B \xrightarrow{\upsilon} A^+ \cdots B^-$。

1.4　紫外吸收光谱常用术语

1）非发色团

非发色团是在 200～800 nm 近紫外和可见区域无吸收的基团。只具有 s 键电子或具有 s 键电子和非键电子的基团为非发色团，一般指的是饱和碳氢化合物和大部分含有 O、N、S、X 等杂原子的饱和化合物。

非发色团对应的跃迁类型为 $s \rightarrow s^*$ 跃迁和 $n \rightarrow s^*$ 跃迁，大部分都出现在远紫外区。

2）发色团

发色团是在近紫外和可见区域有特征吸收的基团。发色团的电子结构特征是具有 π 电子，例如 C＝C、C＝O、C≡N、N＝N、N＝O、NO_2 等。一个双键：$p \rightarrow p^*$ 跃迁，强吸收，远紫外区。多个发色团(共轭)：吸收出现在近紫外区。发色团对应跃迁类型是 $p \rightarrow p^*$ 和 $n \rightarrow p^*$。在紫外光谱中，发色团并非一定有颜色。

3）助色团

助色团是具有非键电子的基团，例如—NH_2、—NR_2、—OH，—OR、—SR、—Cl、—SO_3H、—COOH 等。它们本身在紫外和可见区域无吸收，但具有能使生色团的光谱峰移向长波区并使其强度增加的作用，这种基团叫助色团。各基团“助色”能力大小顺序为：—F＜—CH_3＜—Cl＜—Br＜—OH＜—OCH_3＜—NH_2＜—$NHCH_3$＜—$N(CH_3)_2$＜—NHC_6H_5＜O^-。

4）红移和蓝移

由取代基或溶剂效应引起的使吸收向长波长方向移动的现象，称为红移。能使有机化合物发生红移的基团，称为向红基团。

由取代基或溶剂效应引起的使吸收向短波长方向移动的现象，称为蓝移。能使有机化合物发生蓝移的基团，称为向蓝基团。

5）增色效应和减色效应

有机化合物的结构变化使吸收峰摩尔吸光系数增加的现象，称为增色效应。有机物的结构变化使吸收峰摩尔吸光系数减小的现象，称为减色效应。

1.5　紫外-可见分析中的溶剂影响

1）紫外-可见吸收光谱法常用的溶剂

很多有机化合物可以在紫外-可见吸收光谱法中作为溶剂。三种最常见的溶剂是环己烷、95%乙醇和 1,4-二氧六环。可以采用活性硅胶过滤的方法来除去溶剂中微量的芳香烃和烯烃杂质。环己烷的“透明”极限波长是 210 nm。芳香化合物，特别是多环芳香烃，在环己烷中测定时，能够保持它们的精细结构，而如果采用极性溶剂，则精细结构往往消失。当需要使用极性溶剂时，采用 95%的乙醇通常是一个好的选择。乙醇中残留的苯杂质可以通过分馏的方法除去。乙醇的“透明”极限波长是 210 nm。紫外-可见吸收光谱法常用溶剂见表 3-1。

表 3-1 紫外-可见吸收光谱法常用溶剂

溶 剂	极限波长/nm	溶 剂	极限波长/nm
乙 腈	190	1,4-二氧六环	220
水	191	二氯甲烷	235
己 烷	195	1,2-二氯乙烷	235
十二烷	200	氯 仿	237
十氢萘	200	乙酸乙酯	255
甲 醇	205	四氯化碳	257
环己烷	210	甲酸甲酯	260
庚 烷	210	N,N-二甲基甲酰胺	270
异辛烷	210	苯	280
甲基环己烷	210	四氯乙烯	290
乙 醇	210	二甲苯	295
正丁醇	210	吡 啶	305
正庚烷	210	丙 酮	330
异丙醇	215	二硫化碳	380
乙 醚	215	硝基苯	380

此外，在溶剂选择时需要考虑的因素有：

(1) 溶剂本身的透明范围。

(2) 溶剂对溶质是惰性的。

(3) 溶剂对溶质有良好的溶解性。

例如，甲醇和乙醇在 210 nm 以下是不透明的，而丙烯醛的 $\lambda_{max}=207$ nm，不宜选醇作为其溶剂。丁二烯的 $\lambda_{max}=217$ nm，不能用氯仿作为其溶剂(氯仿在 237 nm 以下是不透明的)。通常非极性化合物选用非极性溶剂，如环己烷等，极性化合物则选用极性溶剂，如醇等，否则溶解性不好。

2) 溶剂的影响

化合物的紫外-可见吸收光谱通常在溶液中测定，溶剂可能会影响吸收峰的位置和强度，这种影响是不能忽视的。通常溶剂的极性对烯类和炔类碳氢化合物的吸收峰位置和强度影响较小，但会使酮类化合物峰值发生位移。一般情况下，极性溶剂使 $n\rightarrow\pi^*$ 吸收带发生蓝移，ε_{max}随之增加；使 $\pi\rightarrow\pi^*$ 吸收带发生红位移，ε_{max}略有降低。

(1) 极性溶剂对 $n\rightarrow\varepsilon_{max}$跃迁的影响。

基团中的杂原子具有孤对电子(n 电子)，例如 C═O 中的 n 电子会发生 $n\rightarrow\pi^*$ 跃迁，C═O 在基态时由于 O 原子的电负性，$C^{\delta+}═O^{\delta-}$ 是有极性的，当发生 n 电子跃迁后，n 电子跃到 π^* 轨道上去，因此激发态时氧原子一侧的电子云小于基态。C═O 基态比激发态极性大，因此基态容易与极性溶剂之间产生较强的作用，使基态能量下降较大，而激发态能量下降较小，所以两个能级间的能量差反而增加，如图 3-2(a)。极性溶剂致使 $n\rightarrow\pi^*$ 跃迁发生蓝移。溶剂的极性越大，这种蓝移的幅度就越大。

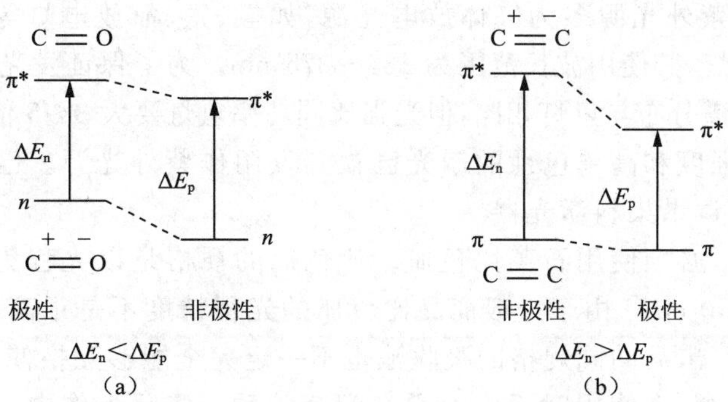

图 3-2 溶剂极性对 n→p* 跃迁(a)和 p→p* 跃迁(b)的影响

(2) 极性溶剂对 π→π* 跃迁的影响。

含有碳碳双键的化合物在基态时，两个 π 电子位于 π 成键轨道上。当发生 π→π* 跃迁时，一个电子在 π 成键轨道上，另一个电子在 π* 反键轨道上。当两个电子在 π 成键轨道上时，C═C 是无极性的，而当 π 电子跃迁到 π* 反键轨道上时，C^+═C^- 就有极性了，所以 C═C 激发态时的极性大于基态时的极性。极性大的 π* 反键轨道与极性溶剂作用强，因此 π* 反键轨道能量下降得多些，而 π 成键轨道能量下降得少些，从而两个能级的能量差减小，如图 3-2(b)。极性溶剂致使 π→π* 跃迁的 K 带发生红移。因此，当化合物紫外-可见吸收光谱既有 K 带又有 R 带时，使用的溶剂极性越大，K 带与 R 带的距离越小(K 带红移，R 带蓝移)，而且随着溶剂极性的变小，两个谱带逐渐远离。

任务 2 仪器认知

2.1 仪器的基本组成部件

紫外-可见吸收光谱法所采用的仪器称为分光光度计，它主要由五个部分组成，如图 3-3 所示。

图 3-3

由光源发出的光，经单色器获得一定波长单色光照射到样品溶液中，被吸收后，经检测器将光强度变化转变为电信号变化，并经信号指示系统调制放大后，显示或打印出吸光度 A(或透射比 T)，完成测定。

紫外-可见分光光度计与可见分光光度计除去在光源部分和吸收池部分略有差别外，其余各部件基本相似。本章仅对光源部分和吸收池部分做详细介绍，其余部分请参见可见分光光度仪器认知部分内容。

紫外-可见分光光度计的光源部分分为可见光源和紫外光源。

(1) 可见光源。与可见分光光度计光源部分相同。

(2) 紫外光源。紫外光源多为气体放电光源，如氢、氘、氙放电灯等。其中应用最多的是氢灯及其同位素氘灯，其使用波长范围为 185～375 nm。为了保证发光强度稳定，要用稳压电源供电。氘灯的光谱分布与氢灯相同，但光强比同功率氢灯要大 3～5 倍，寿命比氢灯长。

近年来，具有高强度和高单色性的激光已被开发用作紫外光源。已商品化的激光光源有氩离子激光器和可调谐染料激光器。

在紫外区测定时，必须使用石英比色皿。比色皿的规格是以光程为标志的。常见的石英比色皿的规格是 1.0 cm。由于一般商品比色皿的光程精度不是很高，与其标示值有微小误差，即使是同一个厂出品的同规格的吸收池也不一定完全能够互换使用，所以仪器出厂前比色皿都经过检验配套，在使用时不应混淆其配套关系。实际工作中，为了消除误差，在测量前还必须对比色皿进行配套性检验和校正；使用比色皿过程中，也应特别注意保护两个光学面。石英比色皿使用注意事项与普通有机玻璃的比色皿相同。

2.2 紫外-可见分光光度计的类型及特点

紫外-可见分光光度计的类型及特点

紫外-可见分光光度计按使用波长的范围可分为可见分光光度计和紫外-可见分光光度计两类。前者的使用波长范围为 400～780 nm，后者的使用波长范围为 200～1 000 nm。可见分光光度计只能用于测量有色溶液的吸光度，而紫外-可见分光光度计可测量在紫外、可见光及近红外区有吸收的物质的吸光度。

紫外-可见分光光度计按光路可分为单光束型和双光束型两类，按测量时提供的波长数可分为单波长分光光度计和双波长分光光度计两类。

1) 单光束型分光光度计

所谓单光束，是指从光源中发出的光经过单色器等一系列光学元件及吸收池后，最后照在检测器上时始终为一束光。单光束型分光光度计工作原理如图 3-4 所示。常用的单光束型紫外-可见分光光度计有 751G 型、752 型、754 型、756MC 型、普析通用 T6 型、北京瑞利 UV1801 型等。

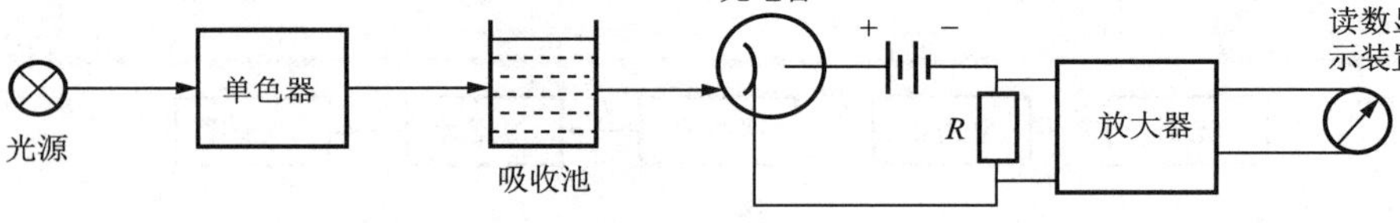

图 3-4 单光束型分光光度计工作原理示意图

单光束型分光光度计的特点是结构简单、价格低，主要适用于做定量分析；其不足之处是测定结果受光源强度波动的影响较大，因而给定量分析结果带来较大误差。

2) 双光束型分光光度计

双光束型分光光度计的工作原理如图 3-5 所示。从光源发出的光经过单色器后被一个旋转的扇形反射镜(即切光器)分为强度相等的两束光，分别通过参比溶液和样品溶液。利用另一个与前一个切光器同步的切光器，使两束光在不同时间交替地照在同一个检测器上，通过一个同信号发生器对来自两个光束的信号加以比较，并将两信号的比值经对数变换后转换为相应的吸光度值。

常用的双光束型紫外-可见分光光度计有普析通用 1901 型、日本岛津 UV-210 型等。这类仪器的特点是：能连续改变波长，自动比较样品及参比溶液的透光强度，自动消除光源强度变化所引起的误差。对于必须在较宽的波长范围内获得复杂的吸收光谱曲线的分析，此类仪器极为合适。

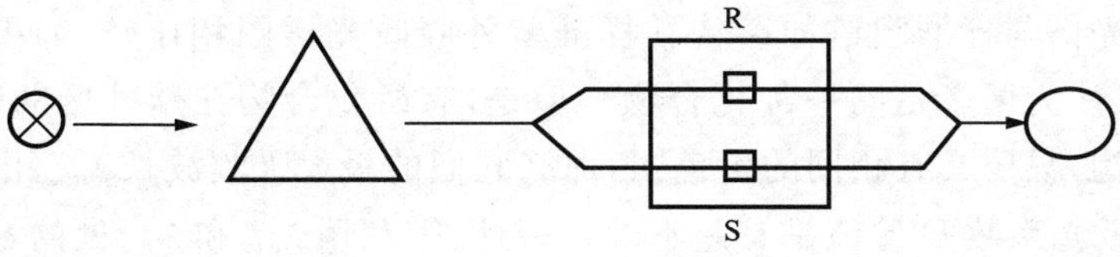

图 3-5　双光束型分光光度计工作原理示意图

3）双波长分光光度计

双波长分光光度计与单波长分光光度计的主要区别在于采用双单色器，以便同时得到两束波长不同的单色光，其工作原理如图 3-6 所示。

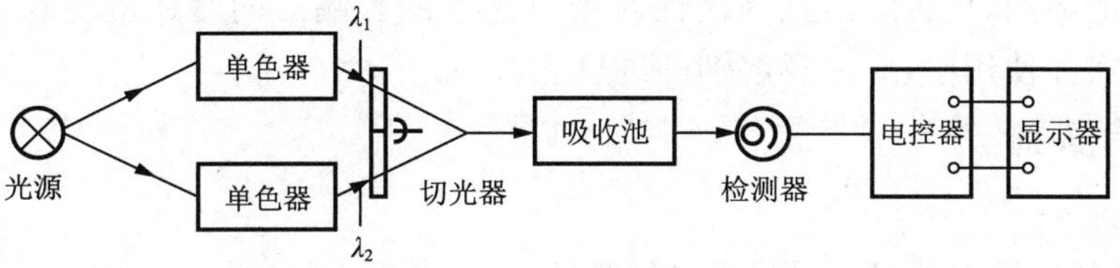

图 3-6　双波长分光光度计工作原理示意图

光源发出的光分成两束，分别经两个可以自由转动的光栅单色器得到两束具有不同波长 λ_1 和 λ_2 的单色光。通过切光器，两束光以一定的时间间隔交替照射到装有试液的吸收池。由检测器显示出试液在波长 λ_1 和 λ_2 的透射比差值 δ_T 或吸光度差值 δ_A，即：

$$\delta_A = A_{\lambda 1} - A_{\lambda 2} = (\varepsilon_{\lambda 1} - \varepsilon_{\lambda 2})bc$$

由上式可知，δ_A 与吸光物质浓度 c 成正比。这就是双波长分光光度计进行定量分析的理论根据。

常用的双波长分光光度计有国产 WFZ800S、日本岛津 UV-300、日本岛津 UV-365。

这类仪器的特点是不用参比溶液，只用一个待测溶液。因此可消除背景吸收干扰，包括待测溶液与参比溶液组成的不同及吸收液厚度的差异的影响，提高了测量的准确度。它特别适合混合物和浑浊样品的定量分析，还可进行导数光谱分析等，但其不足之处是价格昂贵。

任务 3　基本技能

3.1　紫外吸收光谱定性分析应用

1）目的要求

（1）掌握紫外吸收光谱的测绘方法。

（2）学会利用吸收光谱进行未知物鉴定的方法。

(3) 学会杂质检出的方法。

2) 基本原理

紫外吸收光谱为有机化合物的定性分析提供了有用的信息，其方法是将未知试样和标准品以相同浓度配制在相同的溶剂中，再分别测绘其吸收光谱，比较两者是否一致。也可将未知试样的吸收光谱与标准图谱如萨特勒标准紫外吸收光谱图相比较，如果吸收光谱完全相同，则一般可以认为两者是同一种化合物。但是，有机化合物在紫外区的吸收峰较少，有时会出现不同结构，只要具有相同的生色团，那么它们的最大吸收波长 λ_{max} 相同，然而其摩尔吸光系数 ε 或比吸光系数 $E_{1\,cm}^{1\%}$ 值是有差别的。因此，需利用 λ_{max} 和 λ_{max} 处的 ε 或 $E_{1\,cm}^{1\%}$ 等数据做进一步比较。

在没有紫外吸收峰的物质中检查有高吸光系数的杂质是紫外吸收光谱的重要用途之一。例如乙醇中杂质苯的检查，只需测定 256 nm 处有无苯吸收峰即可，因为在这一波段主成分乙醇无吸收。

在测绘比较用的紫外吸收光谱图时，应首先对仪器的波长准确性进行检查和校正。还必须采用相同的溶剂，以排除溶剂的极性对吸收光谱的影响。同时还应注意 pH、温度等因素的影响。在实际使用时，应注意溶剂的纯度。

3) 仪器与试剂

(1) 仪器。

紫外-可见分光光度计、1 cm 石英比色皿。

(2) 试剂。

苯甲酸的水溶液、水杨酸的水溶液。

4) 实验步骤

(1) 已知标准光谱的绘制。

在一定的实验条件下，以相对的溶剂为参比，用 1 cm 石英比色皿在一定的波长范围内扫描(或测绘)已知标准位置的吸收光谱作为标准光谱。

各已知化合物的标准光谱也可通过查阅有关手册得到，但应注意实验条件的一致性。

(2) 未知化合物的鉴定。

① 称取 0.100 g 未知化合物，用去离子水溶解后转入 100 mL 容量瓶中，稀释至刻度，摇匀。实验前，稀释 100 倍使用。

② 用 1 cm 石英比色皿，以去离子水做参比，在 200～400 nm 波长范围内扫描测定未知化合物的吸收光谱。(若使用无扫描功能的紫外-可见分光光度计，则测定时应先每间隔 20 nm 测量一次吸光度，然后每间隔 10 nm、5 nm、2 nm 测量一次吸光度。总之，越靠近吸收峰，波长间隔应越小，以得到较准确的吸收曲线。)

5) 实验结果

通过将未知化合物的吸收光谱与已知化合物的标准光谱进行比对，指出未知化合物可能是何种物质。

6) 思考题

(1) 试样溶液浓度的大小对吸光度测量值有何影响？在实验中应如何调整？

(2) 如果有你已初步确认的化合物纯品，请再设计实验方案，对未知物做进一步鉴定。

3.2　紫外吸收光谱定量分析应用——紫外分光光度法测定水中硝酸盐氮的含量

1）实验目的

了解、掌握紫外分光光度法测定水中硝酸盐氮的原理与方法。

2）实验原理

(1) 硝酸根 NO_3^- 在 220 nm 波长处有特征吸收，因此可以不经显色而直接进行测定，对一般饮用水和其他洁净水体中 NO_3^- 的测定具有简便、快速、准确等优点。

(2) 水体中的悬浮物及 Fe^{3+}、Cr^{3+} 对测定产生干扰，可采用 $Al(OH)_3$ 絮凝沉淀除去。

(3) 硫酸根(SO_4^{2-})、氯离子(Cl^-)不产生干扰。

(4) 碳酸根(CO_3^{2-})、碳酸氢根(HCO_3^-)在 220 nm 处有弱吸收而干扰，可加入一定量的盐酸除去。

(5) 亚硝酸盐干扰，可加入氨基磺酸除去；当亚硝酸盐低于 0.1 $mg \cdot L^{-1}$ 时，可以不加氨基磺酸。

(6) 对于饮用水和洁净水，可以不做预处理。

(7) 微量的有机物有干扰，可以利用有机物在 275 nm 处也有吸收且与 220 nm 处吸收值相近，而硝酸根在 275 nm 处不吸收的特性，对水样用 220 nm 处的吸收减去 275 nm 处的吸收($A_{220}-A_{275}=A_{样}$)，即可免除有机物的干扰。

(8) 本法对硝酸盐中氮的最低检出浓度为 0.08 $mg \cdot L^{-1}$，测定上限为 4 $mg \cdot L^{-1}$。

3）仪器与试剂

(1) 仪器。

紫外分光光度计 1 台、石英比色皿 1 对、50 mL 容量瓶 8 只、吸量管等。

(2) 试剂。

① 硝酸盐氮标准溶液(100 $\mu g \cdot mL^{-1}$)。准确称取 0.721 8 g 无水硝酸钾(KNO_3)溶于水中，移至 1 000 mL 容量瓶中，用水稀释至刻度，摇匀。

② 硝酸盐氮标准溶液(10 $\mu g \cdot mL^{-1}$)。准确移取上述标准溶液 100 mL 至 1 000 mL 容量瓶中，用水稀释至刻度，摇匀。此标准溶液含氮 10 $\mu g \cdot mL^{-1}$。

③ 0.8% 氨基磺酸溶液(避光保存)。

④ 1 $mol \cdot L^{-1}$ HCl 溶液。

4）实验步骤

(1) 测定溶液配制。分别移取 10 $\mu g \cdot mL^{-1}$ 硝酸盐氮标准溶液 0.00 mL、1.00 mL、2.00 mL、4.00 mL、6.00 mL、8.00 mL、10.00 mL 加入 7 只 50 mL 容量瓶中，另取一只 50 mL 容量瓶，加入 10 mL 水样，分别依次向各溶液加入 1 $mol \cdot L^{-1}$ 盐酸 1 mL，0.8% 氨基磺酸 1 滴，用去离子水稀释至刻度，摇匀。

(2) 吸光度测定。用 1 cm 石英比色皿，以空白溶液为参比，测定各溶液在 220 nm 处的吸光度，样品还要测其在 275 nm 处的吸光度。

(3) 结果处理。根据标准溶液的吸光度绘制工作曲线，作图求出水样中硝酸盐氮含量。

5) 实验数据及处理

仪器型号：____________________。

比色皿：____________________。

(1) 标准曲线数据及样品测定数据见表 3-2。

表 3-2 标准曲线数据及样品测定数据

编　号	1	2	3	4	5	6	7	样　品	
加标液量/mL	0.0	1.00	2.00	4.00	6.00	8.00	10.0	220 nm	275 nm
氮含量/μg	0.0	10	20	40	60	80	100		
吸光度 A									

(2) 标准曲线绘制、作图及结果计算。由作图得：

$$c_x = \underline{\qquad\qquad\qquad\qquad}$$

则水样中氮含量为：

$$\text{硝酸盐氮含量}(\mathrm{N}, \mathrm{mg} \cdot \mathrm{L}^{-1}) = \frac{\text{硝酸盐氮总量}(\mu\mathrm{g})}{\text{水样体积}(\mathrm{mL})}$$

6) 思考题

(1) 在硝酸盐氮含量的测定中有哪些干扰因素？应如何消除？

(2) 此实验中能否用普通光学玻璃比色皿进行测定？为什么？

任务 4　工作任务

4.1　紫外分光光度法测定啤酒中双乙酰的含量

1) 实验目的

了解紫外分光光度法测定啤酒中双乙酰含量的原理和方法。

2) 实验原理

啤酒中双乙酰是形成啤酒风味的主要物质，它是由发酵过程中 α-乙酰乳酸非酶分解产生的，在后发酵储酒时又大部分被酵母菌还原为相应的醇类。双乙酰含量的高低是啤酒成熟程度的重要指标。双乙酰含量过高，会恶化啤酒，产生馊味。

通过蒸馏，将啤酒中双乙酰蒸馏出来，再加入邻苯二胺，使邻苯二胺与双乙酰反应生成2,3-二甲喹喔啉，在 335 nm 下有最大吸收，测定其吸光度，即可对双乙酰进行定量分析。由于其他联二酮具有相同的反应特性，且在蒸馏过程中部分有机成分会转化成联二酮，因此该方法测定结果为双乙酰和其他联二酮的总含量(以双乙酰计)。

3) 仪器与试剂

(1) 仪器。

紫外分光光度计、带有加热套管的双乙酰蒸馏器。

(2) 试剂。

① 盐酸溶液($4\ mol\cdot L^{-1}$)。移取 33.3 mL 盐酸(密度为 $1.18\ g\cdot mL^{-1}$),以水稀释至 100 mL,混匀。

② 邻苯二胺溶液($10\ g\cdot L^{-1}$)。称取 0.100 g 邻苯二胺溶于 $4\ mol\cdot L^{-1}$盐酸中,并定容至 10 mL,混匀,放于暗处。临用时配制。

③ 有机硅消泡剂或甘油聚醚。

4) 操作步骤

(1) 蒸馏。

① 将双乙酰蒸馏装置安装好,加热蒸汽发生瓶使水至沸通气预热,用蒸汽冲洗蒸馏装置。

② 将 25 mL 量筒(内装约 2 mL 水)置于冷凝器下口,使馏出液正好滴入量筒。

③ 从加样口迅速加入 100 mL 未经除气的酒样,再另加 2～4 滴有机硅消泡剂或甘油聚醚,开始蒸馏。

④ 当蒸馏液接近 25 mL 时停止蒸馏(蒸馏需在 3～5 min 内完成),取出量筒,恢复至室温后,加水至 25 mL,混匀。

(2) 显色与测定。

分别吸取 10.00 mL 蒸馏液于两支比色管中,于第一支管中加入 0.50 mL $10\ g\cdot L^{-1}$邻苯二胺溶液,第二支管中不加(做空白实验),充分摇匀后,同时置于暗处放置 20～30 min。然后于第一支管中加 2.00 mL $4\ mol\cdot L^{-1}$盐酸,于第二支管中加入 2.50 mL $4\ mol\cdot L^{-1}$盐酸,混匀后在紫外分光光度计上于波长 335 nm 处,用 10 mm 石英比色皿以空白为参比测定其吸光度。比色测定操作须在 20 min 内完成。

5) 结果计算

按下式计算双乙酰的含量:

$$X=A_{335}\times 2.4$$

式中 X——双乙酰的含量,$mg\cdot L^{-1}$;

A_{335}——在 335 nm 波长下用 10 mm 石英比色皿测定的吸光度;

2.4——吸光度与双乙酰含量的换算系数。

精密度:同一样品两次平行测定值之差不得超过 $0.01\ mg\cdot L^{-1}$。

6) 注意事项

(1) 多个样品测定时,测定两样品之间不需要洗涤蒸馏装置,可直接进行测定。

(2) 蒸馏和测定时,要注意时间,不可用时过长。

(3) 显色需在暗处进行,否则影响测定结果。在光亮处反应会使测定结果偏高。

(4) 注意做空白实验。

7) 思考题

(1) 在本实验中,啤酒样品的泡沫对实验有无影响?

(2) 本实验对蒸馏速度有什么要求?过快或过慢对测定结果分别有什么影响?

4.2 紫外分光光度法测定蛋白质含量

1）实验目的

（1）学习紫外分光光度法测定蛋白质含量的原理。

（2）掌握紫外分光光度法测定蛋白质含量的实验技术。

（3）掌握紫外-可见分光光度计的使用方法并了解此仪器的主要构造。

2）实验原理

蛋白质中酪氨酸和色氨酸残基的苯环含有共轭双键，所以蛋白质溶液在 275～280 nm 处具有一个紫外吸收高峰。在一定浓度范围内，蛋白质溶液在最大吸收波长处的吸光度与其浓度成正比，服从朗伯-比耳定律，因此可做定量分析。该法测定蛋白质的浓度范围为 0.1～1.0 $mg \cdot mL^{-1}$。

由于不同蛋白质中酪氨酸和色氨酸的含量不同，所处的微环境也不同，所以不同蛋白质溶液在 280 nm 的光吸收度也不同。

3）仪器与试剂

（1）仪器。

紫外-可见分光光度计、比色管（10 mL）5 支、吸量管。

（2）试剂。

标准蛋白质溶液（3.00 $mg \cdot mL^{-1}$）、0.9% NaCl 溶液、待测蛋白质溶液。

4）实验步骤

（1）准备工作。

① 启动计算机，打开主机电源开关，启动工作站并初始化仪器。

② 在工作界面上选择测量项目（光谱扫描、光度测量），本实验选择光度测量，设置测量条件（测量波长等）。

③ 将空白放入测量池中，点击“START”扫描空白，点击“ZERO”校零。

④ 制作标准曲线。

（2）测量工作。

① 吸收曲线的绘制。用吸量管吸取 2 mL 3.00 $mg \cdot mL^{-1}$ 标准蛋白质溶液于 10 mL 比色管中，用 0.9% NaCl 溶液稀释至刻度，摇匀。用 25 px 石英比色皿，以 0.9% NaCl 溶液为参比，在 190～400 nm 处测量吸光度。

② 标准曲线的制作。用吸量管分别吸取 1.0 mL、1.5 mL、2.0 mL、2.5 mL、3.0 mL 的 3.00 $mg \cdot mL^{-1}$ 标准蛋白质溶液于 5 支 10 mL 比色管中，用 0.9% NaCl 溶液稀释至刻度，摇匀。用 1 cm 石英比色皿，以 0.9% NaCl 溶液为参比，在 280 nm 处分别测定各标准溶液的吸光度 A_{278}，记录所得读数。

③ 样品测定。取适量浓度的待测蛋白质溶液 3 mL，用 0.9% NaCl 溶液稀释至刻度，摇匀，按上述方法测定 278 nm 处的吸光度。平行测定三份。

5）数据处理

（1）以波长为横坐标，以吸光度为纵坐标，绘制吸收曲线，找出最大吸收波长。

由吸收曲线可得最大吸收波长 $\lambda_{max}=$______________nm。

(2) 以标准蛋白质溶液浓度为横坐标,以吸光度为纵坐标,绘制标准曲线。

(3) 计算样品中的蛋白质浓度(单位:$mg \cdot mL^{-1}$)。

6) 思考题

(1) 用紫外吸收法测定蛋白质浓度和用传统的方法测定,在原理和准确度上有何区别?

(2) 本实验以什么作为参比溶液?

4.3 紫外分光光度法测定矿物油

1) 实验目的

(1) 掌握紫外分光光度计的原理及测试方法。

(2) 学会矿物油的紫外分析方法。

2) 实验原理

石油及其产品在紫外光区有特征吸收,带有苯环的芳香族化合物主要吸收波长为 250～260 nm,带有共轭双键的化合物主要吸收波长为 215～230 nm。一般原油的两个吸收波长为 225 及 254 nm。在石油产品中,燃料油、润滑油等的吸收峰与原油相近。因此,波长的选择应视实际情况而定,一般原油和重质油可选 254 nm,而轻质油及炼油厂的油品可选 225 nm。

3) 实验仪器

(1) 紫外分光光度计(具 215～256 nm 波长),配 10 mm 石英比色皿。

(2) 1 000 mL 分漏斗。

(3) 50 mL 容量瓶。

(4) G_3型 25 mL 玻璃砂芯漏斗。

4) 实验试剂

(1) 标准油。标准油采用受污染地点水样中的石油醚萃取物。用经脱芳烃并重蒸馏过的 30～60 ℃石油醚,从待测水样中萃取油品,经无水硫酸钠脱水后过滤。将滤液置于 65 ℃ ±5 ℃水浴上蒸出石油醚,然后置于 65 ℃±5 ℃恒温箱内赶尽残留的石油醚,即得标准油品。

(2) 标准油储备溶液。准确称取标准油品 0.100 g 溶于石油醚中,移入 100 mL 容量瓶内,稀释至标线,储于冰箱中。此溶液每毫升含 1.00 mg 油。

(3) 标准油使用溶液。临用前把上述标准油储备液用石油醚稀释 10 倍,每毫升此溶液含 0.10 mg 油。

(4) 无水硫酸钠。在 300 ℃烘 1 h,冷却后装瓶备用。

(5) 石油醚(60～90 ℃馏分)。

脱芳烃石油醚:将 60～100 目粗孔微球硅胶和 70～120 目中性层析氧化铝(在 150～160 ℃ 活化 4 h),在未完全冷前装入内径 25 mm(其他规格也可)、高 750 mm 的玻璃柱中。下层硅胶高 600 mm,上面覆盖 50mm 厚的氧化铝,将石油醚(60～90 ℃馏分)通过此柱,以脱除芳烃。收集石油醚于细口瓶中,以水为参比,在 225 nm 处测定处理过的石油醚,其透光率不应小于80%。

(6) 1+1硫酸。

(7) 氯化钠。

5) 测定步骤

(1) 向7个50 mL容量瓶中分别加入0 mL、2.00 mL、4.00 mL、8.00 mL、12.00 mL、20.00 mL和25.00 mL标准油使用溶液，用石油醚(60～90 ℃馏分)稀释至标线。在选定波长处，用10 mm石英比色皿以石油醚为参比测定吸光度，经空白校正后，绘制校准曲线。

(2) 将已测量体积的水样仔细移入1 000 mL分液漏斗中，加入1+1硫酸5 mL酸化(若采样时已酸化，则不需加酸)。加入氯化钠，其量约为水量的2%(m/V)。用20 mL石油醚(60～90 ℃馏分)清洗采样瓶后，移入分液漏斗中。充分振摇3 min，静置使之分层，将水层移入采样瓶内。

(3) 将石油醚萃取液通过内铺约5 mm厚度无水硫酸钠层的砂芯漏斗，滤入50 mL容量瓶内。

(4) 将水层移回分液漏斗内，用20 mL石油醚重复萃取一次，操作同上。然后用10 mL石油醚洗涤漏斗，其洗涤液均收集于同一容量瓶内，并用石油醚稀释至标线。

(5) 在选定的波长处，用10 mm石英比色皿，以石油醚为参比，测量其吸光度。

(6) 取与水样相同体积的去离子水，操作同上，进行空白实验，测量吸光度。

(7) 由水样测得的吸光度，减去空白实验的吸光度后，从校准曲线上查出相应的油含量。

6) 结果计算

$$\text{油含量}(\mathrm{mg \cdot L^{-1}})=\frac{m\times 1\ 000}{V}$$

式中 m——从校准曲线中查出相应油的质量，mg；

V——水样体积，mL。

7) 注意事项

(1) 对于使用的器皿，应避免有机物的污染。

(2) 水样和空白测定所用的石油醚应为同一批号(减少空白误差)。

(3) 若不能提纯石油醚，则可以采用乙烷做萃取剂。以水做参比，于波长225 nm处测定，只有当其透光率大于80%时才可用。

(4) 样品油不同，其吸收峰也不同。

8) 思考题

(1) 为什么分析样品油时器皿不能被有机物污染?

(2) 如何确定被测组分的最大吸收峰?

(3) 如何提取油样品?

4.4 紫外分光光度法测定复方阿司匹林(APC)片剂中乙酰水杨酸的含量

1) 实验目的

(1) 了解紫外-可见分光光度计的性能、结构及其使用方法。

(2) 掌握紫外-可见分光光度法定量分析的基本原理和实验技术。

2) 实验原理

将 APC 药片研磨成粉末,用稀 NaOH 水溶液溶解提取乙酰水杨酸,将其水解成水杨酸钠进入水溶液中。该提取液在 295 nm 左右有一个吸收峰,测出稀释成一定浓度的提取液的吸光度值,并用已知浓度的水杨酸 NaOH 水溶液做出一条标准曲线,则可从标准曲线上求出相当于乙酰水杨酸的含量。根据两者的相对分子质量,即可求得 APC 中乙酰水杨酸的含量。溶剂和其他成分不干扰测定。

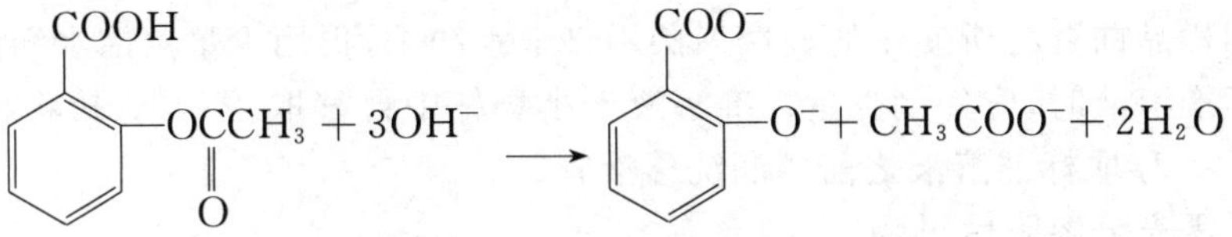

$$乙酰水杨酸浓度=水杨酸浓度\times\frac{180.15}{138.12}$$

3) 实验仪器

(1) 紫外-可见分光光度计。

(2) G_2 型、G_3 型玻璃砂芯漏斗各 1 个。

(3) 250 mL 抽滤瓶 1 个。

(4) 250 mL 容量瓶 1 个、50 mL 容量瓶 7 个。

(5) 20 mL 胖肚吸量管 1 支。

(6) 5 mL 刻度吸量管 2 支。

4) 实验试剂

(1) 0.500 0 mg·mL^{-1}水杨酸储备液。先称取 0.500 0 g 水杨酸并将其溶于少量 0.10 mol·L^{-1} NaOH 溶液中,然后用蒸馏水于 1 000 mL 容量瓶中定容。

(2) 0.10 mol·L^{-1} NaOH 溶液。

5) 实验步骤

(1) 将 7 个 50 mL 容量瓶按 0~6 依次编号。分别移取水杨酸储备液 0.00 mL、1.00 mL、2.00 mL、3.00 mL、4.00 mL、5.00 mL、6 moL 于相应编号容量瓶中,各加入 1.0 mL 0.10 mol·L^{-1} NaOH 溶液,用蒸馏水稀释至 30 mL 左右,再于 80 ℃水浴加热 10 min,然后冷却至室温,用蒸馏水稀释至刻度,摇匀。

(2) 将一片 APC 放在清洁的 50 mL 烧杯中,先加 2.0 mL 0.10 mol·L^{-1} NaOH 溶液使其溶胀,再用玻棒搅拌溶解。在玻璃砂芯漏斗中先放入一张滤纸,再用玻璃砂芯漏斗定量地转移烧杯中的内含物,然后用 10 mL 的 0.1 mol·L^{-1} NaOH 溶液淋洗烧杯和玻璃砂芯漏斗 2 次(共用 NaOH 溶液 20 mL),用 20 mL 蒸馏水淋洗漏斗 4 次(共用蒸馏水 80 mL),并将滤液收集于同一个 250 mL 容量瓶中,最后用蒸馏水稀释至刻度,摇匀。

(3) 从 250 mL 容量瓶中取 20.0 mL APC 溶液至一个 50 mL 容量瓶中,用蒸馏水稀释至 30 mL 左右,再于 80 ℃水浴加热 10 min,然后冷却至室温,用蒸馏水稀释至刻度,摇匀。

在紫外分光光度计上对标样 3 进行扫描,波长范围是 320~280 nm,找出最大吸收波长,并在该波长下由低浓度到高浓度测定标准溶液的吸光度,最后测定未知溶液的吸光度。

6）数据处理

（1）以吸光度 A 为纵坐标，以水杨酸浓度 c 为横坐标，作标准曲线。

（2）根据 APC 溶液的吸光度值，在标准曲线上求出相应的浓度（$mg \cdot mL^{-1}$），并换算成乙酰水杨酸的浓度。

（3）依据稀释关系，求出 1 片 APC 中乙酰水杨酸的含量，并与制造药厂所标明的含量（25 mg）进行比较，计算误差。

7）注意事项

（1）配制样品前要将所使用的玻璃仪器用自来水冲洗，再用少量蒸馏水润洗。

（2）取标准溶液时，应先倒少量标准溶液于小烧杯中再移取，不要直接将移液管伸入标准液试剂瓶中。移取标准溶液之前要润洗移液管。

（3）药片需充分溶胀后再碾碎。

（4）水浴加热时容量瓶塞子要松松塞住，防止加热时气体膨胀将塞子冲出。

（5）测量前用待测液润洗比色皿，测量由低浓度向高浓度依次进行。

（6）从实验步骤可知，试样是两次稀释后用很稀的浓度进行吸光度测试的，因此提取和各步转移必须严格定量，制作标准曲线的标样浓度也必须很准确，不然就会使求得的试样浓度产生较大的误差，而乘上稀释体积后，所求的药片含量误差会更大。

8）思考题

（1）实验中为什么要加热？

（2）引起误差的因素有哪些？如何减少误差？

4.5 紫外分光光度法测定未知物

1）实验目的

（1）了解紫外-可见分光光度计的性能、结构及其使用方法。

（2）掌握紫外-可见分光光度法定性、定量分析的基本原理和实验技术。

2）基本原理

苯甲酸和水杨酸均能在紫外区产生吸收，通过定性试样是什么物质，进而对试样中所含有的物质进行定量分析。

3）实验仪器

紫外分光光度计，石英比色皿（1 cm）2 个，容量瓶（100 mL）10 个，容量瓶（250 mL）1 个，5 mL、10 mL 吸量管各 1 支，20 mL、25 mL、50 mL 移液管各 1 支。

4）实验试剂

（1）标准溶液（$1\ mg \cdot mL^{-1}$）。将维生素 C、水杨酸、苯甲酸、山梨酸、邻菲罗啉分别配成 $1\ mg \cdot mL^{-1}$ 的标准溶液，作为储备液。

（2）未知液。浓度为 $40 \sim 60\ \mu g \cdot mL^{-1}$。其必为给出的五种物质之一的溶液。

5）实验步骤

（1）比色皿配套性检查。

在石英比色皿中装入蒸馏水，以 1 只比色皿为参比，在测定波长下调节透射比为 100%，测定其余比色皿的透射比，若其偏差小于0.5%，则可与比色皿配成一套使用。

(2) 未知物的定性分析。

将5种标准储备液均稀释成10 $\mu g \cdot mL^{-1}$的试液。以蒸馏水为参比，于波长200～350 nm内扫描5种溶液，绘制吸收曲线，根据所得到的吸收曲线对照标准谱图，确定被测物质的名称，并依据吸收曲线确定测定波长。

(3) 未知物定量分析。

根据未知液吸收曲线上测定波长处的吸光度，确定未知液的稀释倍数，并配制3份待测溶液，进行平行测定。

推荐方法：

① 维生素C含量的测定。准确吸取1 $mg \cdot mL^{-1}$的维生素C标准储备液50.00 mL，在250 mL容量瓶中定容(此溶液的浓度为200 $\mu g \cdot mL^{-1}$)。再分别准确移取1 mL、2 mL、4 mL、6 mL、8 mL、10 mL上述溶液，在100 mL容量瓶中定容(浓度分别为2 $\mu g \cdot mL^{-1}$、4 $\mu g \cdot mL^{-1}$、8 $\mu g \cdot mL^{-1}$、12 $\mu g \cdot mL^{-1}$、16 $\mu g \cdot mL^{-1}$、20 $\mu g \cdot mL^{-1}$)。准确移取20.00 mL维生素C未知液，在100 mL容量瓶中定容，于最大吸收波长处分别测定以上溶液的吸光度。由标准曲线上查得未知液的浓度。

② 苯甲酸含量的测定。准确吸取1 $mg \cdot mL^{-1}$的苯甲酸标准储备液25.00 mL，在250 mL容量瓶中定容(此溶液的浓度为100 $\mu g \cdot mL^{-1}$)。再分别准确移取1 mL、2 mL、4 mL、6 mL、8 mL、10 mL上述溶液，在100 mL容量瓶中定容(浓度分别为1 $\mu g \cdot mL^{-1}$、2 $\mu g \cdot mL^{-1}$、4 $\mu g \cdot mL^{-1}$、6 $\mu g \cdot mL^{-1}$、8 $\mu g \cdot mL^{-1}$、10 $\mu g \cdot mL^{-1}$)。准确移取10.00 mL苯甲酸未知液，在100 mL容量瓶中定容，于最大吸收波长处分别测定以上溶液的吸光度。由标准曲线上查得未知液的浓度。

③ 水杨酸含量的测定。准确吸取1 $mg \cdot mL^{-1}$的水杨酸标准储备液50.00 mL，在250 mL容量瓶中定容(此溶液的浓度为200 $\mu g \cdot mL^{-1}$)。再分别准确移取1 mL、2 mL、4 mL、6 mL、8 mL、10 mL上述溶液，在100 mL容量瓶中定容(浓度分别为2 $\mu g \cdot mL^{-1}$、4 $\mu g \cdot mL^{-1}$、8 $\mu g \cdot mL^{-1}$、12 $\mu g \cdot mL^{-1}$、16 $\mu g \cdot mL^{-1}$、20 $\mu g \cdot mL^{-1}$)。准确移取20.00 mL水杨酸未知液，在100 mL容量瓶中定容，于最大吸收波长处分别测定以上溶液的吸光度。由标准曲线上查得未知液的浓度。

④ 山梨酸含量的测定。准确吸取1 $mg \cdot mL^{-1}$的山梨酸标准储备液25.00 mL，在250 mL容量瓶中定容(此溶液的浓度为100 $\mu g \cdot mL^{-1}$)。再分别准确移取1 mL、2 mL、3 mL、4 mL、5 mL上述溶液，在100 mL容量瓶中定容(浓度分别为1 $\mu g \cdot mL^{-1}$、2 $\mu g \cdot mL^{-1}$、3 $\mu g \cdot mL^{-1}$、4 $\mu g \cdot mL^{-1}$、5 $\mu g \cdot mL^{-1}$)。准确移取5 mL山梨酸未知液，在100 mL容量瓶中定容，于最大吸收波长处分别测定以上溶液的吸光度。由标准曲线上查得未知液的浓度。

⑤ 邻菲罗啉含量的测定。准确吸取1 $mg \cdot mL^{-1}$的邻菲罗啉标准储备液25.00 mL，在250 mL容量瓶中定容(此溶液的浓度为100 $\mu g \cdot mL^{-1}$)。再分别准确移取1 mL、2 mL、3 mL、4 mL、5 mL上述溶液，在100 mL容量瓶中定容(浓度分别为1 $\mu g \cdot mL^{-1}$、2 $\mu g \cdot mL^{-1}$、3 $\mu g \cdot mL^{-1}$、4 $\mu g \cdot mL^{-1}$、5 $\mu g \cdot mL^{-1}$)。准确移取5 mL邻菲罗啉未知液，在100 mL容量瓶中定容，于最大吸收波长处分别测定以上溶液的吸光度。由标准曲线上查得未知液的浓度。

(4) 结果计算。根据未知液的稀释倍数,可求出样品溶液的浓度。

6) 结果计算

(1) 吸收池配套性检查。

比色皿的校正值:

A_1________;A_2________;A_3________;A_4________。

(2) 未知试样的定性分析。

① 标准物质的吸收曲线数据。

a. 标准物质 1 的吸收曲线数据见表 3-3。

表 3-3 标准物质 1 的吸收曲线数据

λ/nm												
A												
λ/nm												
A												

b. 标准物质 2 的吸收曲线数据见表 3-4。

表 3-4 标准物质 2 的吸收曲线数据

λ/nm												
A												
λ/nm												
A												

c. 未知物质的吸收曲线数据见表 3-5。

表 3-5 未知物质的吸收曲线数据

λ/nm												
A												
λ/nm												
A												

② 未知物质的吸收曲线数据见表 3-6。

表 3-6 未知物质的吸收曲线数据

λ/nm												
A												
λ/nm												
A												

(2) 定性结论。未知物为____________。

(3) 未知物质定量分析。

① 标准曲线绘制数据见表3-7。

表 3-7 标准曲线绘制数据

编 号	1	2	3	4	5	6
标准溶液浓度/($\mu g \cdot mL^{-1}$)						
吸光度值 A						
测量波长						

② 未知物质含量的测定数据见表3-8。

表 3-8 未知物质含量的测定数据

测试样品编号	1	2	3
测量波长/nm			
吸光度值			
稀释倍数			
样品浓度/($\mu g \cdot mL^{-1}$)			
平均值/($\mu g \cdot mL^{-1}$)			
标准偏差			

③ 定量分析结果。

未知物的浓度为____________。

习 题

一、单选题

1. 物质的紫外-可见吸收光谱的产生是由于(　　)。

A. 分子的振动　　B. 分子的转动

C. 原子核外层电子的跃迁　　D. 原子核内层电子的跃迁

2. 紫外-可见光分光光度计结构组成为(　　)。

A. 光源—吸收池—单色器—检测器—信号显示系统

B. 光源—单色器—吸收池—检测器—信号显示系统

C. 单色器—吸收池—光源—检测器—信号显示系统

D. 光源—吸收池—单色器—检测器

3. 紫外可见分光光度计中的成套吸收池其透光率之差应为(　　)。

A. <0.5%　　B. <0.1%　　C. 0.1%～0.2%　　D. <5%

4. 在紫外-可见分光光度分析中,极性溶剂会使被测物吸收峰(　　)。

A. 消失　　B. 精细结构更明显　　C. 发生位移　　D. 分裂

5. 紫外光度分析中所用的比色皿是用(　　)材料制成的。

A. 玻璃　　B. 盐片　　C. 石英　　D. 有机玻璃

6. 下列(　　)不是紫外-可见分光光度计使用的检测器。

A. 热电偶　　B. 光电倍增管　　C. 光电池　　D. 光电管

7. 紫外-可见吸收光谱主要取决于(　　)。

A. 分子的振动、转动能级的跃迁　　B. 分子的电子结构

C. 原子的电子结构　　D. 原子的外层电子能级间跃迁

8. 紫外-可见分光光度法的适合检测波长范围是(　　)。

A. 400～760 nm　　B. 200～400 nm　　C. 200～760 nm　　D. 200～1 000 nm

9. 在紫外-可见分光光度法测定中,使用参比溶液的作用是(　　)。

A. 调节仪器透光率的零点

B. 吸收入射光中测定所需要的光波

C. 调节入射光的光强度

D. 消除试剂等非测定物质对入射光吸收的影响

10. 物质的颜色是选择吸收了白光中的某些波长的光所致。$CuSO_4$溶液呈蓝色是由于它吸收了白光中的(　　)。

A. 蓝色光波　　B. 绿色光波　　C. 黄色光波　　D. 青色光波

11. 符合吸收定律的溶液被稀释时,其最大吸收峰波长位置(　　)。

A. 向长波移动　　B. 向短波移动

C. 不移动　　D. 不移动,吸收峰值降低

12. 在分光光度分析中,常出现工作曲线不过原点的情况,下列说法中不会引起这一现象的是(　　)。

A. 被测溶液和参比溶液所用吸收池不对称

B. 参比溶液选择不当

C. 显色反应灵敏度太低

D. 显色反应的检测下限太高

13. 在符合朗伯-比尔定律的范围内，有色物的浓度、最大吸收波长、吸光度三者的关系正确的是(　　)。

A. 增加、增加、增加　　B. 减小、不变、减小

C. 减小、增加、增加　　D. 增加、不变、减小

14. 用实验方法测定某金属配合物的摩尔吸收系数 ε，测定值的大小取决于(　　)。

A. 配合物的浓度　　B. 配合物的性质　　C. 比色皿的厚度　　D. 入射光强度

15. 下列四种化合物中，在紫外光区出现两个吸收带的是(　　)。

A. 乙烯　　B. 1,4-戊二烯　　C. 1,3-丁二烯　　D. 丙烯醛

16. 下列(　　)是紫外-可见分光光度计常用的光源。

A. 硅碳棒　　B. 激光器　　C. 空心阴极灯　　D. 卤钨灯

17. 紫外-可见分光光度法的适合检测波长范围是(　　)。

A. 400～760 nm　　B. 200～400 nm　　C. 200～760 nm　　D. 200～1 000 nm

18. 紫外-可见吸收光谱曲线呈高斯分布的是(　　)。

A. 多普勒变宽　　B. 自吸现象　　C. 分子吸收特征　　D. 原子吸收特征

19. 下列因素中，(　　)对朗伯-比尔定律不产生偏差。

A. 溶质的离解作用　　B. 杂散光进入检测器

C. 溶液的折射指数增加　　D. 改变吸收光程长度

20. 在紫外-可见分光光度法中，强度大且光谱区域广的光源是(　　)。

A. 钨灯　　B. 氢灯　　C. 氙灯　　D. 汞灯

二、多选题

1. 检验紫外-可见分光光度计波长正确性时，应分别绘制的吸收曲线是(　　)。

A. 甲苯蒸气　　B. 苯蒸气　　C. 镨钕滤光片　　D. 重铬酸钾溶液

2. 下列选项中，(　　)是紫外-可见分光光度计使用的检测器。

A. 热电偶　　B. 光电倍增管　　C. 光电池　　D. 光电管

3. 下列选项中，(　　)不是紫外-可见分光光度计常用的光源。

A. 硅碳棒　　B. 激光器　　C. 空心阴极灯　　D. 卤钨灯

4. 在比色法中，显色反应应选择的条件有(　　)。

A. 显色时间　　B. 入射光波长　　C. 显色的温度　　D. 显色剂的用量

5. 红外光谱与紫外吸收光谱的区别是(　　)。

A. 前者使用广泛，后者适用范围小　　B. 后者是由分子外层价电子跃迁引起

C. 前者谱图信息丰富，后者则简单　　D. 前者是分子振动转动能级跃迁引起

6. 下述操作中，不正确的是(　　)。

A. 比色皿外壁有水珠　　B. 手捏比色皿的磨光面

C. 手捏比色皿的毛面　　D. 用报纸去擦比色皿外壁的水

7. 有两种不同有色溶液均符合朗伯-比尔定律，测定时若比色皿厚度、入射光强度及溶

液浓度皆相等，则以下说法中不正确的是（　　）。

A.透过光强度相等　　B.吸光度相等

C.吸光系数相等　　D.以上说法都不对

8.控制适当的吸光度范围的途径可以是（　　）。

A.调整称样量　　B.控制溶液的浓度　　C.改变光源　　D.改变定容体积

9.如果显色剂或其他试剂在测定波长有吸收，则此时的参比溶液不应采用（　　）。

A.溶剂参比　　B.试剂参比　　C.试液参比　　D.褪色参比

10.欲测某有色物的吸收光谱，下列方法中不可以采用的是（　　）。

A.比色法　　B.示差分光光度法　　C.光度滴定法　　D.分光光度法

三、简答题

1.紫外-可见分光光度法测定的合理吸光范围应为多少？原因是什么？

2.紫外-可见分光光度计所用的光源是什么？

3.紫外-可见分光光度法有何特点？

4.在紫外-可见分光光度法中，试分析偏离朗伯-比尔定律的主要原因。

5.在有机化合物的鉴定及结构推测上，紫外吸收光谱所提供的信息具有什么特点？

6.紫外-可见分光光度计与可见分光光度计比较，有什么不同之处？为什么？

7.生色团的定义是什么？

8.助色团的定义是什么？

9.增色效应的定义是什么？

10.减色效应的定义是什么？

四、判断题

1.有机化合物在紫外-可见光区的吸收特性取决于分子可能发生的电子跃迁类型，以及分子结构对这种跃迁的影响。（　　）

2.区分一种化合物究竟是醛还是酮的最好方法是紫外光谱分析法。（　　）

3.紫外-可见吸收光谱是分子中电能能级变化产生的，振动能级和转动能级不发生变化。（　　）

4.在紫外光谱中，发色团指的是有颜色并在近紫外和可见区域有特征吸收的基团。（　　）

5.在紫外光谱中，同一物质，浓度不同，入射光波长相同，则摩尔吸光系数相同；同一浓度，不同物质，入射光波长相同，则摩尔吸光系数一般不同。（　　）

6.在进行紫外分光光度测定时，不可以用手捏吸收池的任何面。（　　）

7.乙酸乙酯是常用的紫外测定溶剂。（　　）

8.吸收光谱的形状与吸收质点的结构、物理状态及测试条件等有密切联系。（　　）

9.摩尔吸光系数可以衡量显色反应的灵敏度。（　　）

10.产物与显色剂的最大吸收波长的差别在60 nm以上时，才能选用该显色剂。（　　）

思政园地

食品添加剂是被有意识地少量添加于食品中，以改善食品的外观、风味、组织结构或储存性质的非营养物质。食品中添加剂种类繁多，低剂量有益，而高剂量有害，例如肉制品中的苯甲酸钠就是食品检验部门重点监测的食品添加剂之一。对于食品添加剂，我们要辩证地看待，既要看到其优点，又要看到其缺点，不要谈添加剂色变，要让它们为我们的生活更好地服务，这就需要我们养成正确的价值观和人生观。分光光度法可应用于检测食品中的添加剂。我们要利用好手中的仪器，共同维护健康的食品环境。

课堂讨论

什么是吸收曲线？制作吸收曲线的目的是什么？

答：依次将各种波长的单色光通过某一有色溶液，测量每一波长下有色溶液对该波长光的吸收程度，即吸收度 A，然后以波长为横坐标，以吸收度为纵坐标作图，得到一条曲线，称为吸收曲线。

目的：为了确定某物质对光的吸收特征。(1) 不同物质对光的吸收曲线形状不同，此特征可以作为物质定性分析的依据。同时曲线上光吸收程度最大处所对应的波长称为最大吸收波长。(2) 在定量分析中，一般选择 λ_{max} 为测量波长。

思维导图

- 紫外分光光度法
  - 项目导引
  - 学习目标
    - 知识目标
    - 技能目标
  - 知识准备
    - 紫外线的概念及分段
      - 高频短波UVC
      - 中频中波UVB
      - 低频长波UVA
    - 紫外分光光度法
      - 分光光度法的分类
        - 可见分光光度法
        - 紫外分光光度法
        - 红外分光光度法
        - 紫外-可见分光光度法
      - 紫外-可见分光光度法的特点
        - 适用于微量组分的测定
        - 可用于测定高含量组分
        - 分析速度快
    - 有机化合物紫外-可见吸收光谱的产生——对应四种类型的跃迁
      - $\sigma \to \sigma^*$跃迁
      - $n \to \sigma^*$跃迁
      - $\pi \to \pi^*$跃迁
      - $n \to \pi^*$跃迁
    - 紫外吸收光谱常用术语
      - 非发色团
      - 发色团
      - 助色团
      - 红移和蓝移
      - 增色效应和减色效应
    - 紫外-可见分析中的溶剂影响
      - 紫外-可见吸收常用的溶剂
        - 15种溶剂及吸收波长
        - 溶剂选择时需要考虑的因素
          - 溶剂本身的透明范围
          - 溶剂对溶质是惰性的
          - 溶剂对溶质要有良好的溶解性
      - 溶剂的影响
        - 极性溶剂对$n \to \varepsilon_{max}$跃迁的影响
        - 极性溶剂对$\pi \to \pi^*$跃迁的影响
  - 仪器认知
    - 仪器的基本组成部件
      - 光源
      - 单色器
      - 吸收池
      - 检测器
      - 信号显示器
    - 紫外-可见分光光度计的类型及特点
      - 可见分光光度计——波长范围为400~780 nm
      - 紫外-可见分光光度计——波长范围为200~1 000 nm
        - 单光束分光光度计
        - 双光束分光光度计
        - 双波长分光光度计
  - 基本技能
    - 紫外吸收光谱定性分析应用
    - 紫外吸收光谱定量分析应用——紫外分光光度法测定水中硝酸盐氮
  - 工作任务
    - 工作任务1　紫外分光光度法测定啤酒中双乙酰的含量
    - 工作任务2　紫外吸收法测定蛋白质含量
    - 工作任务3　紫外分光光度法测定矿物油
    - 工作任务4　紫外吸收光谱法测定APC片剂中乙酰水杨酸的含量
    - 工作任务5　紫外分光光度法测定未知物

项目四

红外吸收光谱分析法

项目导引

英国的《新科学家》杂志报道，一些见利忘义的商家在肉类中添加脂肪或内脏等成分，在羊肉末中掺进牛肉末的现象也并不少见。杜绝这种以次充好的行为在以前没有特别有效的方法，但现在借助红外光谱技术，不但能快速方便地对牛肉、猪肉等不同肉类品种进行区分，而且还能有效地判断市场上销售的肉类中是否掺杂次品。

想一想：为什么红外光谱技术可以分辨出肉类的掺假情况？如果能将新型红外光谱分析装置安装在工业传送带上，那么就可用来对肉类进行大批量的检验，这对肉类及其制品的进出口检验是否有非常大的利用价值？

学习目标

知识目标

1. 了解红外光谱的基本概念。
2. 理解红外光谱仪的基本原理。
3. 认识红外光谱仪在现代分析领域中的作用。

技能目标

1. 会红外制样技术。
2. 会对实际样品进行图谱分析。

任务1 知识准备

神奇的红外光

1.1 红外光谱法的概念及应用

利用物质的分子对红外辐射的吸收，并由其振动或转动运动引起偶极矩的净变化，产生分子振动和转动能级从基态到激发态的跃迁，得到分子振动能级和转动能级变化产生的振动-转动光谱，又称为红外光谱。红外光谱属于分子吸收光谱的范畴。

早在 20 世纪 40 年代，商品红外光谱仪器就已经投入应用，揭开了有机化合物结构鉴定的新篇章。红外光谱经历了棱镜红外光谱、光栅红外光谱，目前已进入傅里叶变换红外光谱(FTIR)发展阶段，并积累了十几万张标准谱图，使红外光谱成为分子结构鉴定的重要手段。

红外吸收光谱法是定性鉴定化合物及其结构的重要方法之一，在生物学、化学和环境科学等研究领域发挥着重要作用。无论样品是固体、液体还是气体，是纯物质还是混合物，是有机物还是无机物，都可以进行红外分析，并具有用量少、分析速度快、不破坏样品的特点。几乎所有的有机和无机化合物在红外光谱区均有吸收。红外光谱可以用来鉴定未知物的结构组成或确定其官能团；而吸收谱带的吸收强度与分子组成或官能团的含量有关，可用以进行定量分析和纯度鉴定。

1.2 红外光谱的产生

红外吸收光谱概述

物质对红外线具选择性的吸收，因此，不同的物质便有不同的红外吸收光谱图。所以，可以从未知物质的红外吸收光谱图求证该物质是什么物质。这是红外光谱定性的依据。

红外光区位于可见光区和微波区之间，波长范围为 0.75～1 000 μm，可分为三个区：近红外光区(0.75～2.5 μm)、中红外光区(2.5～25 μm)、远红外光区(25～1 000 μm)。见表 4-1。

表 4-1 红外光谱分区

区 域	波长 $\lambda/\mu m$	波数 $\bar{\upsilon}/cm^{-1}$	能级跃迁类型
近红外区	0.75～2.5	13 300～4 000	分子化学键振动的倍频和组合频
中红外区	2.5～25	4 000～400	化学键振动的基频
远红外区	25～1 000	400～10	骨架振动、转动

物质的分子是在不断运动的。分子本身的运动是很复杂的，可以把它区分为分子的平动、转动、振动和分子价电子(外层电子)相对于原子核的运动。平动是不会产生光谱的。与产生光谱有关的运动方式有三种：① 分子价电子(外层电子)相对于原子核的运动；② 分子内原子的振动；③ 分子绕其重心的转动。

红外吸收光谱的基本原理

根据量子力学理论，分子内部的每一种运动形式都有一定的能级而且是量子化的，分子的转动能级间隔最小，其能级跃迁仅需远红外光或微波照射即可；振动能级间的间隔较大，从而欲产生振动能级的跃迁需要吸收较短波长的光，所以振动光谱出现在中红外区；在振动跃迁的过程中往往伴随有转动跃迁的发生，因此中红外区的光谱是分子的振动和转动联合吸收引起的，常称为分子的振-转光谱；分子中电子能级间的间隔更大，其光谱出现在可见、紫外或波长更短的光谱区。

在红外吸收光谱分析中，只有照射光的能量 $E=h\upsilon$ 等于两个振动能级间的能量差 ΔE

时，分子才能由低振动能级 E_1 跃迁到高振动能级 e_2，即 $\Delta E = E_1 - e_2$，则产生红外吸收。在发生振动跃迁的同时，分子旋转能级也发生改变，因而红外光谱可以形成带状光谱。

样品的红外吸收曲线称为红外吸收光谱，多用百分透射比与波数（T-$\bar{\upsilon}$）或百分透射比与波长（T-λ）曲线来描述。T-$\bar{\upsilon}$ 或 T-λ 曲线上的“谷”是光谱吸收峰。如图 4-1 所示。

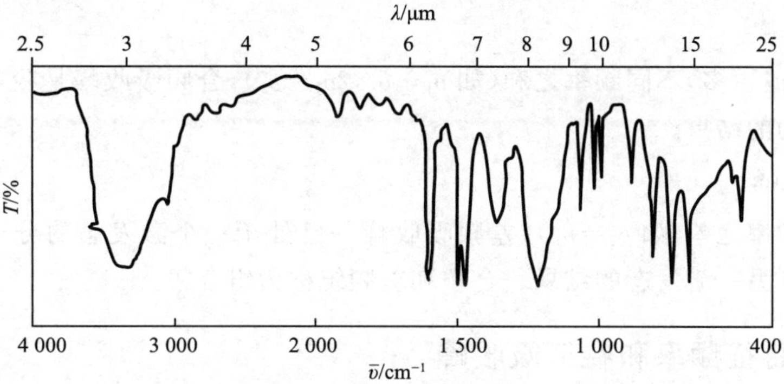

图 4-1　苯酚的红外光谱图

红外吸收光谱法-红外谱图解析

1.3　红外光谱法的特点

红外光谱法具有如下特点。

(1) 应用面广，提供信息多且具有特征性。依据分子红外光谱的吸收峰位置、吸收峰的数目及其强度，可以鉴定未知化合物的分子结构或确定其化学基团；依据吸收峰的强度与分子或某化学基团的含量有关，可进行定量分析和纯度鉴定。

(2) 不受样品相态的限制，亦不受熔点、沸点和蒸气压的限制。无论是固态、液态还是气态样品，都能直接测定，甚至对一些表面涂层和不溶、不熔融的弹性体（如橡胶），也可直接获得其红外光谱图。

(3) 样品用量少且可回收，不破坏试样，分析速度快，操作方便。

(4) 现在已经积累了大量标准红外光谱图可供查阅。

(5) 红外吸收光谱法有其局限性，即有些物质不能产生红外吸收峰，还有些物质（如旋光异构体，不同相对分子质量的同一种高聚物）不能用红外吸收光谱法鉴别。此外，红外吸收光谱图上的吸收峰有一些是不能做出理论上的解释的，因此可能干扰分析测定，而且红外吸收光谱法定量分析的准确度和灵敏度均低于紫外-可见吸收分光光度法。

1.4　红外吸收峰的类型

1) 基频吸收峰

根据玻尔兹曼分布定律，通常情况下（一定温度下）处于基态的分子数比处于激发态的分子数多，例如在 300 K 振动频率为 1 000 cm^{-1} 时，处于 $v=0$ 振动基态的分子数大约为 $v=1$ 的振动激发态分子数的 100 倍，因此，通常 $v=0 \rightarrow v=1$ 跃迁概率最大，所以出现的相应的吸收峰的强度也最强，称为基频吸收峰。一般特征峰都是基频吸收峰。其他跃迁的概率较小，如 $v=0 \rightarrow v=2$ 或 $v=1 \rightarrow v=2$ 等跃迁概率较小，出现的吸收峰强度就弱。

2）倍频吸收峰

振动能级由基态（$v=0$）跃迁至第二激发态（$v=2$）、第三激发态（$v=3$）……所产生的吸收峰称为倍频吸收峰（又称为泛频峰）。由于振动的非谐性，能级的间隔不是等距离，所以倍频往往不是基频波数的整数倍，而是略小些。

3）合频吸收峰

合频是两个（或更多）不同频率之和（如 $\upsilon_1+\upsilon_2$，$2\upsilon_1+\upsilon_2$），合频吸收峰是吸收光子同时激发两种频率的振动的结果。

4）差频吸收峰

差频是两个频率之差（如 $\upsilon_2-\upsilon_1$），差频吸收峰是已处于一个激发态的分子吸收足够的外加辐射而跃迁到另一激发态的结果。合频和差频统称为组合频。

1.5　基团特征频率和特征吸收峰

红外常用术语

1）基团特征频率与红外光谱区域的关系

物质的红外光谱反映了其分子结构的信息，谱图中的吸收峰与分子中各基团的振动形式相对应。结果表明，组成分子的各种基团如 C—H、O—H、N—H、C═C、C═O、C≡C、C≡N 等，都有自己的特定的红外吸收区域，分子的其他部分对其吸收带位置的影响较小。通常把这种能代表基团存在并有较高强度的吸收谱带称为基团特征频率，其所在的位置一般称为特征吸收峰。

红外光谱（中红外）的工作范围一般是 4 000～400 cm^{-1}，常见官能团都在这个区域产生吸收带。按照红外光谱与分子结构的关系可将整个红外光谱区分为基团频率区（4 000～1 300 cm^{-1}）和指纹区（1 300～400 cm^{-1}）两个区域。

（1）基团频率区（4 000～1 300 cm^{-1}）。

影响基团频率的因素

该区域又称为官能团区、特征区。这一区域是官能团特征峰出现较多的波数区段，而且该区域官能团的特征频率受分子中其他部分的影响比较小，大多产生官能团特征吸收峰。

基团频率区又可细分为下面三个区域。

① X—H 伸缩振动区（4 000～2 500 cm^{-1}）。X 可以是 C、O、N 或 S 等原子，这个区域主要是 C—H、O—H、N—H 和 S—H 键伸缩振动频率区。

C—H 的伸缩振动可分为饱和碳氢（CH_3、CH_2、CH）和不饱和碳氢（═C—H）两种。

饱和碳氢（C—H）伸缩振动出现在 3 000 cm^{-1} 以下，在 3 000～2 800 cm^{-1} 内，并且是强吸收峰，取代基对它们的影响很小。常以此区域的强吸收带来判断化合物中是否存在饱和碳氢（CH_3、CH_2、CH 等基团）。如—CH_3（甲基）的不对称伸缩振动和对称伸缩振动分别在 2 960 cm^{-1} 和 2 870 cm^{-1} 附近产生吸收峰；$>CH_2$（亚甲基）的不对称伸缩振动和对称伸缩振动分别在 2 930 cm^{-1} 和 2 850 cm^{-1} 附近产生吸收峰；—CH（次甲基，上下各有一键）的伸缩振动在 2 890 cm^{-1} 附近产生吸收峰，但强度很弱。

不饱和碳氢$=$C—H 伸缩振动在 3 000 cm^{-1}以上产生吸收峰，以此来判别化合物中是否含有不饱和碳氢的$=$C—H 键。苯环的 C—H 键伸缩振动在 3 000 cm^{-1}附近产生几个吸收峰，它的特征是强度比饱和的碳氢(C—H)小，但谱带比较尖锐。不饱和双键的碳氢($=$C—H)伸缩振动在 3 040～3 010 cm^{-1}内产生吸收峰，端部$=CH_2$的碳氢($=$C—H)伸缩振动在 3 085 cm^{-1}附近产生吸收峰。不饱和三键的碳氢($\equiv$C—H)伸缩振动在更高的区域 3 300 cm^{-1}附近产生吸收峰。

O—H 基的伸缩振动在 3 650～3 200 cm^{-1}内产生吸收峰，谱带较强，它可以作为判断有无醇类、酚类和有机酸类的重要依据。

脂肪胺和酰胺的 N—H 伸缩振动也在 3 500～3 100 cm^{-1}内产生吸收峰，但吸收带强度峰与 O—H 伸缩振动相比弱一些，且谱带与 O—H 伸缩振动相比尖锐一些。因此，吸收带可能被 O—H 伸缩振动掩盖。O—H 和 N—H 伸缩振动吸收峰受氢键的影响比较大，氢键使其伸缩振动吸收峰向低波数方向位移。

② 三键和累积双键区(2 500～1 900 cm^{-1})。这个区域主要是 C$\equiv$C 键和 C$\equiv$N 键伸缩振动频率区，以及 C$=$C$=$C、C$=$C$=$O 等累积双键的不对称性伸缩振动频率区。

炔烃 C$\equiv$C 的伸缩振动在 2 260～2 140 cm^{-1}内产生吸收峰。

C$\equiv$N 键的伸缩振动在非共轭的情况下在 2 260～2 240 cm^{-1}内产生吸收峰。当与不饱和键或芳香核共轭时，该峰位移到 2 230～2 220 cm^{-1}附近。由于只有少数一些官能团在此区域产生吸收峰，因此应用红外光谱来确定化合物中是否存在氰基(C$\equiv$N)是非常常见的方法。

③ 双键伸缩振动区(1 900～1 200 cm^{-1})。这个区域主要是 C$=$O 键和 C$=$C 键伸缩振动频率区。

C$=$O 伸缩振动出现在 1 900～1 650 cm^{-1}，是红外光谱中最常见的谱带，且往往也是强度最强的谱带，根据 C$=$O 伸缩振动的谱带很容易判断酮类、醛类、酸类、酯类以及酸酐等有机化合物。酸酐和酰亚胺中的羰基(C$=$O)吸收带由于振动耦合而呈现双峰。

C$=$C 伸缩振动。烯烃 C$=$C 的伸缩振动在 1 680～1 620 cm^{-1}内产生吸收峰，一般很弱。单核芳烃的 C$=$C 伸缩振动在 1 400 cm^{-1}和 1 600 cm^{-1}附近产生两个峰(有时裂分成 4 个峰)，这是芳环骨架结构的特征谱带，用于确认有无芳环存在。取代苯的碳氢($=$C—H)变形振动的倍频谱带，在 2 000～1 650 cm^{-1}内产生吸收峰，虽然强度很弱，但它们的谱带形状在确定芳环取代位置时有一定的作用。

(2) 指纹区(1 300～400 cm^{-1})。

这个区域的吸收光谱比较复杂，重原子单键的伸缩振动和各种变形振动都出现在这个区域。由于它们振动频率相近，不同振动形式之间易于发生振动耦合，虽然吸收带位置与官能团之间没有固定的对应关系，但是它们能够灵敏地反映分子结构的微小差异，可以作为鉴定化合物的“指纹”使用，故此区域称为指纹区。凡是具有不同结构的两个化合物，一定不会有相同的“指纹”特征。虽然有上述情况，但某些同系物和光学异构体的“指纹”特征可能相似。不同的制样条件也可能引起指纹区吸收谱带的变化。

① 1 300～900 cm^{-1}区域主要是 C—O、C—N、C—F、C—P、C—S、P—O、Si—O 等单键的伸缩振动和 C$=$S、S$=$O、P$=$O 等双键的伸缩振动吸收频率区，以及一些变形振动吸收频率区。其中甲基(—CH_3)对称变形振动在 1 375 cm^{-1}附近产生吸收峰，对判断是否存在

甲基十分有价值；C—O 的伸缩振动在 1 300～1 050 cm^{-1}内产生吸收峰，是该区域最强的吸收谱带，非常容易识别。

② 900～400 cm^{-1}区域是一些重原子伸缩振动和一些变形振动的吸收频率区。利用这一区域苯环的═C—H 面外变形振动吸收峰和在 2 000～1 650 cm^{-1}区域苯环的═C—H 变形振动的倍频（或组合频）吸收峰，可以共同配合确定苯环的取代类型。某些吸收峰也可以用来确认化合物的顺反构型。

2）常见官能团的特征频率

红外吸收谱的特征频率反映了化合物结构上的特点，可以用来鉴定未知物的结构组成或确定其官能团。

在图 4-2 中，3 700～2 500 cm^{-1}是 X—H（X＝C、O、N、S）的伸缩振动频率区；2 300～2 000 cm^{-1}是 C≡C 和 C≡N 的伸缩振动频率区；1 900～1 500 cm^{-1}是 C＝X（X＝C、O、N）的伸缩振动频率区；1 600～800 cm^{-1}是 C—X（X＝C、O、N）的伸缩振动频率区；1 650～500 cm^{-1}是 C—X（X＝C、O、N）的变形振动频率区。

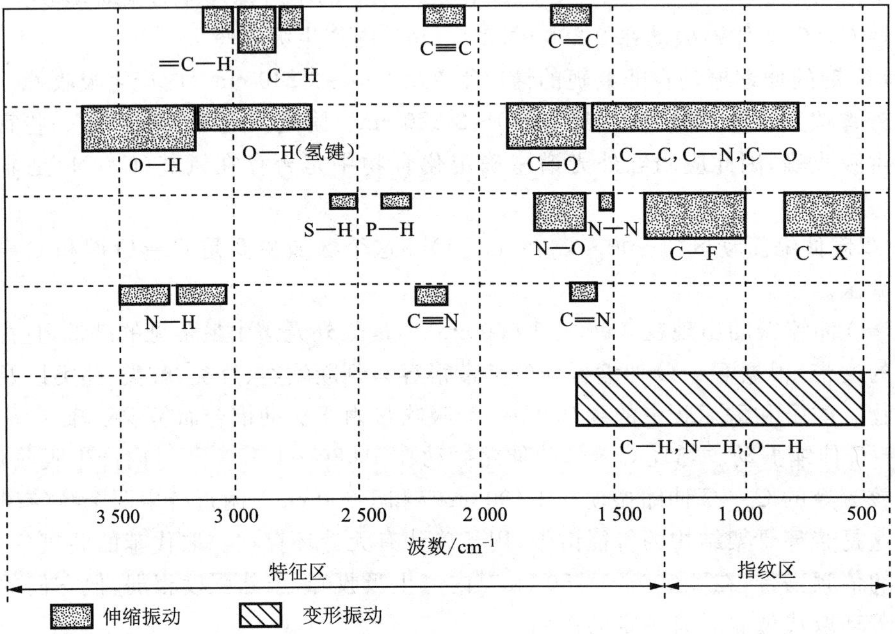

图 4-2　常见基团与化学键的红外吸收频率范围

任务 2　仪器认知

红外光谱仪

红外分光光度计可分为两大类，即色散型和干涉型，如图 4-3 所示。

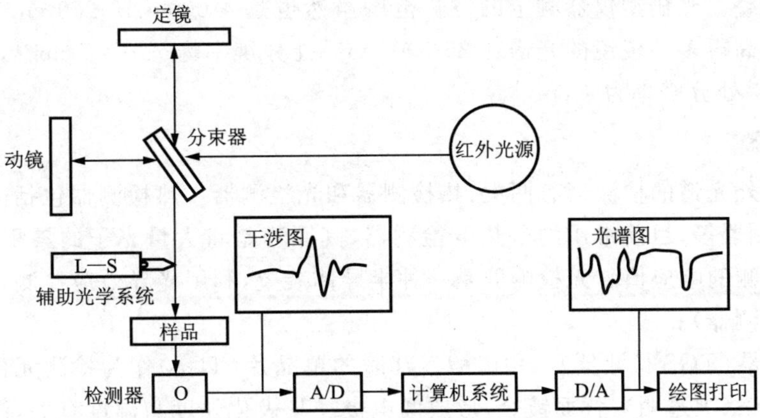

图 4-3　红外分光谱仪结构简图

2.1　色散型红外分光光度计

第一代色散型红外分光光度计为棱镜分光的红外光谱；第二代的仪器采用光栅分光，光栅的分辨率要比棱镜高得多，但基本原理是一致的。它由光学系统、机械传动部分和电学系统三大部分组成，现仅对光学部分做简单介绍。

光学系统是由光源室、样品池、单色器及检测器等部分组成的。

1）光源室

常用的红外辐射光源是能斯特灯，它是由氧化锆、氧化铈、氧化钍等稀土元素氧化物烧结而成的长约 35 mm，直径约 1.5 mm 的圆柱形的棒，工作温度可达 1 300～1 700 ℃。能斯特灯寿命约 2 万小时。有的仪器也有用硅碳棒做光源的，工作温度为 1 200～1 500 ℃，其使用波长范围比能斯特灯宽，发光面大，操作方便，价格较低。

2）样品池

因玻璃、石英等材料不能透过红外光，红外吸收池要用可透过红外光的 NaCl、KBr、CsI、KRS-5（TlI 58%，TlBr 42%）等材料制成窗片。用 NaCl、KBr、CsI 等材料制成的窗片需注意防潮，CaF 和 KRS-5 可用于水溶液的测定。固体试样常与纯 KBr 混合后压片进行测定。见表 4-2。

表 4-2　常用池体材料的透光范围

材　料	NaCl	KBr	CsI	CsBr	CaF	AgCl	KRS-5
透光范围/μm	0.2～17	0.2～25	1～50	0.2～55	0.13～12	0.2～25	0.55～40

3）单色器

单色器的作用是将由入射狭缝 S_1 进入的复色光通过三棱镜（或光栅）色散为具有一定宽度的单色光，按一定的波长顺序排列在出射狭缝 S_2 的平面上。用于红外光谱仪的色散元件有两类：棱镜和光栅。早期第一代红外光谱都是用三棱镜分光的；近年来的仪器主要采用光栅分光，一般采用反射型平面衍射光栅。多数仪器在出口狭缝后配有滤光片，用来消除多级次光谱线的重叠。光栅型仪器测定的波长范围虽然也是 4 000～16 250 cm^{-1}，但光栅的分辨率要比棱镜高得多。棱镜的光谱在 25 000 cm^{-1}处分辨率为 75～25 cm^{-1}，而光栅的光谱在 25 850 cm^{-1}处分辨率为 4 cm^{-1}。

4）检测器

色散型红外光谱的检测器有两类：热检测器和光检测器。热检测器包括热电偶、测辐射热计、热电检测器等，目前常用的是热电检测器，其原理是将大量光子的累积能量经过热效应转换成可检测的响应值。光检测器是一种半导体装置，利用光导效应检测，例如碲镉汞检测器(MCT 检测器)。

热电检测器(TGS 检测器)利用硫酸三苷肽的单晶片(TGS)作为检测元件。将 TGS 薄片正面真空镀铬(半透明)，背面镀金，形成两电极。其极化强度与温度有关，温度升高，极化强度降低。当红外辐射光照射到薄片上时，温度升高，TGS 的极化度改变，表面电荷减少，相当于"释放"了部分电荷，经放大，转变成电压或电流，以便进行测量。

碲镉汞检测器(MCT 检测器)是由宽频带的半导体碲化镉和半金属化合物碲化汞混合形成的，可获得测量波段不同、灵敏度各异的各种 MCT 检测器。MCT 检测器比 TGS 检测器有更短的响应时间和更高的灵敏度，但需要液氮冷却。因此，与 TGS 相比，MCT 检测器更适合傅里叶变换红外分光光度计(FTIR)。

2.2 傅里叶变换红外分光光度计

1）傅里叶变换红外分光光度计(FTIR)的工作原理

傅里叶变换红外分光光度计(FTIR)的工作原理和色散型的红外分光光度计完全不同，它没有单色器和狭缝，是利用一个迈克耳逊干涉仪获得入射光的干涉图，通过数学运算(傅里叶变换)把干涉图变成红外光谱图，如图 4-4 所示。

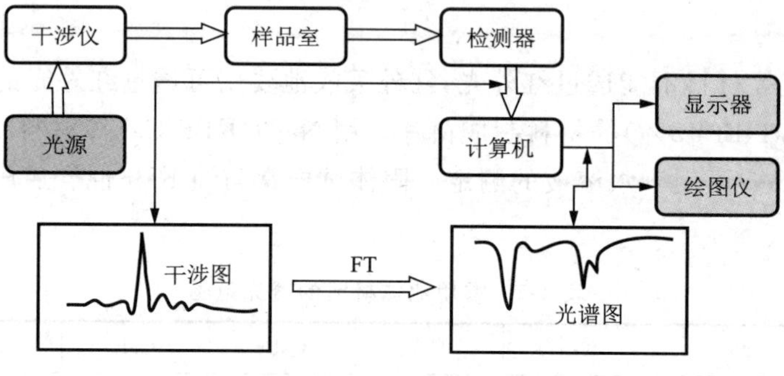

图 4-4　FTIR 工作原理图

傅里叶变换红外分光光度计(FTIR)主要由光源(硅碳棒、高压汞灯等)、干涉仪、检测器、计算机和记录系统组成。大多数傅里叶变换红外仪使用迈克耳逊干涉仪。FTIR 首先记录的是光源的干涉图，然后通过计算机将干涉图进行快速傅里叶变换，最后得到以波长或波数为横坐标的光谱图。

2）傅里叶变换红外光谱仪的主要特点

（1）测量速度快，在几秒内就可完成一张红外光谱的测量工作，比色散型仪器快几百倍。由于扫描速度快，一些联用技术得到了发展。

（2）能量大，灵敏度高。

因为傅里叶变换红外光谱仪没有狭缝和单色器，反射镜面又大，因此到达检测器上的能量大，它可以检出10～100纳克的样品，一些细小的样品也可以直接测定。对于一般红外光谱不能测定的、散射很强的样品，傅里叶变换的仪器采用漫反射附件可以测得满意的光谱，如薄板层析的样品可不经剥离直接用傅里叶变换红外光谱仪测漫反射光谱。

（3）分辨率高。

分辨率取决于动镜线性移动距离，距离增加，分辨率提高。傅里叶变换红外光谱仪在整个波长范围内具有恒定的分辨率，通常分辨率可达2.5 cm^{-1}，最高可达0.005 cm^{-1}。棱镜型的红外光谱分辨率很难达到25 cm^{-1}，光栅式的红外光谱分辨率也只是5 cm^{-1}以上。

（4）波数精确度高。

在实际的傅里叶变换红外光谱仪中，除了红外光源的主干涉仪外，还引入激光参比干涉仪，用激光干涉条纹准确测定光程差，从而使波数更为准确。

（5）测定波数范围宽。

傅里叶变换红外光谱仪测定的波数范围可达10～10 000 cm^{-1}。

任务3 基本技能

3.1 AVATAR 360型红外光谱仪的使用方法

1）构造特点

AVATAR 360型红外光谱仪是一台基于光的相干性原理制成的傅里叶变换红外光谱仪，主要由光源、迈克耳逊干涉仪、试样架、检测器和激光校准器等部分组成。仪器背板上有可与微型计算机相连的接口，检测器产生的信号输送到计算机进行傅里叶变换处理，即得到我们所熟悉的红外光谱图。

AVATAR 360型红外光谱仪的外观如图4-5所示。

图4-5 AVATAR 360型红外光谱仪的外观

2）仪器操作步骤

（1）开启计算机和打印机，确定其工作正常。

（2）打开红外光谱仪的电源开关，这时与仪器相连的计算机中的应用程序自动对仪器系统进行诊断，诊断完毕后电源指示灯亮。保持系统稳定 15 min。

（3）点击计算机中的红外光谱仪软件（如尼高力 OMNIC 软件）。程序打开后，若“BenchStatus”标识处为红色“√”，则说明仪器各项指标在允许范围内，整个系统可以正常使用。

（4）在应用程序窗口中点击下拉菜单或工具栏选择试验参数，如分辨率、扫描时间（次数）及软件选用等。

（5）以与样品相同的试验条件做背景试验，将所采集的一张背景光谱储存在计算机中，以便用来抵消样品光谱中属于仪器及环境的吸收，从而准确地进行样品分析。

（6）打开红外光谱仪的样品仓盖，把样品置于样品架上，然后盖好仓盖。

（7）在应用程序窗口中，使用“Collect”菜单下的“Collect Sample”命令采集一张样品的光谱，几秒后屏幕上即出现样品的红外光谱图。

（8）点击“打印”命令，将光谱图输出到打印机打印。

（9）关闭仪器及计算机、打印机，盖上仪器防尘罩。

3）AVATAR 360 型红外光谱仪的使用注意事项

（1）红外光谱仪最好保持 24 h 开机，这样不仅可以让仪器系统处于稳定状态，还能借电子元器件散发的热量抵御潮气的侵袭。

（2）仪器指板上的散热栅不能被覆盖，以免过热使电子元器件损坏。

（3）保持环境干燥，仪器上的干燥剂要及时更换。室温要相对恒定（25 ℃左右），以免仪器外窗受潮损坏。

3.2 红外制样技术

测试时可根据样品形态的不同而选择不同的制样方法。

1）固态样品

通常采用压片法、糊剂法、薄膜法和溶液制样法。

样品的制备

（1）压片法。压片法是把固体样品的细粉均匀地分散在碱金属卤化物中并压成透明薄片的一种方法。

将 1～2 mg 试样与 100～200 mg 磨细干燥的纯 KBr 混合并研磨均匀，然后置于模具中，在压片机上边抽真空边将其压成厚约 1 mm、直径约 10 mm 的透明薄片，即可用于测定。试样和 KBr 都应经干燥处理，研磨到粒度小于 2 μm，以免受散射光的影响。

（2）糊剂法。糊剂法是把固体粉末分散或悬浮于液状石蜡等糊剂中，然后将糊状物夹于两片 KBr 等窗片间测绘其光谱。

将干燥处理后的试样研细，与液状石蜡或全氟代烃混合，调成糊状，夹在盐片中测定。

(3) 薄膜法。薄膜法是把固体试样溶解在适当的溶剂中，把溶液倒在玻璃片上或 KBr 窗片上，待溶剂挥发后生成均匀薄膜的一种方法。

主要用于高分子化合物的测定。可将样品直接放在盐窗上，加热熔融后压制成膜。也可将样品溶解在低沸点的易挥发溶剂中，涂在盐片上，待溶剂挥发后成膜测定。

(4) 溶液制样法。溶液制样法是把固体样品研磨成粒度为 2 μm 以下的粉末，使其悬浮于易挥发溶剂中，然后将此悬浮液滴于 KBr 片基上铺平，待溶剂挥发后形成均匀的粉末薄层的一种方法。

以上四种方法中，最常用的是压片法，但此法常因样品浓度不合适或窗片不透明等问题需要返工。

2) 液体样品

液体样品通常采用夹片法、吸收池法和涂膜法。

(1) 夹片法(也称液膜法)。在可拆液体池两片窗片之间滴上 1～2 滴液体试样，使之形成一层薄的液膜。

(2) 吸收池法(也称液体池法或溶液法)。将试样溶解在合适的溶剂中，然后用注射器注入固定液体池中进行测试。对于沸点较低、挥发性较大的试样，可将其注入封闭液体池中，液层厚度一般为 0.01～1 mm。吸收池构造如图 4-6 所示。

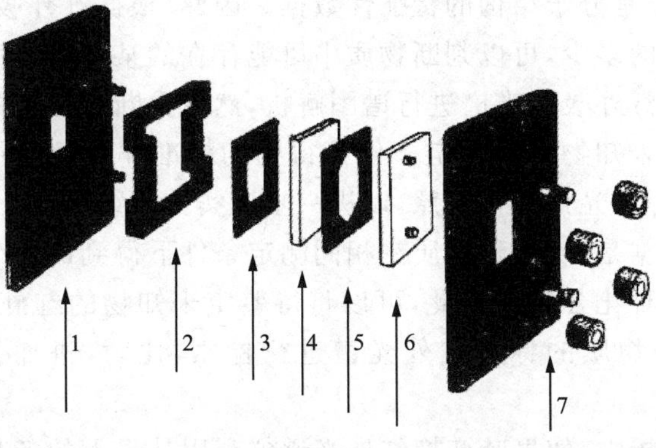

图 4-6　吸收池构造示意图

1—后框架；2—窗片框架；3—垫片；4—后窗片；5—聚四氟乙烯间隔片；6—前窗片；7—前框架

液体池由后框架、窗片框架、垫片、后窗片、间隔片、前窗片和前框架 7 个部分组成。一般后框架和前框架由金属材料制成；前窗片和后窗片为氯化钠、溴化钾等晶体薄片；间隔片常由铝箔和聚四氟乙烯等材料制成，起着固定液体样品的作用，厚度为 0.01～2 mm。

(3) 涂膜法(也称薄膜法)。用刮刀取适量的试样均匀涂于窗片上，然后将另一块窗片盖上，稍加压力，来回推移，使之形成一层均匀无气泡的液膜。

最常用的是夹片法。但此法所使用的窗片是由整块透明的溴化钾(或氯化钠)晶体制成的，制作困难，价格昂贵，稍微使用不当就会破裂，而且长期使用会被试样中的微量水分慢慢侵蚀，到一定时候制备的操作窗片就会报废。

任务4 工作任务

傅里叶红外光谱仪测定未知物质

1）实验类型

本实验为验证性实验。

2）实验目的

（1）了解红外光谱仪的主要构造及使用方法。

（2）了解红外光谱法在定性、定量分析中的应用。

（3）培养严谨的科学态度、细致的工作作风、实事求是的数据报告和良好的实验习惯。

3）实验原理

当物质的分子对红外线进行选择性吸收时，其结果若使得振动能级及转动能级发生跃迁，则会形成具有特征性的红外吸收光谱。

红外吸收光谱是物质分子结构的客观反映，谱图中吸收峰都对应着分子中各基团的振动形式，其位置和形状也是分子结构的特征性数据。因此，根据红外吸收光谱中各吸收峰的位置、强度、形状及数目的多少，可以判断物质中可能存在的某些官能团，进而对未知物的结构进行鉴定。即首先对红外吸收光谱进行谱图解析，然后推断未知物的结构，最后将未知物的红外吸收光谱通过与未知物相同测定条件下得到的标准样品的谱图或标准谱图集（如萨特勒红外谱图集）中的标准光谱进行对照，以进一步证实分析结果。

红外定性分析的依据是：若两种物质在相同测定条件下得到的红外吸收光谱完全相同，则这两种物质应为同一种化合物。据此，可以将待鉴定未知物的红外吸收光谱与仪器计算机所储存的谱图库中各物质的标准红外光谱进行检索、比对，进而推断未知物可能的结构式。

在现代红外光谱分析中，傅里叶变换红外光谱仪利用其强大的各种谱图库，通过计算机对红外光谱进行检索、比对，从而广泛地应用于许多物质的定性鉴定。

4）仪器与试剂

（1）仪器。

尼高力 AVATAR 360 型（或其他型号）红外光谱仪、玛瑙研钵、手压式压片机（含压片模具等）、可拆式液体吸收池。

（2）试剂。

NaCl 晶片、无水乙醇（分析纯）、苯乙酮（分析纯）、苯甲酸（分析纯）、对硝基苯甲酸（分析纯）、溴化钾（光谱纯或分析纯）（于 130 ℃下干燥 24 h，存于干燥器中，备用）。

5）实验步骤

（1）波数准确性检查。

将聚苯乙烯薄膜置于仪器样品仓的光路中，从 4 000～600 cm^{-1} 进行波数扫描，得到红外吸收光谱，将该红外吸收光谱与谱图库中聚苯乙烯薄膜的标准光谱进行比对。

(2) 标准红外光谱的测绘。

① 液膜法测纯液体样品的红外光谱。

取两片 NaCl 晶片，用四氯化碳清洗其表面并晾干。在一片 NaCl 晶片上滴 1～2 滴无水乙醇，用另一片 NaCl 晶片压于其上，装入可拆式液体吸收池架中。然后将液体吸收池架插入尼高力 AVATAR 360 型(或其他型号)红外光谱仪的试样安放处。

从 4 000～600 cm^{-1} 进行波数扫描，即得乙醇的红外光谱。

用同样的方法得到苯乙酮的红外光谱。

② 溴化钾压片法测纯固体样品的红外光谱。

取 1～2 mg 苯甲酸(已在 80 ℃下干燥)在玛瑙研钵中充分研磨后，加入 100 mg 溴化钾粉末，继续磨细至颗粒直径约为 2 μm，并使之完全混合均匀。将粉末状的混合物移入压模内摊铺均匀，将压模置于压片机上，慢慢施加压力至 30 MPa 左右，并维持 3 min，再逐渐减压，即得一片透明薄片。将该薄片装于样品架上，插入尼高力 AVATAR360 型(或其他型号)红外光谱仪的试样安放处。

从 4 000～600 cm^{-1} 进行波数扫描，即得苯甲酸的红外光谱，并与谱图库中各物质的红外标准光谱进行检索、比对。

用同样的方法得到对硝基苯甲酸的红外光谱。

(3) 未知试样红外光谱的测绘。

根据未知试样的性状，用上述液膜法或溴化钾压片法测绘其红外光谱。以上测定均以空气或空白为参比。

6) 结果处理

(1) 通过将聚苯乙烯薄膜的红外光谱与谱图库中聚苯乙烯薄膜的标准光谱进行比对，主要对 2 850.7 cm^{-1}、1 601.4 cm^{-1} 及 906.7 cm^{-1} 的吸收峰进行检验。在 4 000～2 000 cm^{-1} 内，波数误差不大于 10 cm^{-1}；在 2 000～650 cm^{-1} 内，波数误差不大于 3 cm^{-1}。

(2) 通过将未知物的红外光谱与谱图库中各物质的标准光谱进行检索、比对，推断未知有机物可能的结构式。

习 题

一、单选题

1. 红外光谱是(　　)。

A. 分子光谱　　B. 原子光谱　　C. 吸收光谱　　D. 电子光谱

E. 振动光谱

2. 在下面各种振动模式中，不产生红外吸收带的是(　　)。

A. 乙炔分子中的—C≡C—对称伸缩振动

B. 乙醚分子中的 C—O—C 不对称伸缩振动

C. CO_2分子中的 C—O—C 对称伸缩振动

D. HCl 分子中的 H—Cl 键伸缩振动

3. 有一含氧化合物，如用红外光谱判断它是否为羰基化合物，主要依据的谱带范围为(　　)。

A. 3 500～3 200 cm^{-1}　　B. 1 950～1 650 cm^{-1}

C. 1 500～1 300 cm^{-1}　　D. 1 000～650 cm

4. 有一含氮的化合物，如用红外光谱判断它是否为腈类物质时，主要依据的谱带范围为(　　)。

A. 3 500～3 200 cm^{-1}　　B. 2 400～2 100 cm^{-1}

C. 1 950～1 650 cm^{-1}　　D. 1 000～650 cm^{-1}

5. 下列红外光源中，(　　)可用于远红外光区。

A. 碘钨灯　　B. 高压汞灯　　C. 能斯特灯　　D. 硅碳棒

6. 下列红外透光材料中，(　　)不可用在远红外光区。

A. LiF　　B. KBr　　C. NaCl　　D. KRS-5

7. 高莱池属于(　　)。

A. 高真空热电偶检测器　　B. 气体检测器

C. 测热辐射计　　D. 光电导检测器

8. FTIR 中的核心部件是(　　)。

A. 硅碳棒　　B. 迈克耳逊干涉仪　　C. DTGS　　D. 光楔

9. 有关红外光谱试样处理和制样方法的要求错误的是(　　)。

A. 混合试样测定前要经过分馏、萃取、重结晶等方法进行分离提纯或采用联用方法进行分析，否则各组分光谱相互重叠，谱图很难解析

B. 由于水本身有红外吸收，且严重干扰试样光谱，此外，水还会侵蚀 KBr 盐片，所以试样中通常不能含有游离水

C. 固体试样可以采用 KBr 压片法、石蜡糊法和薄膜法测定红外光谱，液体试样常用液体池和液膜法，气体试样则需要在专用的气体池内进行测定

D. 试样的浓度和测试厚度对红外光谱分析的影响很大，对定量分析的影响更大，通常要求光谱中大多数吸收峰的透过率在 0%～80%

10. 影响 IR 频率位移的内部因素的说法正确的是(　　)。

A. 共轭效应使共轭体系中的电子云密度趋向于平均化，结果使原来的双键略有伸长，使其特征频率向低波数移动

B. 含有孤对电子的原子与具有多重键的原子相连，可以起到类似共轭效应的作用，使其特征频率向低波数移动

C. 形成氢键不但会使红外吸收峰变宽，而且会使基团频率向低波数方向移动

D. 空间位阻效应和环张力效应常常会导致特征频率的变化

11. 在红外光谱法中，试样状态可以是(　　)。

A. 气体状态　　B. 固体状态

C. 固体、液体状态　　D. 气体、液体、固体状态都可以

12. 用红外吸收光谱法测定有机物结构时，试样应该是(　　)。

A. 单质　　B. 纯物质　　C. 混合物　　D. 任何试样

13. 同一周期下列情况的伸缩振动(不考虑费米共振与生成氢键)产生的红外吸收峰强度最大的是(　　)。

A. C—H　　B. N—H　　C. O—H　　D. F—H

14. 红外光谱仪光源使用(　　)。

A. 空心阴极灯　　B. 能斯特灯　　C. 氘灯　　D. 碘钨灯

15. 能与气相色谱仪联用的红外光谱仪为(　　)。

A. 色散型红外分光光度计　　B. 双光束红外分光光度计

C. 傅里叶变换红外分光光度计　　D. 快速扫描红外分光光度计

16. 能与气相色谱仪联用的红外光谱仪有(　　)。

A. 傅里叶变换红外分光光度计　　B. 快速扫描红外分光光度计

C. 单光束红外分光光度计　　D. 双光束红外分光光度计

17. 傅里叶变换红外分光光度计的色散元件是(　　)。

A. 玻璃棱镜　　B. 石英棱镜

C. 卤化盐棱镜　　D. 迈克耳逊干涉仪

18. 一种能作为色散型红外光谱仪色散元件的材料为(　　)。

A. 玻璃　　B. 石英　　C. 卤化物晶体　　D. 有机玻璃

19. 以下四种气体不吸收红外光的是(　　)。

A. H_2O　　B. CO_2　　C. HCl　　D. N_2

20. 在红外光谱法中，试样可以(　　)。

A. 是水溶液　　B. 含游离水　　C. 含结晶水　　D. 不含水

二、多选题

1. 在分子的红外光谱实验中，并非每一种振动都能产生一种红外吸收带，常常是实际吸收带比预期的要少得多。其原因是(　　)。

A. 某些振动方式不产生偶极矩的变化，是非红外活性的

B. 由于分子的对称性，某些振动方式是简并的

C. 某些振动频率十分接近，不能被仪器分辨

D. 某些振动吸收能量太小，信号很弱，不能被仪器检出

2. 红外光谱仪可分为两种类型，即(　　)。

A. 直接型　　B. 内部型　　C. 间接型　　D. 外部型

3. 红外光区位于可见光区和微波光区之间，习惯上又可将其细分为三个光区，即(　　)。

A. 近红外　　B. 中红外　　C. 远红外　　D. 内红外

4. 影响基团频率的因素有(　　)。

A. 电效应　　B. 氢键　　C. 环张力　　D. 试样状态

5. 有关红外光谱试样处理和制样方法的要求正确的是(　　)。

A. 利用红外光谱进行结构分析时，为了便于与纯物质的标准光谱进行对照，试样必须是单一组分的纯物质且纯度要大于 99%

B. 混合试样测定前要经过用分馏、萃取、重结晶等方法进行分离提纯或采用联用方法进行分析，否则各组分光谱相互重叠，谱图很难解析

C. 由于水本身有红外吸收，且严重干扰试样光谱，此外，水还会侵蚀 KBr 盐片，所以试样中通常不能含有游离水

D. 固体试样可以采用 KBr 压片法、石蜡糊法和薄膜法测定红外光谱，液体试样常用液体池和液膜法，气体试样则需要在专用的气体池内进行测定

E. 试样的浓度和测试厚度对红外光谱分析的影响很大，尤其是对定量分析的影响更大，通常要求光谱中大多数吸收峰的透过率在 10%～80%

6. 影响 IR 频率位移的内部因素的说法正确的是(　　)。

A. 随着取代原子电负性的增大或取代数目的增加，诱导效应增强，吸收峰向低波数移动

B. 共轭效应使共轭体系中的电子云密度趋向于平均化，结果使原来的双键略有伸长，使其特征频率向低波数移动

C. 含有孤对电子的原子与具有多重键的原子相连，可以起到类似共轭效应的作用，使其特征频率向低波数移动

D. 形成氢键不但会使红外吸收峰变宽，而且会使基团频率向低波数方向移动

E. 空间位阻效应和环张力效应常常会导致特征频率的变化

7. 下列固体试样可以采用测定红外光谱的是(　　)。

A. KBr 压片法　　B. 石蜡糊法　　C. 薄膜法　　D. 液膜法

8. 在红外光谱法中，试样状态可以是(　　)。

A. 气体状态　　B. 固体状态　　C. 液体状态　　D. 都可以

9. 红外光谱仪光源使用(　　)。

A. 空心阴极灯　　B. 能斯特灯　　C. 氘灯　　D. 碘钨灯

E. 硅碳棒

10. 红外光谱区的波长范围是(　　)；中红外光谱法应用的波数范围是(　　)。

A. 0.77～1 000 μm　12 987～10 cm^{-1}

B. 2.5～25 μm　4 000～400 cm^{-1}

C. 0.7～1 000 μm　12 987～10 cm^{-1}

D. 2.0～25 μm　4 000～400 cm^{-1}

三、简答题

1. 产生红外吸收的条件是什么？是否所有的分子振动都会产生红外吸收光谱？为什么？

2. 红外光谱定性分析的基本依据是什么？

3. 影响基团频率的因素有哪些？

4. 何谓指纹区？

5. 红外吸收光谱是怎样产生的？

6. 傅里叶变换红外光谱仪由哪几部分组成？

7. 何谓基团频率？

8. 基团频率有什么重要用途？

9. 红外吸收光谱分析的基本原理、仪器与紫外-可见分光光度法有哪些相似与不同之处？

10. 红外吸收光谱图横坐标、纵坐标各以什么标度？

四、判断题

1. 红外光谱不仅包括振动能级的跃迁，还包括转动能级的跃迁，故又称为振转光谱。（　　）

2. 傅里叶变换红外光谱仪与色散型仪器不同，采用单光束分光元件。（　　）

3. 由于振动能级受分子中其他振动的影响，故红外光谱中出现振动耦合谱带。（　　）

4. 确定某一化合物骨架结构的合理方法是红外光谱分析法。（　　）

5. 对称结构分子，如 H_2O 分子，没有红外活性。（　　）

6. 水分子的 H—O—H 对称伸缩振动不产生吸收峰。（　　）

7. 红外光谱图中，不同化合物中相同基团的特征频率峰总是在特定波长范围内出现，故可以根据红外光谱图中的特征频率峰来确定化合物中该基团的存在。（　　）

8. 不考虑其他因素的影响，下列碳基化合物 C═O 伸缩频率的大小顺序为：酰卤＞酰胺＞酸＞醛＞酯。（　　）

9. 红外光谱仪与紫外光谱仪在构造上的差别是检测器不同。（　　）

10. 当分子受到红外光激发，其振动能级发生跃迁时，化学键越强，吸收的光子数目越多。（　　）

思政园地

1

陶行知曾说过："创造始于问题，有了问题才会思考，有了思考，才有解决问题的方法，才有找到独立思路的可能。"

随着人类社会的不断发展，人们对健康有了很大的关注，其中用药安全是人们常常谈到的话题。对于中国人来说，中医是我们特有的医疗方式。中药鉴定是中药质量控制的一个重要环节，近红外光谱技术是一种新兴的判定中药定性及定量的广法，检测方式简单、无损、快捷。

2

华为总裁任正非这样说："给你一把丝线，你是不能把鱼给抓住的。你一定要将这把丝线结成网，这种网就有一个个网点。人生就是通过不断地总结，形成一个一个的网点，进而结成一个大网。"如果你不善于归纳总结，就会像猴子掰玉米一样，没有一点收获。

课堂讨论

傅里叶变换红外光谱仪有哪些优点？

答：(1) 扫描速度快。在整个时间内同时测定所有波数的信息，一般在 1 s 内便可对全谱进行扫描，从而为实现与色谱仪器联用提供必要条件。

(2) 分辨率高。傅里叶变换红外光谱仪的分辨率取决于干涉图形，仪器所能达到的光程差越大，分辨率越高。一般可达 0.1～0.005 cm^{-1}，大大提高了仪器的性能。

(3) 灵敏度高。由于干涉型仪器的输出能量大，故可分析 10^{-9}～10^{-12} g 超微量样品。

(4) 精密度高。波数是红外谱图的一个重要参数，是红外定性分析的依据。傅里叶变换红外光谱仪的精密度可准确到波数 0.01 cm^{-1}。

(5) 测定光谱范围宽。测定光谱范围可达 10～10^4 cm^{-1}。

思维导图

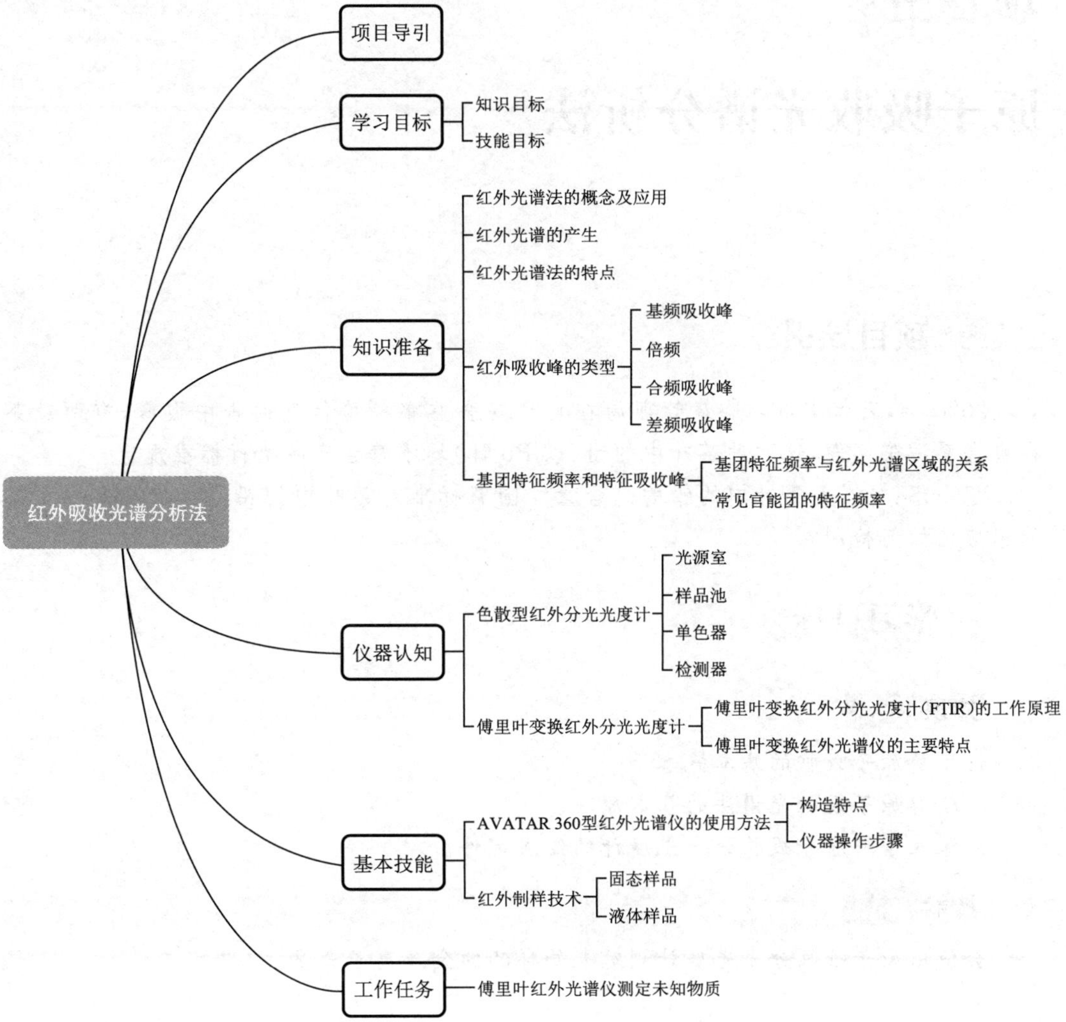
红外吸收光谱分析法
项目导引
学习目标
知识目标
技能目标
知识准备
红外光谱法的概念及应用
红外光谱的产生
红外光谱法的特点
红外吸收峰的类型
基频吸收峰
倍频
合频吸收峰
差频吸收峰
基团特征频率和特征吸收峰
基团特征频率与红外光谱区域的关系
常见官能团的特征频率
仪器认知
色散型红外分光光度计
光源室
样品池
单色器
检测器
傅里叶变换红外分光光度计
傅里叶变换红外分光光度计(FTIR)的工作原理
傅里叶变换红外光谱仪的主要特点
基本技能
AVATAR 360型红外光谱仪的使用方法
构造特点
仪器操作步骤
红外制样技术
固态样品
液体样品
工作任务
傅里叶红外光谱仪测定未知物质

项目五

原子吸收光谱分析法

项目导引

2020 年，云南省市场监督管理局在食品安全监督抽检信息通告中披露，有两款茶叶存在重金属污染问题，这两款茶叶中的铅(以 Pb 计)均不符合产品执行标准规定。

想一想：什么是茶叶中的铅的总含量？国家标准对茶叶中的铅是如何规定的？茶叶中的铅应该如何检测？

学习目标

知识目标

1. 了解原子吸收的基本概念。
2. 理解原子吸收光谱法的基本原理。
3. 深入了解原子吸收分光光度计的组成部件。

技能目标

会使用原子吸收分光光度计测定未知样品的金属离子含量。

任务 1　知识准备

1.1　原子吸收现象的发现

1802 年，伍郎斯顿(W. H. Wollaston)在研究太阳连续光谱时发现了太阳连续光谱中出现的暗线。1817 年，弗劳霍费(J. Fraunhofer)在研究太阳连续光谱时，再次发现了这些暗线，但由于当时尚不了解产生这些暗线的原因，于是就将这些暗线称为弗劳霍费线。1859 年，克希荷夫(G. Krichhoff)与本生(R. Bunson)在研究碱金属和碱土金属的火焰光谱时，发现钠蒸气发出的光通过温度降低的钠蒸气时会因袭钠光的吸收，并根据钠发射线与暗线在光谱中的位置相同这一事实，断定太阳连续光谱中的暗线正是太阳外部大气圈子中的钠原子对太阳光谱中的钠辐射吸收的结果。1955 年，澳大利亚的瓦尔西(A. Walsh)开始将原子吸收光谱应用在化学分析中。20 世纪 50 年代末和 60 年代初，Hilger、Varian Techtron 及 Perkin-Elmer 公司先后推出了原子吸收光谱商品仪器，发展了瓦尔西的设计思想。到了 20 世纪 60 年代中期，原子吸收光谱开始进入迅速发展的时期。近年来，随着其他科学技术的进步，原子吸收光谱技术不断更新和发展。计算机、微电子、自动化人工智能技术发展大大改善了仪器性能，使原子吸收光谱法成为痕量元素分析的有效方法之一。

1.2　原子吸收光谱法

原子吸收光谱法(Atomic Absorption Spectroscopy，AAS)，即原子吸收分光光度法，是基于气态的基态原子外层电子对紫外光和可见光范围的相对应原子共振辐射线的吸收强度来定量被测元素含量的分析方法，是一种测量特定气态原子对光辐射的吸收的方法。

1.3　原子吸收分光光度法测定原理

原子吸收分光光度法的基本原理是试样原子蒸气对其特征谱线的吸收作用，其吸收机理是原子的外层电子能级跃迁，波长在紫外、可见和近红外区。

原子吸收分光光度法基本原理

1）原子吸收光谱的产生

当原子处于基态时，有辐射通过自由原子蒸气，且入射辐射的能量恰好等于原子中的电子由基态跃迁到激发态时所需的能量时，该基态原子就会从辐射中吸收能量，产生共振吸收，其电子由基态跃迁到激发态，同时伴随着原子吸收光谱的产生。如图 5-1 所示。

这里需要强调的是，由于原子的能级是量子化的，所以原子对不同频率辐射的吸收是有选择的。因为各元素的原子结构和外层电子的排布不同，所以不同元素的原子从基态跃迁到激发态时吸收的能量不同。通常，原子由基态跃迁到第一激发态时所需的能量最低，跃迁最容易，我们把此时产生的吸收线称为共振吸收线或第一共振吸收线。各种元素的共振线是不同的，且各有其特征性。我们将这种共振线称为元素的特征谱线。对大多数元素来说，共振线是元素所有谱线中最灵敏的线，也是原子吸收分光光度法中最主要的分析线。但在具体分析工作中，还需要综合考虑各个因素。在被测物质浓度较高时，也可以选择次灵敏线或其他共振吸收线用于测定。

图 5-1　原子吸收光谱的产生

2）基态原子与待测元素含量的关系

原子吸收光谱是以测定基态原子对同种原子特征辐射的吸收为依据的。当进行原子吸收光谱分析时，首先要使样品中待测元素由化合物状态转变为基态原子，这个过程称为原子化过程，通常是通过燃烧加热来实现的。待测元素由化合物离解为原子时，多数原子处于基态状态，其中还有一部分原子会吸收较高的能量被激发而处于激发态。这两种不同能态原子数目比值在一定温度下遵循玻尔兹曼分布定律：

$$\frac{N_q}{N_0} = \frac{g_q}{g_0} \cdot e^{-\frac{E_q}{KT}}$$

式中　N_q、N_0——单位体积内激发态和基态原子数目；

g_q、g_0——激发态和基态能级的统计权重，表示能级的简并度；

E_q——激发态与基态两能级间能量差；

T——热力学温度；

K——玻耳兹曼常数。

在原子光谱中，对一定波长的谱线，g_q、g_0和 E 都是已知的，因此只要火焰温度 T 确定，就可以求得激发态与基态原子数之比 N_q/N_0的值。表 5-1 列出了某些元素共振激发态与基态原子数的比值。

表 5-1　不同元素共振激发态与基态原子数的比值

元　素	共振线 /nm	g_q/g_0	激发能 /eV	不同温度时的 N_q/N_0		
				2 000 K	3 000 K	5 000 K
Cs	852.1	2	1.460	4.44×10^{-4}	7.42×10^{-3}	6.82×10^{-2}
Na	589.0	2	2.104	9.86×10^{-6}	5.83×10^{-4}	1.51×10^{-2}
Ca	422.7	3	2.932	1.22×10^{-7}	3.55×10^{-5}	3.33×10^{-3}
Zn	213.9	3	5.759	7.45×10^{-15}	5.50×10^{-10}	4.32×10^{-4}

由上式可以看出，温度越高，N_q/N_0的值就越大。而在同一温度下，电子跃迁的两能级的能量差 E 越小，共振线频率越低，N_q/N_0的值就越大。原子化过程常用的火焰温度多数低于 3 000 K，大多数元素的共振线小于 600 nm。因此，对大多数元素来说，在原子化过程中，N_q/N_0的值都小于 1%（见表 5-1），即火焰中激发态原子数远远小于基态原子数，因此可以用基态原子数 N_0代替吸收辐射的原子总数。

3）原子吸收谱线的轮廓与变宽

相同原子内不同能级之间的能量差是固定的，从理论上讲，原子光谱是由多条谱线组成的线状光谱。但原子吸收线并不是一条严格几何意义上的线，而是占据着一定的频率或波长范围，谱线实际上具有一定的宽度，其数值为 $10^{-3}\sim10^{-2}$ nm。

谱线为什么有一定的宽度呢？这是由两方面因素决定的：一是原子性质，如引起自然变宽；二是外界影响，如引起多普勒变宽、劳伦兹变宽等。谱线变宽会影响原子吸收分析的灵敏度和准确度。谱线变宽效应可用 $\Delta\upsilon$ 和 K_0的变化来描述。

（1）自然宽度 $\Delta\upsilon_N$。

无外界影响时，谱线仍有一定的宽度，这种变宽称为自然变宽，以 $\Delta\upsilon_N$表示。它与原子发生能级间跃迁时激发态原子的寿命有关。不同的谱线有不同的自然宽度。在多数情况下，$\Delta\upsilon_N$约为 10^{-3}nm 数量级。

（2）多普勒(Doppler)变宽 $\Delta\upsilon_D$。

多普勒变宽又称热变宽，以 $\Delta\upsilon_D$表示。多普勒变宽随温度升高、谱线中心波长增长和相对原子质量减小而增宽。在一般火焰温度下，多普勒变宽 $\Delta\upsilon_D$可达 $1\times10^{-3}\sim5\times10^{-3}$ nm，是原子吸收谱线变宽的主要因素。

（3）劳伦兹(Lorentz)变宽 $\Delta\upsilon_L$。

劳伦兹变宽也叫压力变宽，是被测元素原子与其他元素原子相互碰撞所引起的谱线变宽，以 $\Delta\upsilon_L$ 表示。

谱线变宽除受上述因素影响外，还受其他一些因素影响。但在通常的原子吸收分析实验条件下，吸收线的轮廓主要受多普勒变宽和劳伦兹变宽的影响。当采用火焰原子化器时，劳伦兹变宽为主要因素。当采用无火焰原子化器时，多普勒变宽占主要地位。

4）原子吸收的测量

（1）积分吸收法。

原子蒸气吸收来自光源的共振辐射线的全部能量，在原子吸收光谱法中称为积分吸收，亦即吸收线下面所包括的整个面积。根据爱因斯坦理论，谱线的积分吸收与基态原子数目的关系为：

$$\int K_\upsilon d_\upsilon = \frac{\pi e^2}{mc} f N_0$$

式中 e——电子电荷；

m——电子质量；

c——光速；

f——振子强度，即被入射光激发的每个原子的电子平均数目；

N_0——单位体积内基态原子数目。

从理论上说，如果可以测量谱线的积分面积 $\int K_\upsilon d_\upsilon$，就可以算出待测元素的原子数或浓度。尽管吸收谱线因 Doppler 等效应已变宽至 10^{-3} nm，但实际上它们仍旧是很窄的，用传统的设备（连续光源、低分辨率的单色器、低灵敏度的检测器）很难观察到。因此，实际上不能采用像氢灯一类的连续辐射源作为光源。这不仅仅是因为吸收线难以分开（现在先进的技术已可分开，但昂贵），还因为光源在这样窄的吸收带上的辐射能量总值十分小，很难用传统的检测器进行检测。所以原子吸收法无法通过测量积分吸收求出被测元素的浓度。

（2）峰值吸收。

1955 年，澳大利亚科学家 A. Walsh 解决了上述难题。他指出，在使用锐线光源辐射及采用温度不太高的稳定的火焰原子化器下，峰值吸收系数 K_0 与火焰中待测元素的基态原子数 N_0 成正比，这种方法称为峰值吸收法。这说明，可以用测量峰值吸收系数 K_0 代替难以实现测量的积分吸收而得到分析结果。

为了准确测定峰值吸收系数 K_0，必须采用锐线光源代替连续光源。也就是说，必须有一个与吸收线中心频率 n_0 相同，半宽度比吸收线更窄的发射线作为光源，如图 5-2 所示，才能测出峰值吸收系数。能提供锐线光的空心阴极灯较好地解决了这一问题。

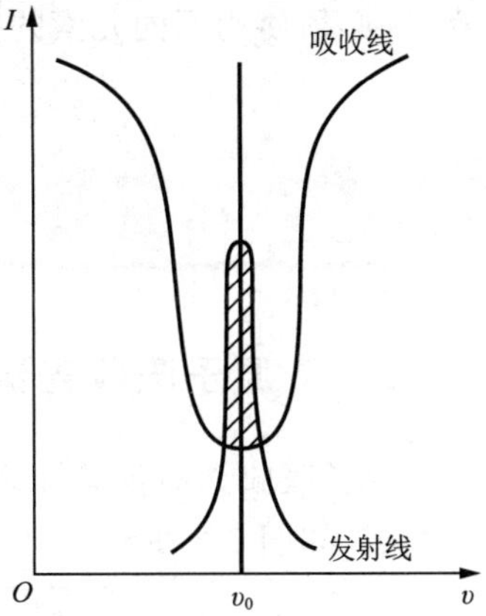

图 5-2 峰值吸收测量示意图

在一定浓度范围和一定吸收光程的情况下，吸光度与待测元素的浓度关系可表示为：

$$A = kc$$

式中，k 在一定实验条件下为常数。因此，只要测定吸光度就可以求出待测元素的浓度 c。

上式即原子吸收光谱分析法的定量分析基础。

5）原子吸收法的定量基础

从光源辐射的强度为 I_0 的不同频率的光，通过待测试样的原子蒸气时，有一部分光被吸收，其透射光的强度 I_v 与原子蒸气的厚度 l 之间仍服从朗伯-比耳定律。即：

$$I_v = I_0 \exp(-K_v l)$$

式中 K_v——原子蒸气对频率为 v 的电磁辐射的吸收系数。

在原子吸收光谱法中，采用朗伯-比耳定律定量需要解决以下几个问题。

(1) 原子吸收现象发生在产生能级跃迁的激发态原子上，所以要考虑激发态原子数与基态原子数、原子总数及溶液中待测离子浓度之间的定量关系。

(2) 吸收峰具有一定宽度，吸收系数随入射光波长改变，但目前还无法提供理论意义上的纯单色光，即无法获得吸收系数 K_v。

(3) 光源问题。

1.4 原子吸收分光光度法的特点

原子吸收分光光度法具有以下特点。第一是灵敏度高，检出限低。火焰原子吸收法的绝对检出极限为 10^{-6} g · mL^{-1}，在无火焰原子吸收法中，灵敏度更高，其检出限甚至可达 10^{-14} g · mL^{-1}。第二是准确度好。火焰原子吸收法的相对误差通常小于 1%，而石墨炉原子吸收法的相对误差一般为 3%～5%。第三是选择性好，方法简便快速。样本可以不经分离在同一溶液中直接测定多种元素。第四是应用广泛，目前已能测 70 多种金属元素，还可间接测定部分非金属元素和有机化合物。第五是样品用量少，在石墨炉无火焰原子化法中液体进样量为 1～50 μL，固体样本只需 0.1～10 mg。虽然原子吸收分光光度法有这么多的优点，但事物没有绝对，它也有不足之处。例如，该方法有局限性，目前如果分析不同种元素，则必须使用不同元素的空心阴极灯，这给测量工作带来了一定的麻烦和成本增加。

任务 2 仪器认知

原子吸收光谱仪的主要结构

2.1 原子吸收光谱仪的主要部件

原子吸收光谱仪又称原子吸收分光光度计。它由光源、原子化器、单色器和检测器等部分组成，如图 5-3 所示。

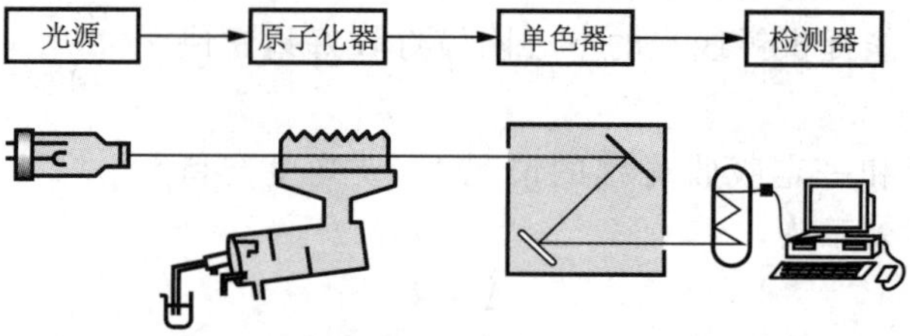

图 5-3 原子吸收光谱仪的主要部件示意图

1）光源

与一般光分析仪器所提供的连续光源不同，对原子吸收分析用的光源的要求是：必须具备发射的共振线宽度要明显小于吸收线宽度的前提条件，即锐线光源；发射光强度要足够大，没有连续背景或者有很小的连续背景；稳定性良好；操作方便；使用寿命长。原子吸收光谱仪中常用的光源有空心阴极灯和无极放电灯。

(1) 空心阴极灯。

空心阴极灯的结构如图 5-4 所示。灯是由被测元素材料制成的圆筒形空心阴极与一个阳极组成的，并被密封在充有低压(合适的压力约为 400 Pa) Ne 或 Ar 惰性气体的玻璃管内。阴极做成圆筒形，内径约为 2 mm。阳极由在钨棒上环接的钛丝或钽片制成。灯的外壳为前端由石英窗组成的密封玻璃管。

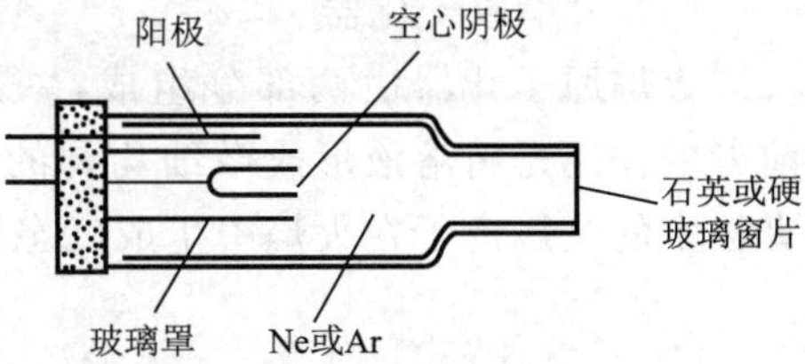

图 5-4　空心阴极灯的结构图

空心阴极灯是一种特殊的辉光放电管。当灯与电源接通后，即在空心阴极灯内发生辉光放电，发射阴极元素的共振线。当在灯两极之间施加几百伏的高压时，阴极发出的电子在电场作用下向阳极运动，在运动过程中，与充入的惰性气体碰撞而使之电离。电离产生的正离子在电场作用下高速撞击阴极腔内壁待测元素的原子，使其溅射出来，溅射出来的金属原子再与电子、惰性气体原子及离子发生碰撞而被激发，当它很快从激发态返回到基态时，便辐射出该金属元素的特征性共振线，这就是空心阴极灯产生锐线辐射的机理，如图 5-5 所示。

(2) 无极放电灯。

无极放电灯是在石英管内放入少量金属或其碘化物，抽真空并充入几毫米汞柱的氦气后封闭而成，如图 5-6 所示。无极放电灯在高频电场作用下激发发光，发射的共振线强度比空心阴极灯高 5～100 倍，且由于其温度不高，展宽(即多普勒变宽)也很小，所以是一种更为理想的锐线光源。无极放电灯的检出限更低。目前制成的无极放电灯有 Zn、Cd、Hg、Ca、In、Sn、Pb、As、Sb、Bi、Se、Te 等。随着其性能的改进和发展，无极放电灯已成为仅次于空心阴极灯而广泛使用的光源。

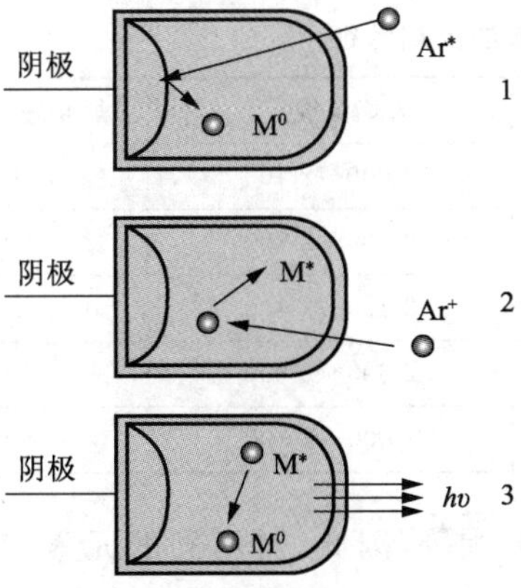

图 5-5　空心阴极灯原理示意图

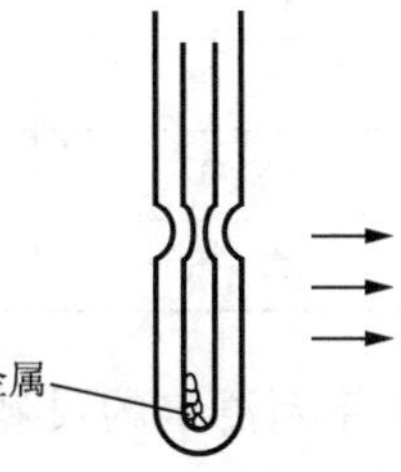

图 5-6　无极放电灯的结构图

2）原子化器

原子化器的作用是将试液中离子态的元素转变为气态原子的装置。常用的原子化方法有火焰原子化法和非火焰原子化法两种。

通常要求原子化器尽可能有高的原子化效率，并要求稳定性高、重现性好、干扰少、装置简单。

（1）火焰原子化器。

火焰原子化器由两部分组成，一部分是雾化器，另一部分是燃烧器。前者的作用是将溶液形成微细均匀的雾粒，后者的作用是将雾粒脱水，使雾粒中的金属离子在火焰中生成气态原子，如图 5-7、图 5-8 所示。

原子化器的分类

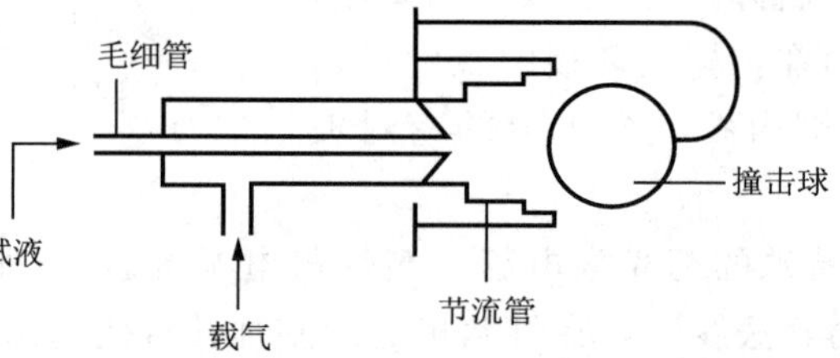

图 5-7　雾化器示意图

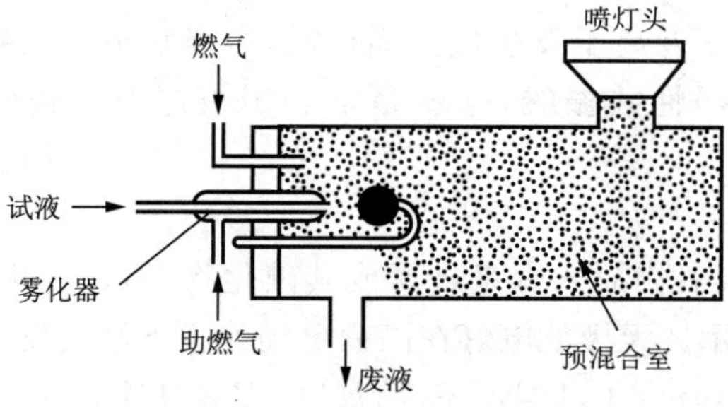

图 5-8　预混合型燃烧器示意图

火焰的性质十分重要，它直接影响试样的原子化程度。由表 5-2 可见，火焰的温度主要决定于火焰类型，并与燃气和助燃气的比例有关。

表 5-2　几种混合气体的火焰特征

燃　气	助燃气	着火温度/℃	火焰温度/℃	燃烧速度/($cm \cdot s^{-1}$)
H_2	空　气	530	2 000～2 100	340～440
H_2	氧　气	450	2 500～2 700	900～3 680
C_2H_2	空　气	350	2 100～2 400	160～266
C_2H_2	N_2O	400	2 600～2 800	160
C_2H_2	氧　气	335	3 000～3 100	800～2 480

火焰的类型关系到测定的灵敏度、稳定性和干扰等，因此，对不同的元素应选择不同的火焰，才能收到良好的原子化效果。空气-乙炔火焰是应用最广的一种火焰，它的火焰温度较高，且燃烧稳定，可测定 30 多种元素。氧化亚氮-乙炔火焰是另外一种常用的火焰，它的

燃烧温度比空气-乙炔火焰高，适用于难以原子化的元素测定，如 Al、B、Be、Ti、W、Si 等。

依燃气与助燃气体比例的不同，可将火焰分为三类：中性火焰、富燃火焰和贫燃火焰。

中性火焰，又称化学计量火焰，即燃气与助燃气的比例与它们之间的化学计量关系接近的火焰。

富燃火焰，又称还原性火焰，即燃气和助燃气的比例大于化学计量值的火焰。这种火焰燃烧不完全，温度低。

贫燃火焰，又称氧化性火焰，即燃气与助燃气的比例小于化学计量值的火焰。这种火焰的氧化性强，温度较低。

(2) 无火焰原子化器。

无火焰原子化器应用最广的是石墨炉电热高温原子化器。

石墨炉电热高温原子化器的结构如图 5-9 所示，试样是在容积很小的石墨管内直接原子化，所以试样不像在预混合式火焰原子化器中那样受雾化效率的限制及被喷雾气体大量稀释，从而可大大提高光路中待测元素的原子浓度。

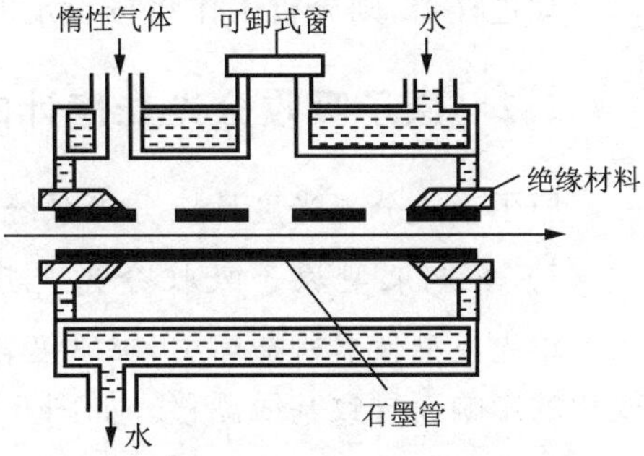

图 5-9　石墨炉电热高温原子化器

实验时将试样从石墨管的中央小孔注入，为了防止试样及石墨管氧化，加热需要在惰性气体中进行(不断通入氮气或氩气)。测定时分干燥、灰化、原子化和净化除残四个阶段。干燥的目的是蒸发除去试液的溶剂或水分，干燥温度一般高于溶剂的沸点，干燥时间可根据样品体积而定，通常为 20～60 s；灰化的作用是在不损失待测元素的前提下进一步除去有机物或低沸点无机物，以减少基体组分对待测元素的干扰；原子化就是使待测元素成为基态原子，原子化温度由待测元素的性质而定，时间为 3～10 s，温度可达 2 500～3 000 ℃；净化是在样品测定完毕后，用比原子化阶段稍高的温度加热，除去石墨管中的样品残渣，净化石墨管。

石墨炉电热高温原子化器具有以下特点：试样用量少，液体试样为 1～100 mL，固体试样为 0.1～10 mg；灵敏度高，检测限多为 1.0×10^{-10}～1.0×10^{-12}，某些元素可达到 1.0×10^{-14}，是一种微痕量分析技术；试样利用率高，原子化的原子在石墨炉中可以停留较长的时间，且原子化过程是在还原性气氛中进行的，原子化效率可达 90%以上；可直接测定黏度较大的试样和固体样品；整个原子化过程是在一个密闭的配有冷却装置的系统中进行的，在操作时比火焰法安全；但其测定的精密度、重现性不如火焰法，装置和操作也较复杂，需增加设备费用。

除上述两种原子化法外，还有其他原子化法，常用的有氢化物原子化法。

3) 单色器

原子吸收光谱仪的分光系统在光源辐射被原子吸收之后，由于原子吸收光谱仪中已经采用锐线光源，故分光系统的主要作用是将待测元素的共振线与其他谱线分开，以便进行测定。

单色器的分辨率和光强度决定于狭缝宽度。在原子吸收分析中，狭缝宽度由通带来表示。通带是指光线通过出射狭缝的谱带宽度，其表达式为：

$$W=DS$$

式中　W——谱带宽度，A；

D——倒线色散率，$\text{Å} \cdot mm^{-1}$；

S——狭缝宽度，mm。

4）检测系统

检测系统主要由检测器、信号放大器、指示显示仪表所组成。

在原子吸收仪器中，常用光电倍增管作为检测器。放大器的作用是将光电倍增管输出的电压信号进行放大，电信号的变化与试样浓度成线性关系，最终由指示仪表或数字显示器表示出来。

目前的仪器均配有计算机系统，能够对仪器进行自动控制和计算、打印分析结果。若配以自动进样器，则分析工作将按设定的程序自动地完成，大大提高了工作效率。

2.2 原子吸收分光光度计的类型

原子吸收分光光度计按分光系统可分为单光束型和双光束型两种。

1）单光束型原子吸收分光光度计

单光束型仪器构造简单，灵敏度较高，能满足一般的分析需要，应用广泛，但受光源强度变化的影响而导致基线漂移。如图 5-10(a)所示。

2）双光束型原子吸收分光光度计

双光束型仪器可以克服基线漂移，其光学系统如图 5-10(b)所示。从空心阴极灯发射的辐射光被分为两束，试样光束通过原子化器，参比光束不通过原子化器，然后两束光会合到单色器。利用参比光束补偿光源辐射光强度变化的影响，其灵敏度和准确度都比单光束型好。但因为参比光束不通过火焰，故不能消除火焰背景的影响。

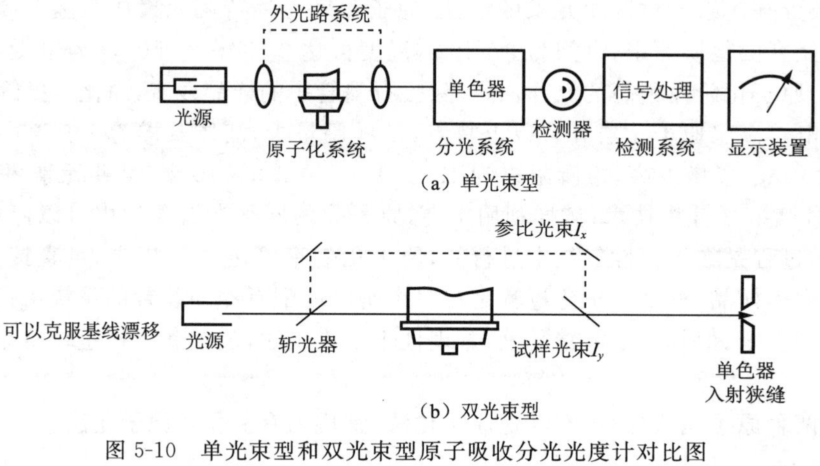

图 5-10　单光束型和双光束型原子吸收分光光度计对比图

任务 3　基本技能

原子吸收光谱法的基本实验技能包括：试样的预处理与制样，测定条件的选择，干扰及其抑制。

3.1 试样的预处理与制样

试样制备:制样的目的是将提供的样品加工成试样溶液,使待测元素转化为便于测定的形式。处理包括过筛、脱壳、粉碎、溶解、分离、纯化和浓缩等。如果样品为溶液,则可直接用于分析或经稀释后再进行分析。

试样消解:在大多数情况下,由供试样品制备试样(通常是试液)都需要将样品进行消解,以破坏基体并转为溶液,使待测元素转化为适于测定的形式。

分离和富集:化学分离和富集是减少和消除干扰,提高测定灵敏度的有效方法。

3.2 标准样品溶液的配制

标准样品的组成要尽可能接近未知试样的组成。标准溶液通常使用各元素合适的盐配制,当没有合适的盐类可供使用时,也可直接溶解相应的高纯(99.99%)金属丝、棒、片于合适的溶剂中。非水标准溶液可将金属有机物溶于适宜的有机溶剂中配制(或将金属离子转变成可萃取的化合物),用合适的溶剂萃取,通过测定水相中的金属离子含量间接加以标定。

所需标准溶液的浓度在低于 0.1 $mg \cdot mL^{-1}$时,应先配成比使用浓度高 1～3 个量级的浓溶液(大于 1 $mg \cdot mL^{-1}$)作为储备液,然后经稀释配成标准溶液。储备液配制时一般要维持一定酸度,以免器皿表面吸附。配好的储备液应储于聚四氟乙烯、聚乙烯或硬质玻璃容器中。浓度很小(小于 1 $\mu g \cdot mL^{-1}$)的标准溶液不稳定,使用的时间不应超过 1～2 d。

3.3 测定条件的选择

1) 分析线

通常选择共振吸收线作为分析线,但当共振吸收线受到其他谱线干扰时,应选用该元素不受干扰且吸收值最强的其他谱线作为分析线。

2) 狭缝宽度

狭缝宽度影响光谱通带和检测器接受的能量。在无邻近干扰线时,允许使用较宽的狭缝以增加光强,这样可以使用小的增益以降低检测器的噪声,从而提高信噪比与改善检出限。合适的狭缝宽度可以通过实验确定。

3) 空心阴极灯电流

在保证放电稳定和足够的辐射光通量的情况下,应尽可能选用低的工作电流,以获得好的工作质量和长的使用寿命。最适宜的工作电流需要通过实验来确定。

4) 原子化条件的确定

在火焰原子化法中,火焰类型的选择和燃气混合物流量的调节是影响原子化效率的主要因素。对适合于低温火焰的元素(As、Se 等),可使用空气-氢火焰;对在火焰中较难离解的元素(Ca、Mg、Fe、Cu、Zn、Pb、Mn 等),可选用空气-乙炔火焰;对在火焰中难以离解的元素(V、Ti、Al、Si 等),可选用氧化亚氮-乙炔火焰。

在石墨炉原子化法中,合理选择干燥、灰化和原子化的条件十分重要。干燥是一个低温除去溶剂的过程,应在稍低于溶剂沸点的温度下进行。灰化的目的是破坏和蒸发除去试样基体，在保证被测元素没有损失的前提下，灰化温度应尽可能高。原子化阶段温度的选择原则是，选择可达到待测元素最大吸光度的最低温度。净化阶段的温度应高于原子化温度，时间仅为 3～5 s，以便消除石墨管中试样残留物，避免其产生记忆效应。各阶段加热温度的维持时间依不同试样而异，需由实验来确定。

5）进样量

在实际的分析工作中，应测定吸光度随进样量的变化，从而达到最满意的吸光度的进样量。

3.4 干扰及其抑制

1）光谱干扰

这种干扰主要来自仪器和光源，有时也与共存元素有关。

2）物理干扰

物理干扰是由于溶质和溶剂的性质（黏度、表面张力等）发生变化，喷雾效率下降，致使出现在火焰原子化器中的原子浓度减小。这种影响又叫基体效应。利用标准溶液与试样溶液的基体组成一致或使用标准加入法测定，可消除这一干扰。

3）化学干扰

待测元素与试样中其他共存元素发生化学反应，从而影响待测元素的原子化效率，称为化学干扰。它是主要干扰源。可通过在标准溶液和试液中加入某种光谱化学缓冲剂来抑制或减少化学干扰。

（1）释放剂。与干扰元素生成更稳定的化合物使待测元素释放出来。例如，加入锶和镧可有效消除磷酸根对钙测定的干扰。

（2）保护剂。与待测元素形成稳定的络合物，防止干扰物质与其作用。

（3）饱和剂。在标准溶液和试液中加入足够量的干扰元素，使干扰趋于稳定。

（4）电离缓冲剂。在试样和标准溶液中加入大量易电离缓冲剂，以抑制待测元素的电离。

4）背景干扰

背景干扰是一种非原子性吸收，多指光散射、分子吸收和火焰吸收。一般来说，背景干扰都是使吸光度增加而产生正误差。常用氘灯校正背景的方法来消除背景干扰。

任务4　工作任务

茶叶中铅含量的测定
——样品称量及消化

茶叶中铅含量的测定
——标准溶液及试样溶液的配制

茶叶中铅含量的测定

1）测定依据

本次实验的依据为 GB 5009.12—2017《食品安全国家标准 食品中铅的测定》。

2）实验目的

（1）了解原子吸收分光光度计的主要构造及使用方法。

(2) 通过对茶叶中铅含量的测定，掌握原子吸收定量分析方法。

3) 实验原理

试样经处理后，铅离子在一定 pH 条件下与二乙基二硫代氨基甲酸钠（DDTC）形成络合物，经 4-甲基-2-戊酮（MIBK）萃取分离，导入原子吸收光谱仪中，经火焰原子化，在 283.3 nm 处测定吸光度。在一定浓度范围内，铅的吸光度值与铅含量成正比，可与标准系列比较定量。

4) 仪器与试剂

(1) 仪器。

原子吸收光谱仪（配火焰原子化器，附铅空心阴极灯）、分析天平（感量 0.1 mg 和 1 mg）、可调式电热炉、可调式电热板。

(2) 试剂。

① 硝酸（HNO_3）：优级纯。

② 高氯酸（$HClO_4$）：优级纯。

③ 硫酸铵[$(NH_4)_2SO_4$]。

④ 柠檬酸铵[$C_6H_5O_7(NH_4)_3$]。

⑤ 溴百里酚蓝（$C_{27}H_{28}O_5SBr_2$）。

⑥ 二乙基二硫代氨基甲酸钠[DDTC，$(C_2H_5)_2NCSSNa \cdot 3H_2O$]。

⑦ 氨水（$NH_3 \cdot H_2O$）：优级纯。

⑧ 4-甲基-2-戊酮（MIBK，$C_6H_{12}O$）。

⑨ 盐酸（HCl）：优级纯。

5) 工作条件

(1) 原子化器高度 7 mm。

(2) 狭缝 0.7 mm。

(3) 空气流速 6 $L \cdot min^{-1}$。

(4) 乙炔流速 1.2 $L \cdot min^{-1}$。

(5) 空心阴极灯工作参数：波长 283.3 mm，灯电流 10 mA。

6) 实验步骤

(1) 标准液制备。

铅标准储备液（1 000 $mg \cdot L^{-1}$）：准确称取 1.598 5 g（精确至 0.000 1 g）硝酸铅，用少量硝酸（1＋9）溶解，移入 1 000 mL 容量瓶，加水至刻度，混匀。

铅标准使用液（10.0 $mg \cdot L^{-1}$）：准确吸取铅标准储备液（1 000 $mg \cdot L^{-1}$）1.00 mL 于 100 mL 容量瓶中，加硝酸（5＋95）至刻度，混匀。

(2) 样品溶液的制备。

称取 5.00 g 粉碎的茶叶样品于 50 mL 瓷坩埚中，小火炭化至无烟，移入马弗炉中于 500 ℃ 灰化 6～8 h，冷却。加入 1 mL 混合酸（硝酸与高氯酸体积比为 4∶1），低温加热，不使其干涸。如此重复几次，直到残渣中无碳粒，放冷。用 10 mL 盐酸（1＋11）溶解残渣，将溶液过滤至 50 mL 容量瓶中，用少量水多次洗涤坩埚，洗液并入容量瓶中并定容至刻度，混匀，备用。同时做试剂空白实验。

(3) 标准系列溶液的配制。

分别吸取铅标准使用液 0 mL、0.250 mL、0.500 mL、1.00 mL、1.50 mL 和 2.00 mL(相当于 0 μg、2.50 μg、5.00 μg、10.0 μg、15.0 μg 和 20.0 μg 铅)于 125 mL 分液漏斗中,补加水至 60 mL。加 2 mL 柠檬酸铵溶液(250 $g \cdot L^{-1}$)、3～5 滴溴百里酚蓝水溶液(1 $g \cdot L^{-1}$),用氨水溶液(1+1)调 pH 至溶液由黄变蓝,加硫酸铵溶液(300 $g \cdot L^{-1}$)10 mL,DDTC 溶液(1 $g \cdot L^{-1}$)10 mL,摇匀。放置 5 min 左右,加入 10 mL MIBK,剧烈振摇 1 min,静置分层后,弃去水层,将 MIBK 层放入 10 mL 带塞刻度管中,得到标准系列溶液。将标准系列溶液按质量由低到高的顺序分别导入火焰原子化器,原子化后测其吸光度值,以铅的质量为横坐标,以吸光度值为纵坐标,制作标准曲线。

(4) 样品的测定。

将试样溶液及试剂空白溶液分别置于 125 mL 分液漏斗中,补加水至 60 mL。加 2 mL 柠檬酸铵溶液(250 $g \cdot L^{-1}$)、3～5 滴溴百里酚蓝水溶液(1 $g \cdot L^{-1}$),用氨水溶液(1+1)调 pH 至溶液由黄变蓝,加硫酸铵溶液(300 $g \cdot L^{-1}$)10 mL,DDTC 溶液(1 $g \cdot L^{-1}$)10 mL,摇匀。放置 5 min 左右,加入 10 mL MIBK,剧烈振摇 1 min,静置分层后,弃去水层,将 MIBK 层放入 10 mL 带塞刻度管中,得到试样溶液和空白溶液。将试样溶液和空白溶液分别导入火焰原子化器,原子化后测其吸光度值,与标准系列比较定量。

7) 数据记录

见表 5-3。

表 5-3

容量瓶编号	1	2	3	4	5	6	茶叶试样
铅含量/μg	0	2.50	5.00	10.0	15.0	20.0	
吸光度 A							

8) 数据处理

试样中铅的含量按下式计算:

$$X=\frac{m_1-m_0}{m_2}$$

式中 X ——试样中铅的含量,$mg \cdot kg^{-1}$ 或 $mg \cdot L^{-1}$;

m_1——试样溶液中铅的质量,μg;

m_0——空白溶液中铅的质量,μg;

m_2——试样称样量或移取体积,g 或 mL。

当铅含量不小于 10.0 $mg \cdot kg^{-1}$(或 $mg \cdot L^{-1}$)时,计算结果保留三位有效数字;当铅含量小于 10.0 $mg \cdot kg^{-1}$(或 $mg \cdot L^{-1}$)时,计算结果保留两位有效数字。

习 题

一、单选题

1. 用原子吸收光谱法测定铷时，加入1%的钠盐溶液，其作用是（　　）。

A. 减少背景干扰　B. 释放剂　C. 消电离剂　D. 提高火焰温度

2. 原子吸收光谱法中的物理干扰采用下述哪种方法消除？（　　）。

A. 释放剂　B. 保护剂　C. 标准加入法　D. 扣除背景

3. 原子吸收分光光度法的背景干扰表现为下述形式中的（　　）。

A. 火焰中被测元素发射的火焰　B. 火焰中干扰元素发射的谱线

C. 光源产生的非共振线　D. 火焰中产生的分子吸收

4. 非火焰原子吸收法的主要缺点是（　　）。

A. 检测限高　B. 不能检测难挥发元素

C. 精密度低　D. 不能直接分析黏度大的试样

5. 原子吸收分析中在下列不同干扰情况①、②下，宜分别采用什么方法消除干扰？① 灯中有连续背景发射（　　）；② 吸收线重叠（　　）。

A. 减小狭缝　B. 用纯度较高的单元素灯

C. 另选测定波长　D. 采用标准加入法

6. 下列不是原子吸收光谱分析法的定量方法的是（　　）。

A. 浓度直读　B. 保留时间　C. 工作曲线法　D. 标准加入法

7. 原子吸收光谱测铜的步骤是（　　）。

A. 开机预热—设置分析程序—开助燃气、燃气—点火—进样—读数

B. 开机预热—开助燃气、燃气—设置分析程序—点火—进样—读数

C. 开机预热—进样—设置分析程序—开助燃气、燃气—点火—读数

D. 开机预热—进样—开助燃气、燃气—设置分析程序—点火—读数

8. 用原子吸收光谱法测定钙时，加入EDTA是为了消除（　　）干扰。

A. 硫酸　B. 钠　C. 磷酸　D. 镁

9. 仪器分析中标准储备溶液的浓度应不小于（　　）。

A. $1\ \mu g \cdot mL^{-1}$　B. $1\ mg \cdot mL^{-1}$　C. $1\ g \cdot mL^{-1}$　D. $1\ mg \cdot L^{-1}$

10. 下列不是原子吸收峰变宽的主要原因的是（　　）。

A. 与原子发生能级间跃迁时激发态原子的有限寿命有关的自然宽度

B. 原子在空间做无规则热运动所引起的谱线变宽，称为多普勒变宽或热变宽

C. 吸光原子与蒸气中的原子或分子相互碰撞而引起能量的微小变化，使发射或吸收光量子频率改变而导致的谱线变宽，称作压力变宽，又可具体分为劳伦兹变宽、共振变宽或赫鲁兹马克变宽

D. 外界电场、带电粒子、离子形成的电场及磁场的作用使谱线变宽的现象称作场致变宽

11. 原子吸收的定量方法——标准加入法，消除了下列干扰中的（　　）。

A. 基体效应　B. 背景效应　C. 光散射　D. 电离干扰

12. 原子吸收分光光度计的核心部分是(　　)。

A. 光源　B. 原子化器　C. 分光系统　D. 检测系统

13. 原子吸收光谱是(　　)。

A. 带状光谱　B. 线状光谱　C. 宽带光谱　D. 分子光谱

14. 原子吸收光度法的背景干扰,主要表现为(　　)形式。

A. 火焰中被测元素发射的谱线　B. 火焰中干扰元素发射的谱线

C. 光源产生的非共振线　D. 火焰中产生的分子吸收

15. 在原子发射光谱分析中,电离度增大会产生(　　)减弱与(　　)增强。

A. 原子线　离子线　B. 离子线　共振线

C. 共振线　分析线　D. 分析线　原子荧光

16. 原子线的自然宽度是由(　　)引起的。

A. 原子在激发态的停留时间　B. 原子的热运动

C. 光源不稳定　D. 波粒二象性

17. 原子发射光谱分析所用仪器装置中通常不会包含(　　)。

A. 提供能量,使物质蒸发和激发的光源　B. 把复合光分解为单色光的分光仪

C. 进行光谱信号检测的检测器　D. 迈克耳逊干涉仪

18. 原子吸收光谱法测定的是(　　)。

A. 原子吸收的不同单色光　B. 基态原子吸收的不同单色光

C. 基态原子吸收的特征单色光　D. 原子吸收的特征单色光

19. 下列关于原子吸收光谱法的说法正确的是(　　)。

A. 原子吸收光谱分析仪中的吸收光的物质是溶液中的分子或离子

B. 原子吸收光谱法可以同时测定多种元素,使用方便

C. 原子吸收光谱法的准确度高,与经典化学分析方法相近

D. 原子吸收光谱是带状光谱

20. 下列有关原子吸收光谱法的说法错误的是(　　)。

A. 吸收同种原子的共振线,因此选择性好

B. 可同时测定多种元素的含量

C. 既可直接测定金属元素含量,又可间接测定某些非金属元素含量

D. 灵敏度高,检测限低,适合微量和痕量元素含量的测定

二、多选题

1. 原子吸收分光光度计的主要部件是(　　)。

A. 单色器　B. 检测器　C. 高压泵　D. 光源

2. 下列关于空心阴极灯使用的描述正确的是(　　)。

A. 空心阴极灯发光强度与工作电流有关　B. 增大工作电流可增加发光强度

C. 工作电流越大越好　D. 工作电流过小,会导致稳定性下降

3. 下列光源中,不能作为原子吸收分光光度计的光源的是(　　)。

A. 钨灯　B. 氘灯　C. 直流电弧　D. 空心阴极灯

4. 在下列措施中,(　　)不能消除物理干扰。

A. 配制与试液具有相同物理性质的标准溶液

B. 采用标准加入法测定

C. 适当降低火焰温度

D. 利用多通道原子吸收分光光度计

5. 在原子吸收光谱法测定条件的选择过程中，下列操作正确的是（　　）。

A. 在保证稳定和合适光强输出的情况下，尽量选用较低的灯电流

B. 使用较宽的狭缝宽度

C. 尽量提高原子化温度

D. 调整燃烧器的高度，使测量光束从基态原子浓度最大的火焰区通过

6. 根据原子化器的不同，原子吸收分光光度计分为（　　）。

A. 热导检测器　　B. 火焰原子化

C. 石墨炉原子化　　D. 火焰光度检测器

E. 氢化物发生原子化　　F. 冷蒸气发生原子化

7. 下列为原子吸收分光光度计的必需结构部件的是（　　）。

A. 光源　　B. 原子化器　　C. 单色器　　D. 检测器

E. 吸收池　　F. 高压输液泵

8. 可用于原子吸收分光光度计光源的有（　　）。

A. 空心阴极灯　　B. 蒸气放电灯

C. 钨灯　　D. 高频无极放电灯

9. 火焰原子化包括的步骤有（　　）。

A. 雾化阶段　　B. 电离阶段　　C. 原子化阶段　　D. 化合阶段

10. 下列关于原子吸收分光光度计的说法正确的是（　　）。

A. 原子吸收分光光度计的光源主要是空心阴极灯

B. 雾化器的作用是使试液雾化。

C. 测定时，火焰的温度越高，越有利于测定

D. 火焰原子化法检测灵敏度通常高于火焰法

三、简答题

1. 原子吸收法基本原理是什么？

2. 何谓试样的原子化？试样原子化的方法有哪些？

3. 何谓锐线光源？在原子吸收光谱分析中，为什么要用锐线光源？

4. 原子吸收分析中，若采用火焰原子化法，是否火焰温度越高，测定灵敏度就越高？为什么？

5. 石墨炉原子化法的工作原理是什么？与火焰原子化法相比较，有什么优缺点？为什么？

6. 说明在原子吸收分析中产生背景吸收的原因和影响，以及如何避免这一类影响。

7. 应用原子吸收光谱法进行定量分析的依据是什么？进行定量分析有哪些方法？试比较它们的优缺点。

8. 保证或提高原子吸收分析的灵敏度和准确度，应注意哪些问题？怎样选择原子吸收光谱分析的最佳条件？

9. 从工作原理、仪器设备方面对原子吸收法及原子荧光法做比较。

思政园地

民以食为天，食以安为先。“毒奶粉”“染色馒头”等事件的发生严重危害了人民的生命健康。《中华人民共和国食品安全法》贯彻了“四个最严”的要求，按照最严谨的标准、最严格的监管、最严厉的处罚、最严肃的问责，加大了对各类违法违规行为的惩处力度，充分体现了以人为本、重典治乱、源头治理。检验检测人员应该具备懂法依法的法律意识，构建维护食品药品安全环境的责任意识，利用仪器分析的工具，守护食品安全，保护一方平安。

课堂讨论

为什么原子发射光谱法对火焰温度的变化比原子吸收法更敏感？

答：因为原子发射光谱法中火焰是作为激发光源，待测元素的蒸发、原子化和激发电离都是在火焰中进行的，且其测定以激发态的原子为基础；而原子吸收法中火焰仅作为原子化器，待测元素在火焰中只需要蒸发和原子化，无须激发和电离，且其测定以未被激发的基态原子为基础。因此，原子发射光谱法对火焰温度的变化比原子吸收法更敏感。

思维导图

- 原子吸收光谱法
  - 项目导引
  - 学习目标
    - 知识目标
    - 技能目标
  - 知识准备
    - 原子吸收现象的发现
    - 原子吸收光谱法
    - 原子吸收分光光度法测定原理
      - 原子吸收光谱的产生
      - 基态原子与待测元素含量的关系
      - 原子吸收谱线的轮廓与变宽
      - 原子吸收的测量
      - 原子吸收法的定量基础
    - 原子吸收分光光度法的特点
  - 仪器认知
    - 原子吸收光谱仪的主要部件
      - 光源
      - 原子化器
      - 单色器
      - 检测系统
    - 原子吸收分光光度计的类型
      - 单光束型原子吸收分光光度计
      - 双光束型原子吸收分光光度计
  - 基本技能
    - 试样的预处理与制样
    - 标准样品溶液的配制
    - 测定条件的选择
    - 干扰及其抑制
  - 工作任务
    - 茶叶中铅含量的测定

模块三

色谱分析

项目六

气相色谱分析法

项目导引

蔬菜中含有多种营养素，是人体无机盐和维生素的主要来源，随着人们生活水平的不断提高，蔬菜成为人们生活中必不可少的食品。近几年，因蔬菜农药残留超标引起的食品安全事件时有发生，蔬菜农残安全隐患亟须关注。

想一想：对于混合组分的定量分析，应选择哪种方法？我们通常会选择色谱法。因为相较于光谱分析，色谱分析的优点是具有分离分析功能。当对一些混合组分进行定量分析时，色谱分析法是比较好的选择。

学习目标

知识目标

1. 了解气相色谱仪原理。
2. 熟悉气相色谱数据分析方法。
3. 根据图谱进行数据分析。
4. 掌握气相色谱仪的工作条件。

技能目标

1. 会待测样品预处理方法。
2. 掌握气相色谱仪的操作步骤。
3. 会用气相色谱仪对蔬菜中的有机磷类农药残留进行检测。
4. 掌握气相色谱仪的日常保养和维护方法。

素质目标

1. 培养学生良好的职业道德。
2. 培养学生严谨的工作作风和安全意识。
3. 培养学生精益求精、实事求是、一丝不苟的职业素质。
4. 培养学生良好的团队协作能力。

任务1 知识准备

色谱法的
由来和发展

1.1 色谱法的由来

俄国植物学家茨维特的一生致力于植物色素的分离与提纯工作。1903 年,他在研究植物色素的过程中,做了一个经典的实验:将植物叶色素的石油醚提取液倾入一根装有颗粒活性碳酸钙吸附剂的竖直玻璃管柱中,并不断地以纯净的石油醚来冲洗柱子,使冲洗液自由流下,经过一段时间之后,玻璃管内形成了间隔明晰的几条不同颜色的色带,如图 6-1。这是植物叶中的混合色素在玻璃管柱内得到了分离,最上面的是叶绿素,中间的是叶黄素,最下面的是胡萝卜素。把具有不同颜色的色带填充剂推出,按色谱的位置分段切割,各种色素就得以分离。再用合适的溶剂将色素分别溶下,就得到了各组分的醇溶液。1906 年,茨维特发表文章,首次提出色谱的概念,他把这种色带叫作色谱,把这种待分离组分在两相中获得分离或分布的物理分离方法叫作色谱法,把其中的 $CaCO_3$ 固体颗粒称为固定相,把推动被分离的组分(色素)流过固定相的惰性流体(本实验用的是石油醚)称为流动相,把柱中出现的有颜色的色带叫作色谱带。现在的色谱分析已经失去颜色的含义,只是沿用色谱这个名词。

图 6-1 茨维特吸附色谱分离实验示意图

茨维特提出的色谱法经过不断发展完善,现在已经成为一种重要的分离分析技术,可以用于分离混合物并加以分析。色谱法得到了重新定义,我们把这种以试样组分在固定相和流相间的溶解、吸附、分配、离子交换或其他亲和作用的差异为依据而建立起来的各种分离分析方法称为色谱法。进行色谱分离用的细长管柱称为色谱柱。管内保持固定、起分离作用的填充物称为固定相,固定相可以是固体或液体。流经固定相的空隙或表面的冲洗剂称为流动相,流动相可以是液体或气体。色谱柱也已经发展出了各种材质和尺寸,现代色谱法不仅能分离有色组分,还能分离无色组分,不仅能分离混合物,还能进行定性定量分析。

1.2 色谱法的发展

色谱法发展之初并不顺利,在茨维特 1906 年发表那篇文章以后的 20 年间里,色谱法一直停滞不前。直到 20 世纪 30 年代,德国的两位科学家重复和改进了茨维特的实验。他们利用色谱法分离出 40 多种植物色素,引起了人们对这种分离方法的关注。到 20 世纪 40 年代,薄层色谱和纸色谱相继出现,色谱发展成为一门分离学科。20 世纪 50 年代,气相色谱出现,英国的两位科学家马丁和辛格利用气相代替液体作为流动相。之后色谱法实现在线分析的功能,自此现代色谱分析开始崛起。20 世纪 60 年代,气相色谱-质谱联用技术出现,有效弥补了色谱定性的弱点。20 世纪 70 年代,高效液相色谱崛起,使色谱分析范围进一步扩大。20 世纪 80 年代,色谱法进入快速发展的时期,各种液相色谱联用技术出现,同时超临界流体色谱出现，它兼具气相色谱和高效液相色谱的优点。20 世纪 80 年代末，乔金森等人提出毛细管电泳法，这种方法尤其适用于分离生物大分子，成为色谱分析的一个重要分支。色谱法经过一百多年的发展至今，各种色谱联用技术包括 GC-MS、HPLC-MS 等都在常规分析中发挥重要作用，还发展了一些色谱-色谱联用的多维色谱技术，新型固定相和检测器也不断出现，毛细管电色谱技术、快速高效的样品前处理和富集技术也成为色谱法的新生力量。

在我国，也有一些致力于色谱法发展的科学家，例如中国色谱之父——卢佩章（图 6-2）。卢佩章院士 1925 年 10 月生于杭州，1948 年毕业于同济大学理学院化学系，1949 年到中国科学院大连化学物理研究所工作。多年来，他主要从事以色谱为主的分析化学研究。中华人民共和国成立初期，他带领研究小组设计出了我国第一台体积色谱仪，使分析石油样品的速度由原来的 30 多个小时缩短到不到 1 小时。20 世纪 60 年代，他承担并圆满完成第一颗原子弹的有关任务。他发展了腐蚀性气体色谱等一系列国防分析技术和仪器，填补了国内空白。而后又受国防部门委托，完成了两种不同要求的色谱仪的设计制作，供飞船及核潜艇使用。在工作中，他兢兢业业，取得了丰硕的研究成果，改革开放后，他开始注重人才培养。他不仅耐心指导学生，培养他们严谨的学术思想和创新精神，还培养青年一代要树立热爱祖国、热爱科学的意识。卢佩章院士一生为科学奉献，是我国色谱学之父，为我国的气相色谱研究画上了第一道颜色。

“一个科学家最大的幸福是能给社会、人类做出些贡献。有一颗热爱科学的心，才能选准方向，坚持下去。”

图 6-2　中国色谱之父——卢佩章

1.3　色谱法的特点

色谱法的特点与分类

（1）分离效率高。应用色谱法可将性质相似的组分分开，反复多次利用组分性质的差异，产生很好的分离效果。

（2）色谱法的应用范围广，不仅适用于各种形态的物质，还适用于一些复杂物质的分析。

（3）分析速度快，一般在几到几十分钟内就可以完成一次分离，大大缩短了分析检测的时间。

（4）样品用量少，灵敏度高，检出量可低至 $10^{-11} \sim 10^{-13}$ g，适用于痕量分析。

（5）分离和测定可一次完成。

（6）可以和多种波普分析仪器联用。色谱法虽然存在一些不足，例如对未知物分析的定性专属性差，但我们可以采用一些联用技术来弥补这方面的不足。

（7）易于自动化，可在工业流程中使用。

色谱法是研究复杂物质分离、富集、纯化、检测的常用分析技术和手段，在药学、生命科学、石油化工、环境科学等领域广泛应用。并且色谱法在分析检测中的地位是不断发展的。

1.4 色谱法的分类

色谱法有多种类型，从不同的角度可以有不同的分类方法。通常是按照下述三种方法进行分类的。

1）按两相（固定相和流动相）状态分

（1）气相色谱。以气体为流动相的色谱分离技术，称为气相色谱（GC）。根据固定相是固体吸附剂还是固定液（附着在惰性载体上的一薄层有机化合物液体），又可分为气-固色谱（GSC）和气-液色谱（GCL）。

（2）液相色谱。以液体为流动相的色谱分离技术，称液相色谱（LC）。液相色谱可分为液-固色谱（LSC）（固定相为固体吸附剂）和液-液色谱（LLC）（固定相为涂在固体载体上的液体）。

（3）超临界流体色谱。以超临界流体为流动相的色谱分离技术，称为超临界流体色谱（SFC）。超临界流体是指处于临界温度和临界压力以上，具有气体和液体的双重性质的流体物质。至今，研究较多是CO_2超临界流体色谱。

2）按操作形式分

（1）柱色谱。将固定相装于柱管内的色谱分离技术，称为柱色谱。

① 填充柱色谱。将固定相装于玻璃管或金属管内的色谱分离技术，称为填充柱色谱。

② 毛细管柱色谱。将固定液直接涂渍在毛细管内壁或采用交联引发剂在高温处理下将固定液交联到毛细管内壁上的色谱分离技术，称为毛细管柱色谱。

（2）平板色谱。固定相呈平板状的色谱分离技术，称为平板色谱。

① 纸色谱。以多孔滤纸为固定相的色谱分离技术，称为纸色谱。它是采用适当的溶剂使样品在滤纸上展开进行分离的。

② 薄层色谱。固定相压成或涂成薄膜的色谱分离技术，称为薄层色谱。操作方法同纸色谱。

3）按分离原理分

（1）吸附色谱法。根据吸附剂表面对不同组分物理吸附能力的强弱差异进行分离的方法，如气-固色谱法、液-固色谱法。

（2）分配色谱法。根据不同组分在固定相中的溶解能力和在两相间分配系数的差异进行分离的方法，如气-液色谱法、液-液色谱法。

（3）离子交换色谱法。根据不同组分离子对固定相亲和力的差异进行分离的方法。

（4）排阻色谱法。又称凝胶色谱法，根据不同组分的分子体积大小的差异进行分离的方法。

（5）亲和色谱法。利用不同组分与固定相共价键合的高专属反应进行分离的方法。

目前，应用最广泛的是气相色谱法和高效液相色谱法。

1.5 解析色谱图

色谱法是一种物理化学分离分析方法，它可用于定性和定量分析。那么色谱法是如何进行定性定量分析的呢？这就需要我们会解析色谱图。

解析色谱图
及有关术语

色谱分析时，试样进入色谱柱，试样中的各组分经色谱柱分离后，随流动相依次进入检测器，被转换成电信号，然后由记录系统放大和记录下来，得到一条反映组分产生的信号随时间变化的曲线，这就是色谱流出曲线，也叫色谱图。色谱流出曲线是以组分流出色谱柱的时间 t，或载气流出体积 V 为横坐标，以检测器对各组分的电信号响应值为纵坐标的一条曲线。曲线上的突起部分就是色谱峰，每一个峰代表样品中的一个组分。根据色谱图可以得到对样品进行定性定量分析所需的信息。

图 6-3 是有机磷类农药残留检测——混合标准溶液色谱图，该图是以时间为横坐标，以检测器输出电信号为纵坐标。曲线中有 5 个色谱峰，这表示该标准溶液中含有 5 种有机磷农药。根据色谱峰的流出时间等，可以进行定性分析，根据色谱峰的面积或峰高可以进行定量分析。除此之外，色谱图也是评价柱效能和分离效能的依据。

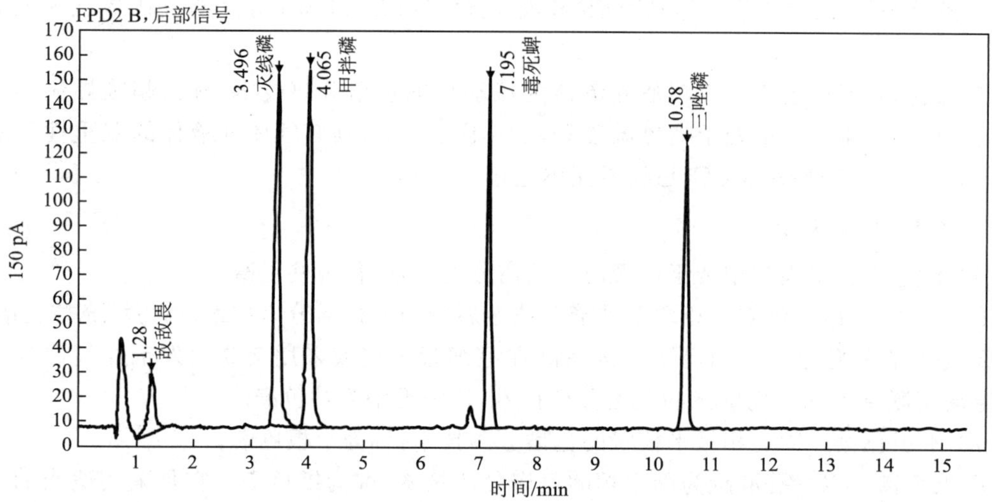

图 6-3　有机磷类农药残留检测——混合标准溶液色谱图

有关色谱图的基本术语如下。

（1）基线。在正常操作条件下，仅有流动相通过色谱柱时，检测器的响应信号随时间变化的曲线，称为基线。基线是仪器各种杂散信号的记录，它反映检测系统噪声随时间变化的情况，反映了实验条件的稳定程度。稳定的基线是一条水平直线，基线短期内发生起伏的信号，称为噪声。仪器越好，噪声越小。

① 基线噪声。指由各种因素所引起的基线起伏，分为短噪声和长噪声两种形式。短噪声俗称毛刺，使基线呈绒毛状，如图 6-4(a)所示。长噪声可能是有规律的波动，基线呈波浪形，也可能是无规律的波动，如图 6-4(b)所示。

② 基线漂移。如果实验条件不稳定，那么基线就会向某个方向稳定移动，如图 6-4(c)所示，这个现象称为漂移，是由仪器未稳定或其他原因造成的。只有基线稳定时，仪器才能正常工作。

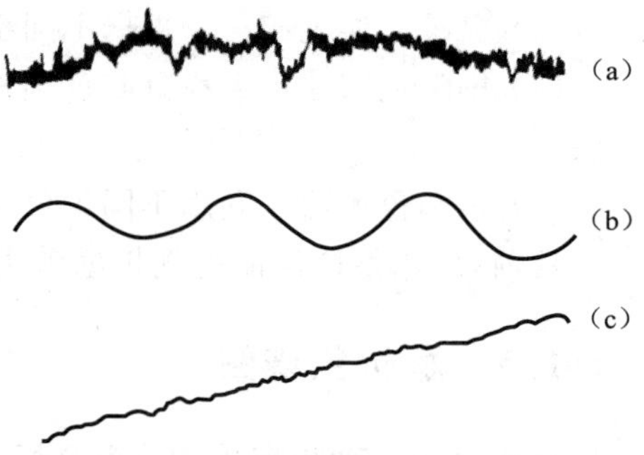

图 6-4

（2）色谱峰。当有组分进入检测器时，色谱流出曲线就会偏离基线，这时检测器输出的信号随检测器中组分的浓度改变而改变，产生噪声和漂移，直至组分全部离开检测器，此时绘出的曲线（即色谱柱流出组分通过检测系统时所产生的响应信号的微分曲线）称为色谱峰。理论上讲，色谱峰是对称的，符合高斯正态分布。但实际上，一般情况下，色谱峰是非对称的，主要有以下几种情况。

① 前延峰。前沿平缓、后部陡起的不对称色谱峰。

② 拖尾峰。前沿陡起、后部平缓的不对称色谱峰。

③ 分叉峰。两种组分没有完全分开而重叠在一起的色谱峰。

④ 馒头峰。峰形比较矮而胖的色谱峰。

我们可以通过拖尾因子 T 来判断峰形是否正常，如图 6-5 所示。

$$T=\frac{W_{0.05}}{2f}$$

式中　$W_{0.05}$——从离基线的距离为峰高 5%的点测量到的峰前缘到尾缘的距离；

f——从峰最大值到位于 5%峰高处的峰前缘的距离。

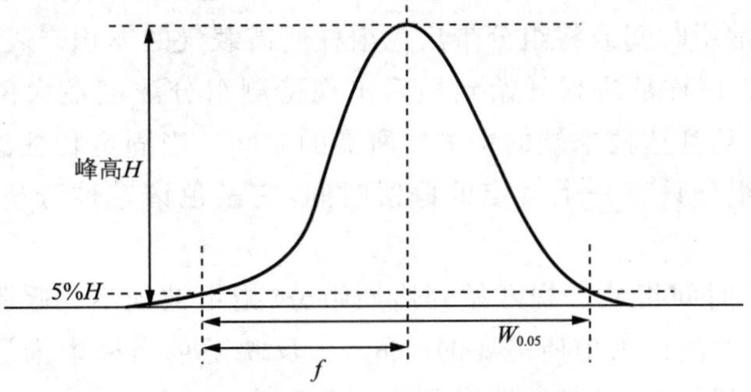

图 6-5　拖尾因子 T 计算

如果 $T<0.95$，那么该峰为前延峰；如果 $T>1.05$，那么该峰为拖尾峰；T 为 0.95～1.05 时，为正常峰。

(3) 峰高和峰面积。峰高是指从峰最大值到基线的距离，用 H 表示。组分峰面积是指峰与基线间所包围的面积，用 A 表示。峰高或峰面积与组分含量成正比，是色谱进行定量分析的主要依据。

(4) 区域宽度。色谱的区域宽度是色谱流出曲线的重要参数之一，如图 6-6 所示，可以反映色谱柱的分离效能。区域宽度越窄越好。区域宽度是色谱分析中一个常用的概念，包括峰宽、半峰宽和标准偏差。

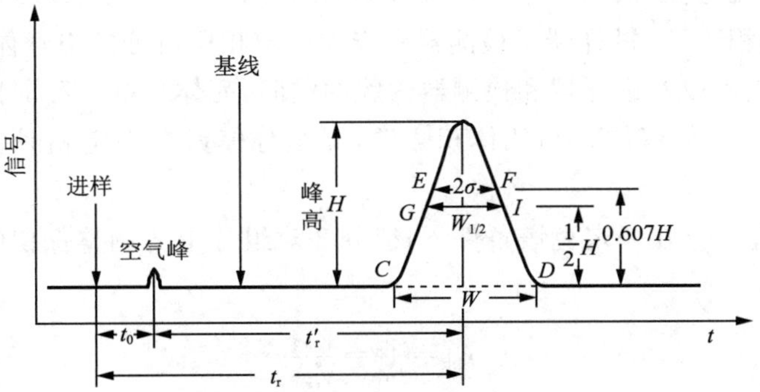

图 6-6　色谱流出曲线

① 峰宽 W。在色谱图中，色谱峰两侧拐点（在组分流出曲线上二阶导数等于零的点，称为峰拐点，如图 6-6 中的 E 点与 F 点）处作切线，这条切线与基线相交于两点，这两点之间的距离称为峰宽。峰宽可以用来计算峰面积，也可以用来衡量柱效。

② 半峰宽度（半峰宽）$W_{1/2}$。在峰高为 $\frac{1}{2}H$ 处测得的峰宽，即半峰宽。峰宽与半峰宽的单位可用时间或距离表示。

③ 标准偏差 σ。当色谱峰为正态分布时，还可以用标准偏差表示区域宽度，即在 0.607 倍峰高处的色谱峰，其宽度的一半为标准偏差。

峰宽、半峰宽和标准偏差关系式：

$$W=4\sigma=1.699W_{1/2}$$

（5）保留值。保留值是用来描述各组分色谱峰在色谱图中的位置的。在一定实验条件下，组分的保留值具有特征性，是气相色谱定性的参数。它表示试样中各组分在色谱柱中的滞留时间的数值，通常用时间或将组分带出色谱柱所需载气的体积来表示。

① 保留时间 t_R。试样从进样开始到柱后出现待测组分浓度最大值所需的时间称为保留时间。它对应于样品到达柱末端的检测器所需的时间。当固定相柱温载气流速和其他操作条件不变时，一种组分只有一个特定的保留时间，它是色谱定性分析的依据，以 s 或 min 为单位。

② 死时间t_0。死时间指从进样开始到惰性组分（指不被固定相吸附或游解的空气或甲烷）从柱中流出，呈现浓度极大值所需要的时间。t_0反映了色谱柱中未被固定相填充的柱内死体积和检测器死体积的大小，与被测组分的性质无关。

③ 调整保留时间 t'_R。扣除死时间后的保留时间，以 t'_R表示：

$$t'_R=t_R-t_0$$

式中，t'_R反映了被分析的组分与色谱柱中固定相发生相互作用，而在色谱柱中滞留的时间，它更确切地表达了被分析组分的保留特性是气相色谱定性分析的基本参数。

④ 保留体积 V_R、死体积 V_0和调整保留体积 V'_R。保留时间受载气流速的影响，为了消除这一影响，保留值也可以用从进样开始到出现峰极大值所流过的载气体积来表示，即用保留时间乘以载气平均流速，以 mL 为单位。

保留体积 V_R为组分从进样开始到出现峰最大值所消耗的流动相。保留体积等于保留时间乘以载气平均流速；不被固定相吸附或溶解的组分，从进样至出现浓度最大值时流动相通过的体积为死体积V_0，指进样器至检测器中未被固定相所占据的空隙体积，包括色谱仪中的管路、连接头的空间以及进样器和检测器内腔的空间，死体积等于死时间乘以载气平均流速；调整保留体积V'_R是保留体积与死体积之差，即组分停留在固定相时所消耗的流动相的体积。

⑤ 相对保留值r_{21}。在一定色谱条件下，组分 2 对组分 1 的调整保留时间之比称为相对保留值。

$$r_{21}=\frac{t_{R2}}{t_{R1}}=\frac{V_{R2}}{V_{R1}}$$

相对保留值仅与柱温及固定相性质有关，而与其他操作条件如柱长、柱内填充情况及载气流速等无关。相对保留值是定性指标之一，比绝对保留值更可靠。许多物质的相对保留值数据可以从色谱手册中查到，通常下标 2 表示被测物，下标 1 表示标准物。

（6）相比率（β）。相比率是色谱柱内气相与吸附剂或固定液体积之比，是色谱柱型和结构的重要参数，能反映各种类型色谱柱不同的特点，常用符号 β 表示。填充柱 β 为 6～35，毛细管柱 β 为 50～1 500。

对于气-固色谱：

$$\beta=\frac{V_G}{V_S}$$

对于气-液色谱：

$$\beta=\frac{V_G}{V_L}$$

式中　V_G——色谱柱内气相空间，mL；

V_S——色谱柱内吸附剂所占体积，mL；

V_L——色谱柱内固定液所占体积，mL。

1.6　色谱法分离原理

色谱法
分离原理

色谱分离的基本原理是，被分离物质在两相中发生相互作用，不断进行分配，这种相互作用大小的差异使各组分互相分离而按先后次序从色谱柱后流出。

1）分配系数

如图 6-7 所示，样品随着流动相进入色谱柱，组分在流动相和固定相之间进行分配，有的由流动相进入固定相，有的由固定相进入流动相。待测物质在两相中，即流动相和固定相之间，不断进行分配，分配达到平衡时，组分在两相中的浓度比，即为分配系数。试样中各组分具有不同的 K 值，这是分离的基础。

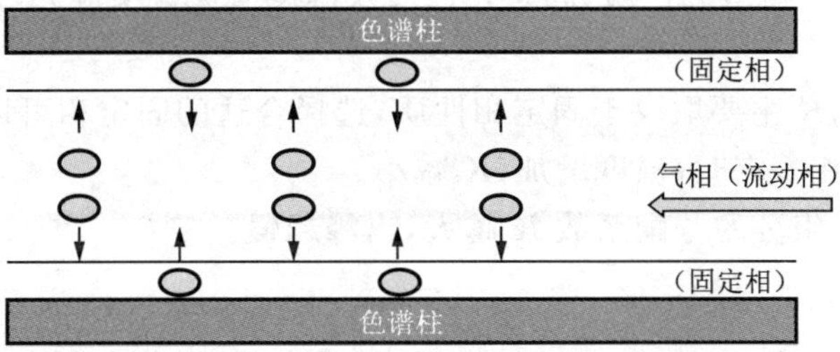

图 6-7　样品在色谱柱中两相间的分配

$$K=\frac{C_S}{C_M}$$

式中　C_S——组分在固定相中的浓度，g·mL^{-1}；

C_M——组分在流动相中的浓度，g·mL^{-1}。

2）色谱过程

现以固体吸附剂为固定相的色谱类型，来举例说明各组分在色谱中是如何通过两相分配达到分离效果的，如图 6-8。假设样品中含有 A 和 B 两种成分，样品随着流动相进入色谱柱，色谱柱中填充着固体吸附剂，它对 A 和 B 的吸附能力不同，因而这两种组分的分配系数不一样。随着流动相的不断进入，因为固定相对 B 的吸附能力强，对 A 的吸附能力弱，所以 B 随着流动相向前移动得慢，而 A 随着流动相向前移动得快一些。在整个色谱柱中，A 和 B 移动的距离差距越来越大，最终 A 组分先流出色谱柱，经过检测器，在记录器上显示出它的图谱。又过了一段时间，B 组分才流出色谱柱，并经过检测器，也在记录器上显示出它的图谱。此时可以在色谱图上看到两个独立的峰，这代表 A 和 B 最终分离。

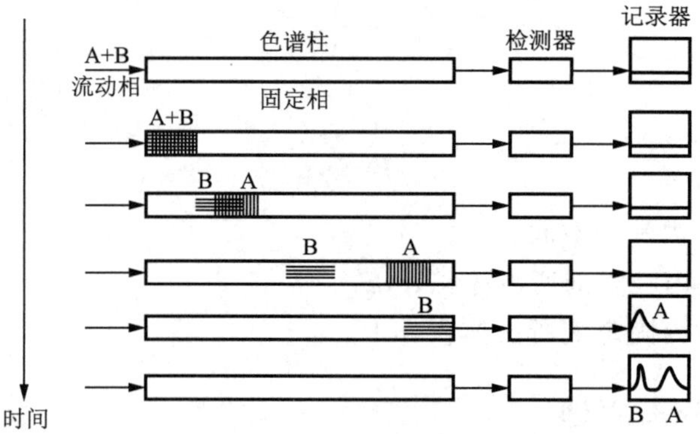

图 6-8　色谱过程

样品随着流动相流动，组分遇到固体吸附剂被吸附，随着流动相的进入，样品组分从固体吸附剂上解吸，组分随着流动相又继续向前移动，遇到固体吸附剂再次被吸附，随着流动相的进入，组分再次被解吸。就这样随着流动相与固定相的作用，各组分反复洗脱。由于各组分被吸附能力不同，所以易被吸附、不容易被解吸的组分移动慢。难被吸附、易被解吸的组分，在色谱中停留时间短，移动快。各组分实现差速迁移，最终实现分离。被分离组分在固定相和流动相中的多次“分配平衡”的过程，称为色谱过程。

3）影响热力学常数 K 的因素

（1）热力学常数 K 与组分性质、固定相性质及温度有关。实验条件固定，K 仅与组分性质有关。

（2）组分一定时，K 主要取决于固定相性质，选择合适的固定相可以改善分离效果。

（3）组分及固定相一定时，温度增加，K 减小。

（4）一定温度下，组分的分配系数 K 越大，出峰越慢。

4）容量因子 k

容量因子又称分配比、容量比，指在一定温度、压力下，组分在固定相和流动相中达到分配平衡时，在两相中的质量之比。

$$k=\frac{m_S}{m_M}$$

式中　m_S——组分在固定相中的质量；

m_M——组分在流动相中的质量。

k 值越大，说明组分在固定相中的量越多，它是衡量色谱柱对被分离组分保留能力的重要参数。

5) K 和 k 的关系

$$K=\frac{C_S}{C_M}=\frac{\frac{m_S}{V_S}}{\frac{m_M}{V_M}}=k\frac{V_M}{V_S}=k\beta$$

K 与 k 都与组分及固定相的性质有关,并随柱温、柱压变化而变化。分配系数与两相体积无关,分配比与两相体积有关。

K 与 k 都能说明色谱柱对组分保留能力的大小,数值越大,该组分的保留时间越长。且:

$$k=\frac{t'_R}{t_M}$$

1.7　色谱法分离基本理论——塔板理论

色谱法分离
基本理论——
塔板理论

塔板理论是 1941 年由马丁和辛格提出的半经验式理论,他们因此于 1952 年获得诺贝尔化学奖。塔板理论把色谱柱比作分馏塔,即色谱柱由一系列连续的相等板高的塔板组成。他们利用塔板概念来描述组分在色谱柱内的分配行为。

塔板理论是将色谱柱内分离过程比作分馏塔分馏过程。塔板理论认为在每一块塔板上,组分在两相间很快达到平衡,由于流动相在不停地移动,组分就在这些塔板间隔的两相间不断达到分配平衡,经过多个塔板后,分配系数小的组分,也可以说挥发性大的组分,先从柱内流出。由于色谱柱的塔板数很多,因此不同组分的分配系数即使仅有微小差异,但仍然可能得到很好的分离效果。

1) 塔板理论四个基本假设

(1) 在柱内一小段高度 H 内组分分配瞬间达平衡(H 为理论塔板高度)。

(2) 流动相非连续而是间歇式(脉动式)进入色谱柱,每次进量为一个塔板体积。

(3) 样品和流动相均加在第 0 号塔板上,且忽略样品沿柱方向的纵向扩散。

(4) 各条件固定,所有塔板上分配系数相等,即分配系数在各塔板上是常数。

2) 塔板理论分配过程

如图 6-9 所示,我们把一个塔板体积的加有样品的流动相加到第 0 块塔板上,样品在第 0 块塔板上两相间瞬间达到平衡,然后流动相以脉动式再进入一个塔板体积到第 0 块塔板,同时原先第 0 块塔板上的流动相流入第 2 块塔板,并且这两个塔板上瞬间完成两相的分配平衡。如此反复,使得样品在塔板上反复达到分配平衡,最终实现组分的分离。

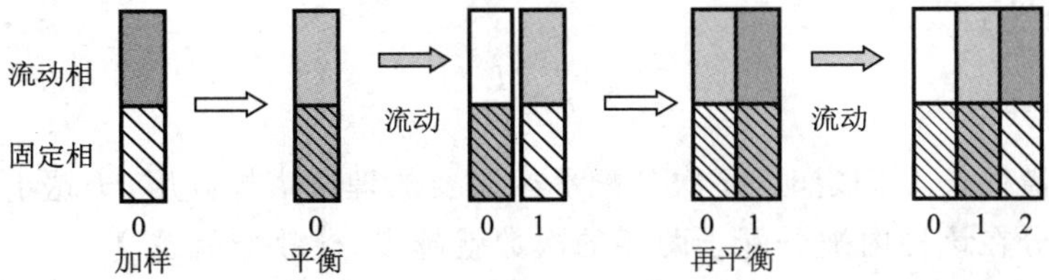

图 6-9　塔板理论分配过程图

某混合组分 A 和 B 的质量各为 1，其中组分 A 的分配系数为 2，组分 B 的分配系数为 0.5。该混合组分通过塔板数为 5 的柱，柱内各塔板上的分配情况如图 6-10 所示。现在利用塔板理论来解释分配系数不同的组分在色谱柱中的分离情况。首先组分被加到第 0 块塔板上，分配平衡后，流动相带着其中的组分继续往前移动至第 2 块塔板，再进行第二次分配平衡……如此反复，经过 4 次分配平衡后，我们发现，组分 A 浓度最大值出现在第 1 块塔板上，而组分 B 浓度最大值出现在第 2 块塔板上。由此可见，分配系数大的要跑得慢一些，而分配系数小的要跑得快一些。由此可以想象，当经过上千次或者上万次分配平衡后，即使分配系数差异很小的组分，也能够分离开。

进气次数 \ 组分 \ 塔板号		0		1		2		3		4		
		A	B	A	B	A	B	A	B	A	B	
N=0	进样→	1.000	1.000									流动相
												固定相
	分配平衡	0.333	0.667									流动相
		0.667	0.333									固定相
N=1	进气→			0.333	0.667							流动相
		0.667	0.333									固定相
	分配平衡	0.222	0.222	0.111	0.445							流动相
		0.445	0.111	0.222	0.222							固定相
N=2	进气→			0.222	0.222	0.111	0.445					流动相
		0.445	0.111	0.222	0.222							固定相
	分配平衡	0.148	0.074	0.148	0.296	0.037	0.297					流动相
		0.297	0.037	0.296	0.148	0.074	0.148					固定相
N=3	进气→			0.148	0.074	0.148	0.296	0.037	0.297			流动相
		0.297	0.037	0.296	0.148	0.074	0.148					固定相
	分配平衡	0.099	0.025	0.148	0.148	0.074	0.296	0.012	0.198			流动相
		0.198	0.012	0.296	0.071	0.148	0.148	0.025	0.099			固定相

图 6-10 $K_A=2, K_B=0.5, m=1$ 的混合组分在 $n=5$ 的柱内各板上的分配表

3）塔板理论

在塔板理论中，把每一块塔板的高度，即组分在柱内达成一次分配平衡所需要的柱长称为理论塔板高度，简称板高，用 H 表示。假设整个色谱柱是直的，则当色谱柱长为 L 时，所得理论塔板数 n 为：

$$n=\frac{L}{H}$$

显然，当色谱柱长 L 固定时，每次分配平衡需要的理论塔板高度 H 越小，则柱内理论塔板数 n 越多，组分在该柱内被分配于两相的次数就越多，柱效能就越高。

计算理论塔板数 n 的经验式为：

$$n=5.54\left(\frac{t_R}{W_{1/2}}\right)^2=16\left(\frac{t_R}{W_b}\right)^2$$

式中　n——理论塔板数；

t_R——组分的保留时间；

$W_{1/2}$——以时间为单位的半峰宽；

W_b——以时间为单位的峰底宽。

由上式可以看出，组分的保留时间越长，峰形越窄，则理论塔板数 n 越大。

4）有效理论塔板数$n_{有效}$

在实际应用中，常常出现计算出的 n 值很大，但色谱柱的实际分离效能并不高的现象。这是由于保留时间 t_R 中包括了死时间 t_M，而 t_M 不参加柱内的分配，即理论塔板数还未能真实地反映色谱柱的实际分离效能。为此，提出了以 t'_R 代替 t_R 计算所得到的有效理论塔板数来衡量色谱柱的柱效能。计算公式为：

$$n_{有效}=\frac{L}{H_{有效}}=5.54\left(\frac{t'_R}{W_{1/2}}\right)^2=16\left(\frac{t'_R}{W_b}\right)^2$$

式中　$n_{有效}$——有效理论塔板数；

$H_{有效}$——有效理论塔板高度；

t'_R——组分调整保留时间；

$W_{1/2}$——以时间为单位的半峰宽；

W_b——以时间为单位的峰底宽。

由于同一根色谱柱对不同组分的柱效能是不一样的，因此在使用$n_{有效}$或$H_{有效}$表示柱效能时，除了应说明色谱条件外，还必须说明对什么组分而言。在比较不同色谱柱的柱效能时，应在同一色谱操作条件下，以同一种组分通过不同色谱柱，测定并计算不同色谱柱的$n_{有效}$或$H_{有效}$，然后再进行比较。

5）塔板理论的不足

（1）塔板理论做出了 4 个与实际不相符的假设，忽略了组分在两相中传质和扩散的动力学过程。

（2）塔板理论无法解释同一色谱柱在不同的载气流速下柱效不同的实验结果。

（3）塔板理论无法指出影响柱效的因素及提高柱效的途径。

1.8　色谱法分离基本理论——速率理论

色谱法分离基本理论——速率理论

速率理论出现在 1956 年，是由荷兰学者范第姆特等在塔板理论基础上提出的色谱动力学理论。

1）速率理论方程式（亦称范第姆特方程式）

$$H=A+\frac{B}{u}+Cu$$

式中　H——塔板高度；

u——载气的线速度；

A——涡流扩散项；

B——分子扩散项；

C——传质阻力项。

根据范第姆特方程，我们可以看到，影响板高的各种因素，包括 A 涡流扩散项、B 分子扩散项、C 传质阻力项和载气线流速，当减小 A、B、C 三项时，可减小理论塔板高度，可提高柱效。速率理论吸收了塔板理论中板高的概念，充分考虑了组分在两相间的扩散和传质过程，从动力学角度较好地解释了影响板高的各种因素，对气相、液相色谱都较为适用。

2）影响柱效能的因素

（1）涡流扩散项。A 称为涡流扩散项（亦称多路效应项）。由于试样组分分子进入色谱柱，碰到柱内填充颗粒时，不得不改变流动方向，因而它们在气相中形成紊乱的类似涡流的流动，如图 6-11。组分分子所经过的路径长度不同，达到柱出口的时间也不同，因而引起色谱峰的扩张。

$A=2\lambda d_p$，说明涡流扩散项所引起的峰形变宽与固定相颗粒平均直径 d_p、固定相的填充不均匀因子 λ 有关。显然，使用直径小、粒度均匀的固定相，并尽量填充均匀，可以减小涡流扩散，降低塔板高度，提高柱效。

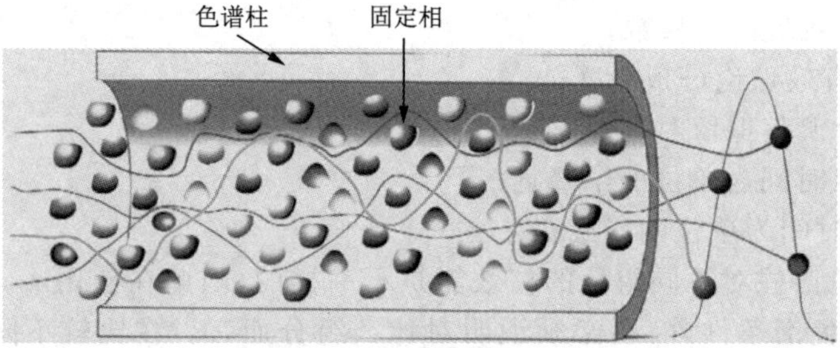

流动相携样品进柱，遇到来自固定相颗粒的阻力→路径不同→色谱峰展宽

图 6-11　涡流扩散项示意图

（2）分子扩散项。B/u 称为分子扩散项（亦称纵向扩散项）。组分进入色谱柱后，随载气向前移动，由于柱内存在浓度梯度，组分分子必然由高浓度向低浓度扩散（其扩散方向与载气运动方向一致），从而使峰扩张。

$B/u=2\lambda D_g$，式中 λ 为弯曲因子，它反映了固定相对分子扩散的阻碍程度。填充柱 $\lambda<1$，空心柱 $\lambda=1$。D_g 为组分在气相中的扩散系数，随载气和组分的性质、温度、压力而变化。u 为载气的线速度，u 越小，组分在气相中的停留时间越长，分子扩散也就越大。所以，实际过程中加快载气流速，可以减少由于分子扩散而产生的色谱峰扩张。由于组分在气相中的扩散系数 D_g 近似地与载气的摩尔质量的平方根成反比，所以实际过程中使用摩尔质量大的载气可以减小分子扩散。如图 6-12 所示。

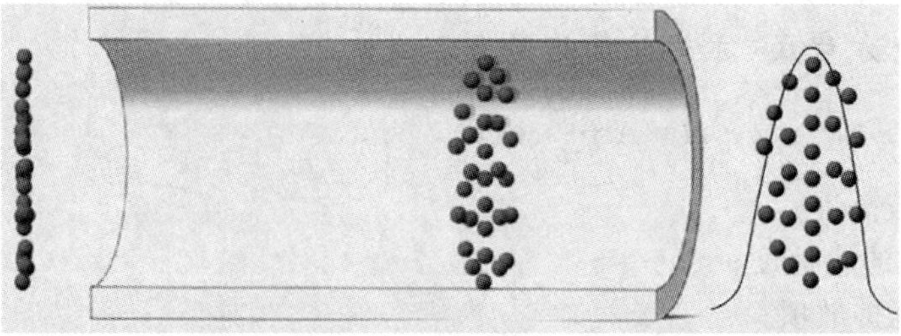

组分在固定相中被流动相推动向前时向前后扩散→两边浓度差→色谱峰展宽

图 6-12　分子扩散项示意图

(3) 传质阻力项。Cu 项为传质阻力项,它包括气相传质阻力项$C_g u$ 和液相传阻力项$C_L u$两项,即:

$$Cu=(C_g+C_L)u$$

$$C_g+C_L=\frac{0.01k^2d_p^2}{(1+k)^2D_g}+\frac{2kd_f^2}{3(1+k)^2D_L}$$

式中 C_g、C_L——气相传质阻力系数和液相传质阻力系数;

k——容量因子;

d_f——固定相的液膜厚度;

其他同前。

气相传质阻力是组分从气相到气-液界面间进行质量交换所受到的阻力,这个阻力会使柱横断面上的浓度分配不均匀。阻力越大,所需时间越长,浓度分配越不均匀,峰扩散就越严重。由于$C_g u \propto (d_p^2/D_g)$,所以实际过程中采用小颗粒的固定相,以$D_g$较大的$H_2$或 He 做载气(当然,合适的载气种类,还必须根据检测器的类型选择),可以减少传质阻力,提高柱效。

液相传质阻力是指试样组分从固定相的气-液界面到液相内部进行质量交换达到平衡后,又返回气-液界面时所受到的阻力。显然这个传质过程需要时间,而且在流动状态下分配平衡不能瞬间达到,其结果是进入液相的组分分子,因其在液相里有一定的停留时间,当它回到气相时,必然落后于原来在气相中随载气向柱出口方向运动的分子,这样势必造成色谱峰扩张。由于$C_L u \propto (d_f^2/D_L)$(式中,$d_f$为固定相液膜厚度,$D_L$为组分在液相中的扩散系数),所以实际过程中若采用液膜薄的固定液,则有利于液相传质,但不宜过薄,否则会减少样品的容量,降低柱的寿命。组分在液相中的扩散系数D_L大,也有利于传质,减少峰扩张。如图 6-13 所示。

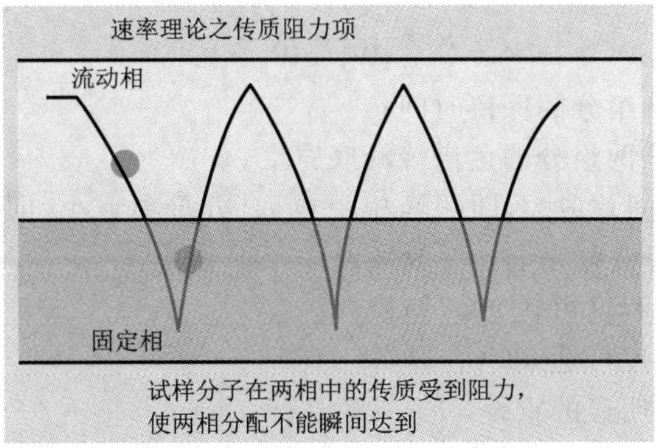

图 6-13 传质阻力项示意图

3) 速率理论的意义

(1) 解释了造成色谱峰扩张、柱效下降的主要原因。

① 组分分子在柱内运行的多路径与涡流扩散。

② 浓度梯度所造成的分子扩散。

③ 传质阻力使气液两相间的分配平衡不能瞬间达到。

(2) 提出减少峰扩张、提高柱效的方法。选择适当的固定相液膜厚度、担体粒度、填充均匀程度、柱温、载气种类及流速。

(3) 速率理论阐明了流速和柱温对柱效及分离的影响，为色谱分离和操作条件的选择提供了理论指导。

(4) 由于各种因素相互制约，故选择最佳条件，才能使柱效达到最高。例如，载气流速增大，分子扩散项的影响减小，使柱效提高，有利于传质，但又加剧了分子扩散的影响。

1.9 色谱分离度

色谱分离度

虽然塔板理论和速率理论对我们的实验有很好的指导作意义，但这两个理论不能指示色谱柱分离的程度。样品中各组分，特别是难分离物质，在一根色谱柱内能否得到分离，取决于各组分在固定相中分配系数的差异，也就是取决于固定相的选择性而不是柱效的高低。柱效不能说明难分离物质对的实际分离效果，而选择性也无法说明柱效的高低。因而必须引入一个既能反映柱效能又能反映柱选择性的指标，作为色谱柱的总分离指标，来判断难分离物质对在柱中的实际分离情况。

影响难分离物质对(或者说两种物质)能不能完全分离的因素有两个。一个是两种物质的保留时间之差。保留时间之差越大，两个峰分开得越好。另一个是色谱峰的区域宽度。如果这两种物质对应的两个峰的区域宽度比较窄，那么这两种物质就比较容易被分离。因此，我们利用保留时间之差和区域宽度来表示两种化合物是否完全分离。

利用色谱曲线做定性和定量分析，色谱峰必须同时满足两个条件：一是两色谱峰之间的距离必须足够大，说明分离效能好；二是色谱峰必须足够窄，说明柱效能好。为判断以上两个条件是否满足，引入一个新的概念——分离度 R。

分离度又称分辨率，是相邻两组分色谱峰的保留时间之差与两峰底宽度之和一半的比值，即：

$$R=\frac{t_{R_2}-t_{R_1}}{(W_{b_1}+W_{b_2})/2}$$

式中 t_{R_1}、t_{R_2}——1、2 两组分的保留时间；

W_{b_1}、W_{b_2}——1、2 两组分的色谱峰峰底宽度。

分子项中两保留时间差愈大，即两峰相距愈远，分母项愈小，即两峰愈窄，R 值就愈大。R 值愈大，两组分分离得就愈完全。一般来说：

当 $R=1.5$ 时，分离程度可达 99.7%；

当 $R=1$ 时，分离程度可达 98%；

当 $R<1$ 时，两峰有明显的重叠。

所以，通常用 $R\geqslant 1.5$ 作为相邻两峰得到完全分离的指标。

由于分离度总括了实现组分分离的热力学和动力学(即峰间距和峰宽)两方面的因素，定量地描述了混合物中相邻两组分实际分离的程度，因而用它做色谱柱的总分离效能指标。分离度与柱效能($n_{有效}$)和选择性因子三者的关系可用数学式表示为：

$$n_{有效}=16R^2\left(\frac{r_{21}}{r_{21}-1}\right)^2$$

由上式可推出：

(1) $R\propto\sqrt{n_{eff}}$，而 $n_{eff}=\frac{L}{H_{eff}}$，因此，可通过增加柱长或减小板高来增加分离度 R，但如果

增加了柱长，就会增加分析时间并且会增大仪器结构。

(2) r_{21}越大，柱选择性越好，分离效果越好。

(3) K 值的最佳范围是 $1<K<10$，可以通过改变柱温和相比来调节。

1.10　认识气相色谱法

气相色谱法概述

1）气相色谱的定义

气相色谱法(Gas Chromatography，GC)的流动相是气体。常用的载气有氮气、空气等。

气相色谱法是基于色谱柱能分离样品中各组分，检测器能连续响应、能同时对各组分进行定性定量分析的一种分离分析方法。

适用于易挥发有机化合物的定性定量分析。对非挥发性的液体和固体物质，可通过高温裂解，汽化后进行分析。

可与红外吸收光谱法或质谱法配合使用，以色谱法作为分离复杂样品的手段，达到较高的准确度。

2）气相色谱的发展历程

1903 年，茨维特提出应用吸附原理分离植物色素的新方法，1906 年，他发表文章，将这种方法命名为色谱法。1941 年，马丁和辛格提出气体作为流动相，气相色谱从此出现。1952 年，马丁和詹姆斯提出气相色谱法分离测定复合复杂混合物的方法。1955 年，第一台商品气相色谱仪问世，它的可操作性进一步提高。1956 年，范第姆特等人发展了速率理论方程，为气相色谱条件的选用与控制提供了理论支持。1965 年，吉丁斯扩展了色谱理论。以上这些事件都为色谱法的发展奠定了基础。随着科技的不断提高，气相色谱法逐渐发展成为一种非常重要的分离分析方法。

3）气相色谱的应用

气相色谱法已经被应用到了很多领域，例如，石油化工行业中，气相色谱技术的应用相当普及，从石油勘探、石油加工研究到生产控制和产品质量把关等；医药卫生行业中，抗癫痫药、中成药中挥发性成分、生物碱类药品的测定等也是气相色谱法的检测对象；在环境监测领域，空气、水中的污染物，如挥发性有机物多环芳烃，苯甲苯、苯丙比等，可以用气相色谱法进行测定；在生物化学领域，体液和组织等生物材料的分析如氨基酸、脂肪酸、维生素等的测定，农作物中残留有机氯、有机磷农药等的测定，以及食品添加剂苯甲酸等，都是气相色谱的应用项目。随着气相色谱法的发展，与其他技术的联用也拓展了气相色谱法的应用范围。

4）气相色谱的特点

气相色谱法具有分离效率高、灵敏度高、分析速度快、应用范围广等优点。

分离效率高是指它对性质极为相似的烃类异构体、同位素等有很强的分离能力，能分析沸点十分接近的复杂混合物。例如用毛细管柱可分析汽油中 50～100 个组分。

灵敏度高是指使用高灵敏度检测器可检测出 10^{-22}～10^{-11} g 的痕量物质。

分析速度快是相对化学分析法而言的。一般情况下，完成一个样品的分析，仅需几分钟。

目前，气相色谱仪普遍配有色谱微处理机(或色谱工作站)，能自动画出色谱峰，打印出保留时间和分析结果，分析速度更快、更方便。另外进行气相色谱分析所用样品量很少，通常气体样品仅需要 1 mL，液体样品仅需 1 μL。

当然气相色谱法也有一定的局限性，例如，检测的样品需要汽化，因此直接能够用于气相分析的有机物大概占 20%，其他挥发性小的液、固体等，必须经过预处理以后才能进行分析。

5)气相色谱法分类

按固定相，气相色谱法可分为气-固色谱 GSC 和气-液色谱 GLC。固定相可分为固体固定相和液体固定相两大类，以固体吸附剂为固定相的气相色谱归类为气-固色谱法。如果固定相是涂在载体表面的固定液，也就是说它的固定相是液体，那么这种气相色谱归类为气-液色谱法。

按分离机理，气相色谱法可分为吸附色谱和分配色谱。气-固色谱其实属于吸附色谱法，而气-液色谱属于分配色谱法。

按柱类型，气相色谱法可分为填充柱色谱和毛细管色谱。气相色谱属于柱色谱的范畴，我们按照柱的类型可以将气相色谱分为填充柱气相色谱法和毛细管气相色谱法。填充柱是将固定相固定在柱长 1～5 m，内径一般为 2～4 mm，由不锈钢、铜、玻璃或聚四氟乙烯等材料制成的管中，有 U 型和螺旋形。色谱柱一般用不锈钢柱。毛细管柱的柱长一般为 25～100 m，内径一般为 0.1～0.5 mm，有填充型毛细管柱和开管型毛细管柱，常用的毛细管柱为涂壁空心柱(WCOT)。

任务 2 仪器认知

2.1 气相色谱仪的基本构造和分析流程

1) 气相色谱仪的基本构造

气相色谱仪的型号种类繁多，但它们的基本构造都是一致的，一般由五部分构成：气路系统、进样系统、色谱柱系统、检测和记录系统、控制系统。气相色谱仪与计算机相连接构成完整的工作系统。其中气路系统包括气源、气体净化装置和流速控制装置，气路系统的作用是提供连续运行，且具有稳定流速与流量的载气和其他辅助气体；进样系统包括进样器和汽化室，进样器配合注射器使用，将预处理好的待测样品快速加入，完成进样；分离系统包括色谱柱和柱温箱，待测样品在色谱柱里完成分离；检测和记录系统包括检测器、放大器和数据处理装置，色谱图就是在这个系统中得到的；控制系统主要是对四个方面进行控制，包括进样器、柱温箱、检测器等的温度控制，进样控制，如分流进样等，还有气体流速控制和各种信号控制。

气相色谱仪及其基本构造和分析流程(一)

气相色谱仪及其基本构造和分析流程(二)

常见的气相色谱仪有单柱单气路和双柱双气路两种类型。

单柱单气路的类型如图 6-14 所示。由高压气瓶供给的载气，经减压、净化、稳压和转子流量计后，以稳定压力和流速进入色谱柱和检测器后放空。样品由进样系统加入，在汽化室汽化后，经色谱柱分离后按照顺序流出色谱柱，各组分依次通过检测器，检测器将物质的浓度或者质量转化为电信号，经放大器处理后到达数据处理系统，然后由数据处理装置通过一定的软件处理得到我们所需要的色谱图。这种气路结构简单，操作方便，一般适用于恒温分析。

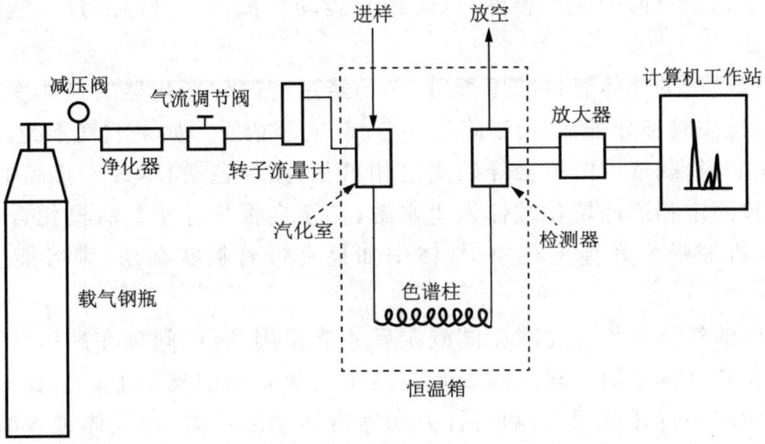

图 6-14 单柱单气路气相色谱仪结构示意图

图 6-15 展示的是双柱双气路型的气相色谱仪结构示意图。它与单柱单气路型的主要区别在于，经过稳压阀后的载气分成两路进入各自的色谱柱和检测器，其中一路做分析用，另一路做补偿用。可以补偿因气流不稳或固定液流失等原因引起的检测器噪声，从而提高仪器工作的稳定性。这种双柱双气路型的气相色谱仪既可以用于恒温分析，又可以用于程序升温分析。

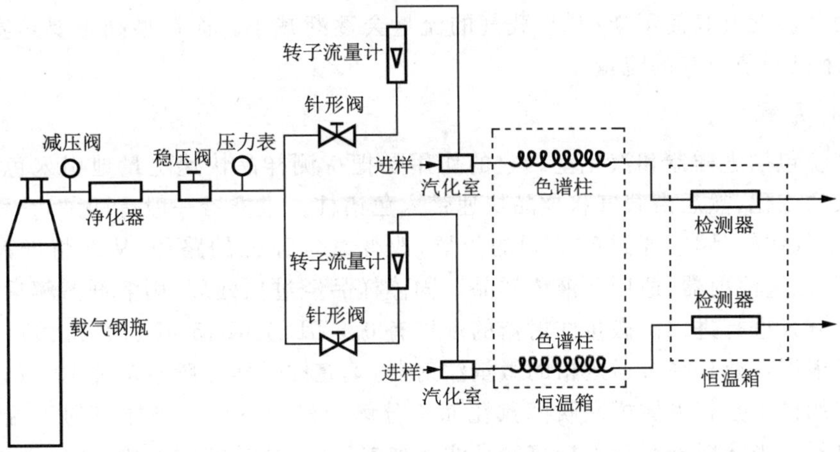

图 6-15 双柱双气路气相色谱仪结构示意图

2）气路系统

气相色谱仪中的气路是一个载气连续运行的密闭管路系统，载气的纯度、流速对色谱柱的分离效能、检测器的灵敏度均有很大影响。气路系统的作用是将载气及其辅助气进行稳压稳流和净化，以满足分析需要。载气是载送样品进行分离的惰性气体，是气相色谱的流动相。常用的载气有氮气、氢气、氦气和氩气，这些气体一般都是由高压钢瓶供给。市售的钢瓶气往往含有水分及其他杂质，进入气相色谱仪前需要纯化。辅助器常用空气做助燃气，氢气做燃气。空气由空气压缩机提供。载气种类的选择是由检测器的性质和分离要求所决定的，载气除空气外一般储存在高压钢瓶中，为了实验安全，钢瓶一般储存在特定的气瓶室中，每个钢瓶筒体上都套有两个橡皮腰圈，以防遭受震动后撞击。气源通过一定的管路连接到气相色谱仪上。

由高压钢瓶供给的气体经过减压阀后，必须经过有气体净化器的气体净化管。常用的净化剂有活性炭、硅胶和分子筛，用于除去水分、氧气等杂质。如果载气不纯，那么会导致一系列的问题，比如说，载气中的氧会导致固定相氧化，损坏色谱柱，改变样品的保留值；载气中的水分会导致固定相或硅烷化载体发生水解，甚至会损坏柱子。有机化合物及其他杂质的存在，会产生机械噪声和拖尾现象；气体中如果夹带着粒状杂质，则可能会使气路系统失灵。

高压气瓶中的气体必须经过减压阀减压后才能使用，减压阀装在高压气瓶的出口。高压气瓶顶部开关阀又称总阀。减压阀安装在高压气瓶总阀的支管上。当我们打开气瓶时，要先逆时针方向转动打开总阀，再顺时针方向缓慢转动减压阀，使气体进入减压阀低压室。不用气时，应先关闭气体钢瓶总阀，待压力表指针指向零点后，再将减压阀逆时针方向转动关闭。

载气流速的稳定性、准确性都会对测定结果有影响，这就需要我们利用气流调节阀来控制流速。气流调节阀包括稳压阀、稳流阀、针型阀等。稳压阀的作用有两个，一是通过改变输出气压来调节气体流量的大小，二是稳定输出气压。在恒温色谱分析中，当操作条件不变时，整个系统阻力不变，单独使用稳压阀即可使色谱柱入口压力稳定，从而保证稳定的流速。但在程序升温色谱分析中。需要在稳压阀后连接一个稳流阀以保持恒定的流量。这是因为柱内的阻力随温度升高而不断增加，载气的流量会逐渐减小。而针型阀主要是安装在空气的气路中，用以调节空气的流量。

3）进样系统

进样系统包括进样器和汽化室。它的作用是把待测样品快速定量地引入色谱系统，并使样品有效的汽化，然后由载气将样品快速带入色谱柱。进样器一般有两种，一种是平面六通阀，适用于气体样品，它通过改变阀的位置，改变载气流经的路径，从而将样品带入色谱柱；另一种是微量注射器，适用于液体样品。固体样品经过预处理，用溶剂溶解后，按照液体样品的进样方式进行进样。微量注射器的规格有 0.5 μL、1 μL、5 μL、10 μL、25 μL 等，实际工作中可以根据需要选择合适规格的微量注射器，填充柱进样一般不超过 10 μL。

汽化室的作用是将液体样品瞬间汽化而不分解。汽化室位于进样口的下端，它实际上是一个加热器。当注射器针头直接将样品注入加热区时，样品瞬间汽化，然后由预热过的载气在汽化室前部将汽化了的样品迅速带入色谱柱内。汽化室注射孔用厚度为 5 毫米的硅橡胶隔垫密封，它的作用是防止漏气。进样时用注射器针头直接刺穿硅橡胶密封垫，然后将样品尽快注入汽化室。硅橡胶在使用多次后会失去密封作用，应经常更换，一个隔垫的连续使用时间不能超过 1 周。使用毛细管柱时，采用分流进样的方法。除此之外，还有冷柱上进样、程序升温汽化进样、大体积进样、顶空进样等进样方式。正确选择样品的汽化温度十分重要，尤其对高沸点和易分解的样品，要求在汽化温度下样品能瞬间汽化而不分解，汽化室控温范围为室温至 450 ℃，一般比柱温高 50～100 ℃。

4）分离系统

分离系统主要由柱箱和色谱柱组成，其中色谱柱是气相色谱仪的心脏，由管柱和其中的固定相组成。色谱柱的作用是使试样经过色谱柱时其各组分得以分离。

柱箱是一个精密的恒温箱，柱箱的基本参数有两个，一个是储箱的尺寸，另一个是柱箱的控温参数。储箱的尺寸主要关系到是否能安装多根色谱柱以及操作是否方便，柱箱的操作温度范围一般为室温至 450 ℃，且均带有多阶程序升温设计。部分气相色谱仪带有低温功能，用于在冷柱上进样。

色谱柱一般可分为填充柱和毛细管柱。填充柱是指在柱内均匀紧密填充固定相颗粒的色谱柱，柱长一般是 1～5 m，内径是 2～4 mm，用不锈钢、铜、玻璃或聚四氟乙烯等材料制成，其形状有 U 形和螺旋形，我们的分析一般采用不锈钢柱。毛细管柱又称空心柱，渗透性好，传质阻力小，它的分离效率相对于填充柱有很大的提高。根据固定液的不同，可将毛细管柱分为四种类型，常用的为涂壁空心柱，其内壁直接涂固定液，柱材料大多采用熔融石英，柱长一般为 25～100 m，内径一般为 0.1～0.5 mm。

5）检测和记录系统

气相色谱检测器种类繁多，它的作用是：将经色谱柱分离后顺序流出的组分的浓度变化信息转变为易于测量的电信号，然后对被分离物质的组成和含量进行鉴定和测量。

数据处理装置的功能：将检测器输出的模拟信号随时间的变化曲线绘制出来，即将色谱图绘制出来。

数据处理和记录主要是由计算机软件来完成的，目前使用较多的是色谱工作站，我们可以在色谱工作站中绘制出曲线。主要功能包括数据的采集、数字滤波、峰的检测、各种峰形的判别处理、计算峰面积和百分比含量、图形显示、数据分析等。

6）控制系统

温度控制是气相色谱分析中重要的操作条件之一，直接影响色谱柱的选择性分离效能和检测器的灵敏度稳定性，因此要对色谱柱、汽化室和检测器进行严格的温度控制。因为各部分对温度的要求不同，所以需要三套不同的温控装置。

控制温度的装置有多种，比如铂电阻做敏感元件的可控硅连续控温装置、电子放大器、可控硅电热器等。通常用温度计和测温毫伏计来显示温度的高低。

需要注意的是，汽化室温度高于样品的沸点，但不得过高，否则样品会分解。能使沸点最高的组分达到分离的前提下，尽量选择较低的温度。

温度控制可分为恒温控制和程序升温控制。恒温控制要求精度高，一般只允许有±0.1～±0.3 ℃的波动，温度梯度要小，控温室内各点的温度梯度不超过±0.5 $℃ \cdot cm^{-1}$；升降速度要快，以利于快速分析，保温性能要好。程序升温控制主要用于组分沸点范围很宽的混合物。所谓程序升温，是指在一个分析周期内，柱温随时间由低温向高温线性或非线性的变化，使沸点不同的组分在最佳柱温下流出，改善了分离效果，缩短了分析时间。

7）气相色谱法的分析流程

不同的色谱仪其基本工作流程也是相似的。氮气、氢气等由高压钢瓶供给，经减压阀后进入载气净化装置，除去其中的水分、氧气等杂质，然后经气流调节阀和转子流量计，载气以稳定和精确的流速连续流经压力表和流量计，以指示色谱柱前的载气压力和流速，然后通过汽化室进入色谱柱。待载气流量，汽化室、色谱柱、检测器的温度以及记录仪的基线稳定后，试样由进样器快速加入，液体试样在汽化室瞬间被汽化，并由载气带入色谱柱。色谱柱中的固定相对试样中不同组分的吸附能力或溶解能力是不同的，试样中各组分彼此分离，按照顺序流出色谱柱，然后各组分依次通过检测器，经检测后放空，检测器将物质的浓度或者质量转化为电信号，经放大器处理后到达数据处理系统，由数据处理装置通过一定的软件处理得到我们所需要的色谱图，也就是色谱流出曲线。拿到色谱图以后，我们就可以进行相应的分析，最终判定样品是否合格。

2.2 气相色谱仪常用检测器

气相色谱仪检测器

1）气相色谱检测器分类

气相色谱检测器根据响应原理的不同，可以分为浓度型检测器和质量型检测器两种。浓度型检测器测量的是载气中某组分瞬间浓度的变化，也就是说检测器的响应值和组分的瞬间浓度成正比，比如说热导检测器 TCD 和电子捕获检测器 ECD。而质量型检测器测量的是载气中某组分质量比率的变化，也就是说检测器的响应值和单位时间进入检测器的组分质量成正比，比如说我们常见的氢火焰离子化检测器 FID 和火焰光度检测器 FPD。

2）检测器性能指标

要衡量检测器的性能，主要看以下几种指标。

(1) 灵敏度 S。以进样量 Q(mg · mL^{-1}或 g · s^{-1})对响应信号 R 作图，就可以得到一条直线，直线的斜率就是检测器的灵敏度，即 1 mL 载气携带 1 mg 样品进入检测器所产生的响应信号(mV · mL · mg^{-1})，或者 1 s 内携带 1 g 样品进入检测器所产生的信号强度(mV · s/g)。

(2) 检测限 D。表示的是当峰高为 2 倍噪声时，单位体积载气中所含该组分的量或单位时间载气引入检测器中该组分的质量，$D=2N/S$。

(3) 线性范围。进入检测器组分量与其响应值保持线性关系，或是灵敏度保持恒定所覆盖的区域，以最大允许进样量与最小进样量的比值表示。

(4) 基线噪声 N 和漂移 d。在没有组分进入检测器的情况下，仅检测器本身及色谱条件波动使基线在短时间内发生起伏的信号称为噪声。基线在一定时间内产生的偏离，称为基线漂移，单位为 mV/h。

我们知道检测器的输出信号可由放大器放大，这样以提高灵敏度，那么是否将灵敏度放大到越高越好？答案是否定的，因为信号在放大过程中，噪声也被放大，有时候噪声甚至会掩盖信号。因此灵敏度和检测限一起作为衡量检测器敏感程度的指标。灵敏度越大，检测限越小，表示检测器性能越好。另外，检测限 D 所表达的意义是，组分产生的信号至少是噪声的两倍时，组分才可以定量。只有在检测器的线性范围内才能准确定量分析，因此我们希望检测器的线性范围越宽越好。基线噪声 N 与漂移 d，它们与检测器的稳定性、载气与辅助气的纯度和流速稳定性、柱温稳定性、固定液的流失等因素有关。良好的检测器其噪声与漂移都应该很小。

3）热导检测器 TCD

利用被测组分和载气的热导系数不同而响应的浓度型检测器，亦称为热导池。热导检测器实物如图 6-16 所示，图 6-17 是它的结构示意图。

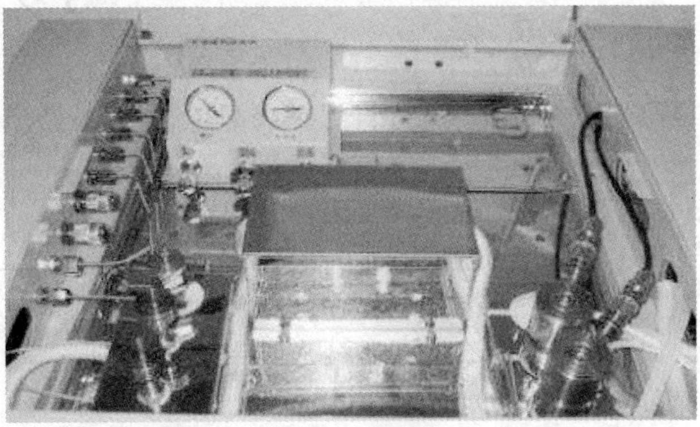

图 6-16　热导检测器的外形结构

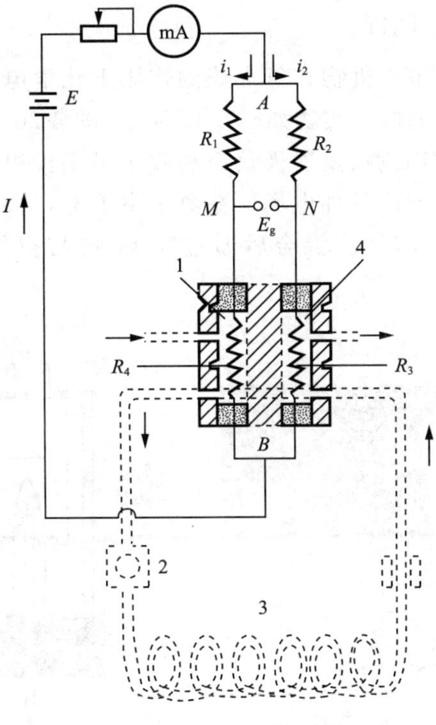

图 6-17　热导检测器 TCD 结构示意图

1—参考池；2—进样器；3—色谱柱；4—测量池

热导池由池体和热敏元件构成，热敏元件为金属丝，主要是钨丝或铂金丝。热导池池体中，只通纯载气的孔道为参比池，通载气与样品气的孔道为测量池。双臂热导池包括一个参比池和一个测量池。测量池接在色谱柱后，电阻为 R_1，参比池接在色谱柱前，电阻为 R_2。另外取两个等值电阻 R_3、R_4，将它们与热丝连接成惠斯登电桥，如图 6-18 所示。

热导检测器的工作原理基于不同气体具有不同的热导系数。以双臂热导池桥电路为例，进样前，两臂均通载气，$R_1=R_2$，$\frac{R_1}{R_2}=\frac{R_3}{R_4}$，桥电流等于 0，无信号输出，记录系统记录的是一条直线。进样后，测量池 R_1 通样品气体加载气，参比池 R_2 通载气时，R_1 与 R_2 产生差异，$R_1\neq R_2$，$\frac{R_1}{R_2}\neq\frac{R_3}{R_4}$，桥电流不等于 0，这时有微弱电流通过，检测器有电压信号输出，记录仪画出相应的色谱峰。

热导检测器使用注意事项：温度载气流速保持恒定；开桥电流之前先开载气，关桥电流之后再关载气；桥电流越高，灵敏度越高，但过高可能造成钨丝烧坏；检测池温度降低，灵敏度增加，池体温度不能低于分离柱温度；载气种类：热导率差值越大，灵敏度越高。

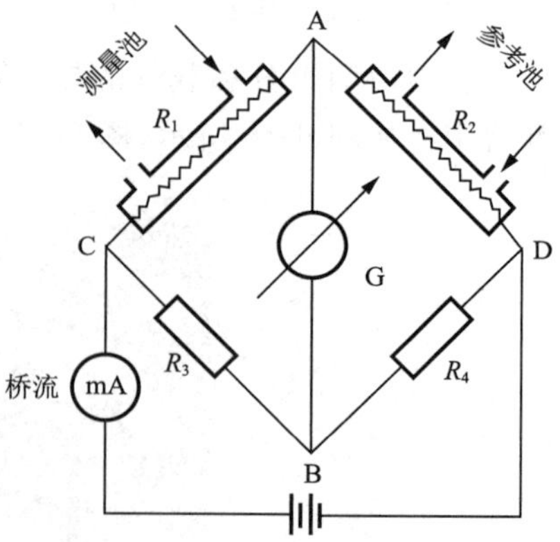

图 6-18　惠斯登电桥

热导检测器优点是通用性强，不破坏组分，结构简单，性能稳定，操作维护简单，价格便宜；缺点是灵敏度较低。

4）氢焰离子化检测器 FID

氢焰离子化检测器是利用有机物在氢火焰的作用下化学电离而形成离子流，借测离子流强度进行检测的质量型检测器。实物如图 6-19 所示，图 6-20 是它的结构示意图。氢焰离子化检测器由离子化室、火焰喷嘴、发射极负极和收集极阳极组成，收集极和发射极之间存在 150～300 V 的极化电压，形成外加电场。在离子室下部，被测组分被载气（一般用氮气）携带，从色谱柱流出，与燃气（氢气）混合后通过喷嘴，再与空气混合后点火燃烧，形成氢火焰。

图 6-19　氢焰离子化检测器外观

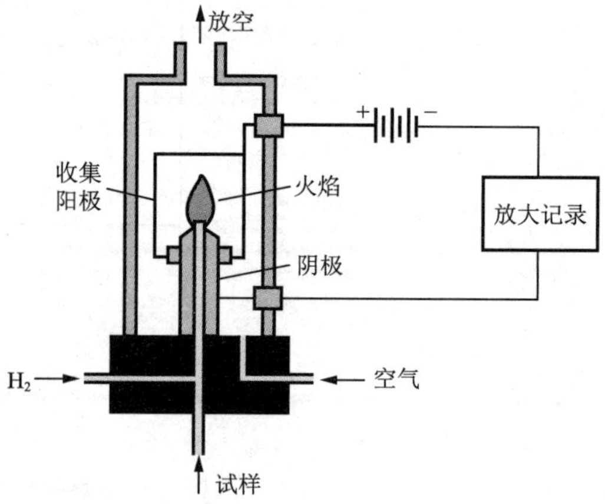

图 6-20　氢焰离子化检测器结构示意图

当仅有载气从柱后流出，进入检测器时，虽然载气氮气本身不会被电离，但载气中的有机杂质和流失的固定液在氢火焰中电离，生成正负离子和电子，在电场的作用下，正离子移向收集极阳极，负离子和电子移向发射极负极，它们会在电路中形成微电流，经放大器放大后，在记录仪上记录为一信号，称为基流。只要载气流速和柱温等条件不变，基流的大小也不会改变。实际过程中，总是希望基流越小越好，在电位器上加一个反向补偿电压，使流经输入电阻的基流将至零，这叫基流补偿。一般在进样前均要进行基流补偿。将记录器上的基线调至0，进样后，载气和分离后的组分一起从柱后流出，氢火焰中增加了组分被电离后产生的正负离子和电子，从而使电路中收集的微电流显著增大，此即该组分的信号。该信号的大小与进入火焰中组分的质量是成正比的，这便是FID的定量依据。

氢焰离子化检测器使用注意事项：

(1) 载气为氮气，燃气为氢气，助燃器为空气，$n(N_2):n(H_2):n$(空气)=1∶1∶1。

(2) 为了确保检测器正常工作，要求FID检测器温度必须在120 ℃以上。

(3) 极化电压的大小会直接影响检测器的灵敏度，正常操作时，极化电压为150～300 V。

(4) 圆筒状的收集极的采集效率最高，内径一般为0.2～0.6 mm，极之间为5～7 mm时，往往可以获得较高的灵敏度。

氢焰离子化检测器优点是灵敏度高，检出限低，线性范围宽，噪声小，死体积小，结构简单，性能稳定；缺点是检测时样品被破坏，只能测定含碳化合物。

任务3　基本技能

气相色谱定性和定性方法

3.1　气相色谱定性方法

用气相色谱法进行定性分析，就是确定每个色谱峰各代表何种物质。理论上，在色谱条件一定时，每种物质都有确定的保留值。通过比较已知物和未知物的保留值，我们就可以确定未知物是何种物质。但实际上，在同一色谱条件下，不同的物质也可能具有相似或相同的保留值，也就是说保留值并非专属的。因此对于一个完全未知的混合样品，单靠色谱法定性比较困难，还需与质谱法或其他光谱法联用，才能准确地判断某些组分是否存在。

1) 对照法

现以蔬菜中有机磷农药测定为例说明如何用对照法进行定性分析，根据行业标准——NY/T 761—2008《蔬菜和水果中有机磷、有机氯、拟除虫菊酯和氨基甲酸酯类农药多残留的测定》，其中提到，双柱测得样品溶液中未知组分的保留时间，分别与标准溶液在同一色谱柱上的保留时间相比较，如果样品溶液中某组分的两组保留时间与标准溶液中某一农药的两组保留时间相差都在±0.05 min内，则可以认定为同一农药。

图6-21(a)为混合标准溶液通过某一色谱柱得到的色谱图，图6-21(b)为未知样品通过同一色谱柱后得到的色谱图，我们可以看到未知样中，第一个峰的保留时间为0.751 min。与图6-21(a)比较发现，图6-21(a)第一个峰0.128 min超出了0.5 min的范围，因此不能对图6-21(b)中第一个峰定性；再看图6-21(b)第二个峰的保留时间为3.496 min，与图6-21(a)灭线磷的保留时间相同，因此我们可将图6-21(b)中第二个峰定性为灭线磷。以此类推，我们得出未知样品中可能含有的农药有灭线磷、毒死蜱和三唑磷。要想得到更为准确的结论，就需要将另一根色谱柱上得出的色谱图与之进行比较，因为有些不同的化合物会在某一固定液上表现出相同的色谱性质。如果另一根色谱柱上得出的色谱图也都与其相同，则可

比较准确地判断试样中有与标准试样相同的物质存在。

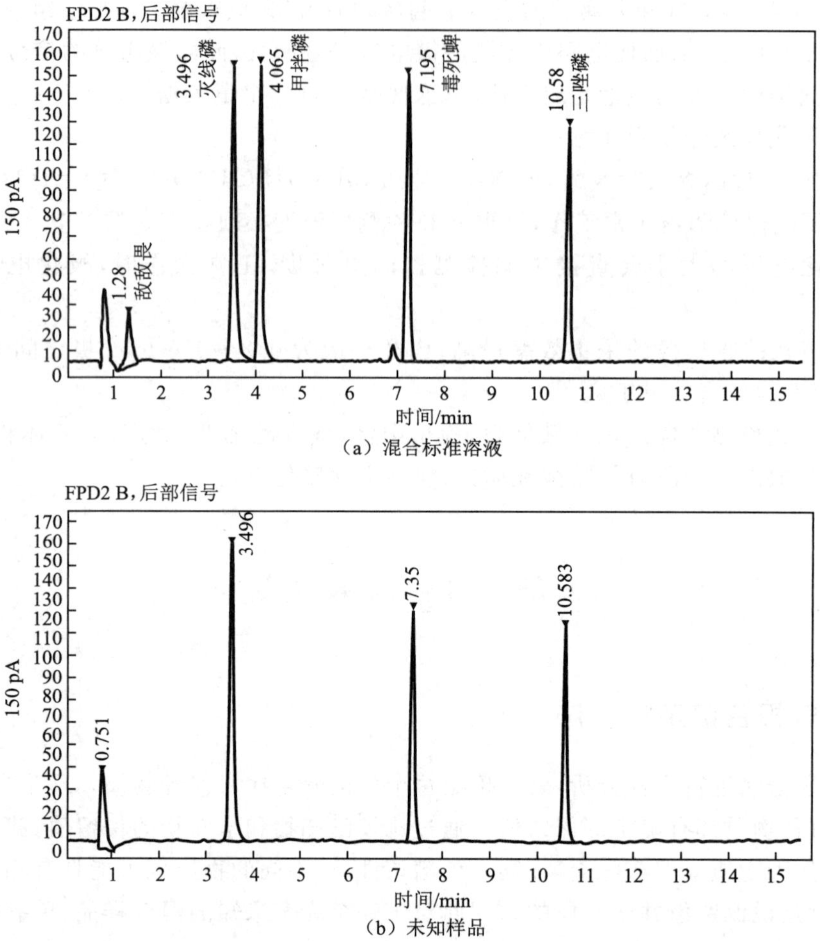

图 6-21

2) 峰高加入法

峰高加入法是将已知纯样加入待测组分再进行一次分析,然后与原来待测组分的色谱图进行比较,若前者的色谱峰增高,则可认为加入的已知纯物与试样中的某一组分为同一化合物。这里需要指出的是,当进样量很低时,如果峰不重合,或者峰中出现转折,或者半峰宽变宽,则一般可以肯定试样中不含有与已知纯样相同的化合物。

3) 文献值定性方法

(1) 相对保留值 r_{21}。相对保留值 r_{21} 仅与柱温和固定相性质有关,在色谱手册中都列有各种物质的保留值。相对保留值只受柱温和固定相性质的影响,而柱长、固定相的填充情况和载气流速均不影响相对保留值的大小,所以在柱温和固定相一定时,相对保留值为一定值,可以用它来定性。在色谱手册中都列有各种物质的保留值,我们可以通过查表进行定性分析。

(2) 保留指数 I。规定正构烷烃的保留指数为其碳数乘以 100(如正己烷的保留指数为 600),其他物质的保留指数则以正构烷烃为参比物进行测定。测定时,将碳数为 n 和 $n+1$

的正构烷烃加于试样 x 中进行分析，若测得它们的调整保留时间分别为$t'_{R(n)}$、$t'_{R(n+1)}$、$t'_{R(x)}$，且$t'_{R(n)}<t'_{R(x)}<t'_{R(n+1)}$时组分 x 的保留指数如下式所示，则用文献发表的保留指数判定色谱峰。

$$I_x=100\times\left[n+\frac{\lg t'_{R(x)}-\lg t'_{R(n)}}{\lg t'_{R(n+1)}-\lg t'_{R(n)}}\right]$$

4）联机定性

利用上述方法定性，若无对应标准物质，则无法进行，而且很多物质保留值十分接近甚至相同，因此定性结果的准确性是很难保证的。通常称为“四大谱”的质谱法、红外光谱法、紫外光谱法和核磁共振波谱法对于单一组分（纯物质）有机化合物具有很强的定性能力。将色谱分析与这些仪器联用，能很好地解决组成复杂的混合物的定性分析问题。

3.2　气相色谱定量方法

气相色谱定量方法

1）气相色谱定量依据

当操作条件一定时，所测组分的质量（或浓度）与它在检测器中产生的响应信号（峰高或峰面积）成正比，即：

$$m_i=f_iA_i \quad 或 \quad c_i=f_{i(h)}h_i$$

式中　A_i——峰面积；

h_i——峰高；

f_i，$f_{i(h)}$——校正因子。

峰面积的大小不易受操作条件如柱温、流动相的流速、进样速度等的影响，比峰高更适用于作为定量分析的依据。一般来说，质量型检测器常用峰面积定量，浓度型检测器常用峰高定量。

2）校正因子

绝对校正因子：表示单位峰面积或单位峰高所代表的物质的量。

$$f_i=\frac{m_i}{A_i} \quad 或 \quad f_{i(h)}=\frac{m_i}{h_i}$$

相对校正因子：组分 i 与另一标准物 s 的绝对校正因子之比。

$$f'_i=\frac{f_i}{f_s}=\frac{m_i\cdot A_s}{m_s\cdot A_i} \quad 或 \quad f'_{i(h)}=\frac{f_i}{f_s}=\frac{m_i\cdot h_s}{m_s\cdot h_i}$$

对于气相色谱分析，要想做定性或定量分析，就需要将其与标准物质进行比较，因此对绝对校正因子，我们引入一个相对校正因子，将组分 i 与另一标准物 s 的绝对校正因子做比值，得到的就是相对校正因子f'_i。上述校正因子组分的量均是以质量表示的，因此称为相对质量校正因子。通过公式推导，我们知道相对校正因子与待测物质的质量和峰面积或峰高有关，与标准物质的质量和峰面积或峰高有关。由于绝对校正因子很少采用，故一般文献上提到的校正因子，都是相对校正因子。相对校正因子只与检测器的类型有关，而与色谱操作条件、柱温、载气流速和固定液的性质等无关。对于校正因子，我们可以通过查找文献找出，或者自己测定。有了校正因子以后，就可以进行定量分析了。

3）归一化法

归一化法是以样品中被测组分经校正过的峰面积或峰高占样品中各组分经校正过的峰

面积或峰高的总和的比例来表示样品中各组分含量的定量方法。

$$
\begin{aligned}
w_i &= \frac{m_i}{m} \times 100\% \\
&= \frac{m_i}{m_1 + m_2 + \cdots + m_n} \times 100\% \\
&= \frac{f'_i \cdot A_i}{f'_1 \cdot A_1 + f'_2 \cdot A_2 + \cdots + f'_n \cdot A_n} \times 100\% \\
&= \frac{f'_i \cdot A_i}{\sum_{i=1}^{n} (f'_i \cdot A_i)} \times 100\%
\end{aligned}
$$

已知待测样品中含有很多组分，如果我们要测量其中某一组分的质量分数，那么应该如何求得？设试样中有 n 个组分，各组分的质量分别为 $m_1, m_2, \cdots, m_n$，在一定条件下测得各组分峰面积分别为 $A_1, A_2, \cdots, A_n$，则组分 i 的质量分数 w 可根据先前的公式求出。

只有当试样中所有组分经过色谱分离后，均能产生可以测量的色谱峰时，才能用归一化法定量，如果其中有某一组分未出峰，则计算分母的加和会引入误差，计算出的某一组分的质量分数不准确。使用归一化法的另外一个前提条件是已知所有的校正因子。归一化法的特点是简便、精确，进样量的多少与测定结果无关。操作条件，如流速、柱温的变化，对定量结果的影响较小，但它也有一个缺点，就是校正因子的测定比较麻烦。

若试样中各组分的相对校正因子很接近，例如同分异构体或同系物，那么就可以直接用峰面积归一化法进行定量，并且可以将公式简化，然后进行计算。

$$
w_i = \frac{A_i}{\sum A_i}
$$

另外采用色谱数据处理机或色谱工作站处理数据时，往往采用峰面积直接归一化法进行定量。对工厂出厂的产品，其主要成分含量大于99%的，可以直接使用简化的归一化法计算公式进行计算。但是这个方法不适用于痕量分析。

4）标准加入法

标准加入法是一种将待测组分的纯物质加入待测样品中，然后在相同的色谱条件下，分别测定加入待测组分纯物质前后待测组分的峰面积，从而计算待测组分在样品中的含量的方法。计算方法如公式：

$$
w_i = \frac{m_s}{m \times \left(\frac{A_{i+s}}{A_i} - 1\right)} \times 100\%
$$

式中 m——试样的质量，g；

m_s——标准物质的质量，g；

A_{i+s}——加入标准物质后待测组分的峰面积；

A_i——试样中待测组分的峰面积或峰高。

该方法的优点是用待测组分的纯物质做标准物质操作简单，若在样品的预处理之前就加入已知准确量的待测组分，则可以完全补偿待测组分在预处理过程中的损失。缺点是进样量要求十分准确，加入待测组分前后色谱操作条件要求完全相同。

5）外标法

外标法是以待测组分纯品为对照物，与试样中待测组分的响应信号相比较进行定量的方法，如标准曲线法。

测定原理为待测组分的质量与峰面积成正比，依据标准曲线方程，代入待测组分的峰面积，求出相应的待测组分的质量。

外标法的特点是准确性比较高，但是操作条件的变化对结果影响大，对进样量准确度的要求也很高。

6）内标法

将一定量选定的标准物（称内标物 s）加入一定量试样中，混合均匀后，在一定操作条件下注入色谱仪进行分析，出峰后分别测量组分和内标物的峰面积，按一定的计算公式计算待测组分的含量。

通用公式：

$$w_i=\frac{m_i}{m_{试样}}\times 100\%=\frac{m_i\cdot\dfrac{f'_i\cdot A_i}{f'_s\cdot A_s}}{m_{试样}}\times 100\%=\frac{m_S}{m_{试样}}\cdot\frac{A_i}{A_s}\cdot\frac{f'_i}{f'_s}\times 100\%$$

简化公式：

$$w_i=f'_i\cdot\frac{m_s\cdot A_i}{m_{试样}\cdot A_s}\times 100\%$$

内标物的选择非常重要，它直接影响结果的准确性，因此为保证检测结果的准确性，选择内标物的时候必须注意以下几点：一是内标物应为试样中不存在的纯物质；二是内标物的性质与被测组分性质比较接近；三是内标物不与试样发生化学反应；四是内标物很容易获取；五是内标峰位于被测组分峰附近并与组分相差不大。

内标法的优点是定量准确度高，不需要准确进样，可避免定量进样带来的某些不确定因素。但必须在所有样品中加入内标物。选择合适的内标物比较困难，每次分析都要准确称取样品和内标物，还必须求出待测组分的相对校正因子，故不利于快速分析。

3.3　气相色谱分离条件的选择

利用气相色谱进行定量分析时，我们的目标是在较短时间内实现试样中难分离的相邻两组分完全分离。先前我们讲过，只有分离度大于等于 1.5 时，才能获得较好的精密度和准确度。影响分离度的因素很多，例如载气种类、流速、色谱柱的选择、柱温、汽化温度、柱长、柱内径、进样时间和进样量等，其中载气、色谱柱和柱温的选择是主要考虑的三个因素。

气相色谱分离条件的选择原则

1）载气及其流速的选择

（1）载气种类的选择。载气种类的选择首先要考虑使用何种检测器。例如使用 TCD，选用氢气或氦气做载气，能提高灵敏度；使用 FID，则选用氮气做载气。然后考虑所选的载气要有利于提高柱效能和分析速度。例如选用摩尔质量大的载气（如 N_2）可以使 D_g 减小，提高柱效能。

（2）载气流速的选择。由速率理论方程式可以看出，分子扩散项与载气流速成反比，而传质阻力项与流速成正比，所以必然有一个最佳流速使板高 H 最小、柱效能最高。

最佳流速一般通过实验来选择。方法是：选择好色谱柱和柱温后，固定其他实验条件，依次改变载气流速，将一定量待测组分纯物质注入色谱仪。出峰后，分别测出在不同载气流速下，该组分的保留时间和峰底宽。分别计算出不同流速下的有效理论塔板数有效值，并由 $H=L/n$ 求出相应的有效塔板高度。以载气流速 u 为横坐标，以板高 H 为纵坐标，绘制出 H-u 曲线（如图 6-22）。

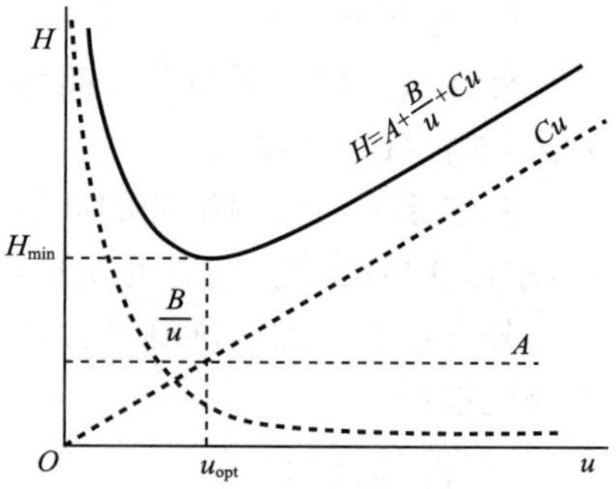

图 6-22　H-u 关系曲线

图中，曲线最低点处对应的塔板高度最小，因此它对应载气的最佳线速 $u_{最佳}$，在最佳线速下操作可获得最高柱效。相应的载气流速为最佳载气流速。使用最佳流速虽然柱效高，但分析速度慢，因此实际工作中，为了加快分析速度，同时又不明显增加塔板高度的情况下，一般采用比 $u_{最佳}$ 稍大的流速进行测定，一般是比最佳流速高 10%左右。对一般色谱柱（内径 3～4 mm），常用流速为 20～100 mL·min^{-1}。

2）气-固色谱柱的选择

气-固色谱所采用的固定相为固体，因此，气-固色谱柱的选择也就是固体固定相的选择。

固体固定相一般采用固体吸附剂，主要有强极性硅胶、中等极性氧化铝、非极性活性炭及特殊作用的分子筛，它们主要用于惰性气体和 H_2、O_2、N_2、CO、CH_4 等一般气体及低沸点有机化合物的分析。

固体吸附剂的优点是吸附容量大，热稳定性好，无流失现象，且价格便宜。其缺点是吸附等温线不成线性，进样量稍大就得不到对称峰，重现性差，柱效低，吸附活性中心易中毒等。由于在高温下常具有催化活性，因而不宜分析高沸点和有活性组分的试样。由于吸附剂的种类少，应用范围有限，吸附剂在使用前需要先进行活化处理，然后装入柱中制成填充柱再使用。

气-液色谱与气-固色谱的区别见表 6-1。

表 6-1　气-液色谱与气-固色谱的区别

气-液色谱	气-固色谱
分配系数小，保留时间短	比表面大，吸附容量大，吸附系数大，保留时间长
分配等温线的直线部分范围大，色谱峰对称	吸附等温线的直线部分范围小，色谱峰常常不对称
重现性好，固定液批与批之间差异小，保留值重现性好	吸附剂批与批之间差异大，保留值及分离性能不稳定
固定液一般无催化性	高温下一般吸附剂有催化性
可用于高沸点化合物的分离	一般情况下不适合于高沸点化合物的分离，适合于惰性气体和 H_2、O_2、N_2、CO、CO_2、CH_4 等一般气体及低沸点有机化合物的分析
品种多，选择余地大	品种少，选择余地不大
高温下易流失	热稳定性好，在较高的柱温下不易流失，制柱方便，价格便宜

3）气-液色谱柱的选择

气-液色谱填充柱中所用的填料是液体固定相。它是由惰性的固体支持物和其表面涂渍的高沸点有机物液膜所构成的。通常把惰性的固体支持物称为载体，把涂渍的高沸点有机物称为固定液。因此，气-液色谱柱的选择主要就是固定液和载体的选择。

（1）对固定液的要求如下。

① 固定液应是一种高沸点有机化合物，其蒸气压要低，挥发性要小，以免在操作柱温下发生流失而影响柱寿命（一般根据固定液沸点确定其最高使用温度）。

② 稳定性好，在操作柱温下不分解，并呈液态（一般根据固定液的凝固点决定其最低使用温度），其黏度较低，以保证固定液能均匀地分布在载体上，并减小液相传质阻力。

③ 溶解度大并且具有良好的选择性，这样才能根据各组分溶解度的差异，达到相互分离。

④ 化学稳定性好，在操作柱温度下，不能与载体以及待测组分发生不可逆的化学反应。

（2）常用固定液的分类。

在气-液色谱中所使用的固定液已达 1 000 多种，为了便于选择和使用，一般按固定液的“极性”大小进行分类。固定液极性是表示含有不同官能团的固定液，与分析组分中官能团及亚甲基间相互作用的能力。通常用相对极性（P）的大小来表示。这种表示方法规定：β，β′-氧二丙腈的相对极性 $P=100$，角鲨烷的相对极性 $P=0$，其他固定液以此为标准通过实验测出的相对极性均为 0～100。通常将相对极性值分为五级，每 20 个相对单位为一级，相对极性在 0～＋1 间的为非极性固定液（亦可用“－1”表示非极性），＋2 为弱极性固定液，＋3 为中等极性固定液，＋4、＋5 为强极性固定液。表 6-2 列出了一些常用固定液相对极性的数据、最高使用温度和主要分析对象等资料，供使用时选择和参考。

表 6-2　常用固定液的有关资料

固定液		最高使用温度/℃	常用溶剂	相对极性	分析对象
非极性	十八烷	室　温	乙　醚	0	低沸点碳氢化合物
	角鲨烷	140	乙　醚	0	C_8以前碳氢化合物
	阿匹松（L. M. N）	300	苯、氯仿	＋1	各类高沸点有机化合物
中等极性	硅橡胶（SE-30、E-301）	300	丁醇＋氯仿（1＋1）	＋1	各类高沸点有机化合物
	癸二酸二辛酯	120	甲醇、乙醚	＋2	烃、醇、醛酮、酸酯各类有机物
	邻苯二甲酸二壬酯	130	甲醇、乙醚	＋2	烃、醇、醛酮、酸酯各类有机物
	磷酸三苯酯	130	苯、氯仿、乙醚	＋3	芳烃、酚类异构物、卤化物
	苯乙腈	常　温	甲　醇	＋4	卤代烃、芳烃和 $AgNO_3$ 一起分离烷烯烃
	二甲基甲酰胺	20	氯　仿	＋4	低沸点碳氢化合物
	有机皂-34	200	甲　苯	＋4	芳烃，特别对二甲苯异构体有高选择性

续表 6-2

固定液		最高使用温度/℃	常用溶剂	相对极性	分析对象
氢键型	β,β'-氧二丙腈	<100	甲醇、丙酮	+5	分离低级烃、芳烃、含氧有机物
	甘　油	70	甲醇、乙醇	+4	醇和芳烃
	季戊四醇	150	氯仿+丁醇(1+1)	+4	醇、酯、芳烃
	聚乙二醇 400	100	乙醇、氯仿	+4	极性化合物:醇、酯、醛、腈、芳烃
	聚乙二醇 20M	250	乙醇、氯仿	+4	极性化合物:醇、酯、醛、腈、芳烃

近年来通过大量实验数据,利用电子计算机优选出最佳固定液,见表 6-3。这些固定液的特点是:在较宽的温度范围内稳定,并占据了固定液的全部极性范围。从中可以看出,实验室只需储存少量标准固定液,就可以满足大部分分析任务的需要。

表 6-3　最佳固定液的有关资料

固定液名称	型　号	相对极性	最高使用温度/℃	溶　剂	分析对象
角鲨烷	SQ	−1	150	乙醚、甲苯	气态烃、轻馏分液态烃
甲基硅油或 甲基硅橡胶	SE-30 OV-101	+1	350 200	氯仿、甲苯	各种高沸点化合物
苯基(10%)甲基聚硅氧烷	OV-3	+1	350	丙酮、苯	各种高沸点化合物,对芳香族和极性化合物保留值增大
苯基(25%)甲基聚硅氧烷	OV-7	+2	300	丙酮、苯	OV-17+QF-1 可分析含氯农药、含卤化合物、金属整合物、甾类
苯基(50%)甲基聚硅氧烷	OV-17	+2	300	丙酮、苯	
苯基(60%)甲基聚硅氧烷	OV-22	+2	300	丙酮、苯	
三氟丙基(50%)甲基聚硅氧烷	QF-1	+3	250	二氯甲烷	
	OV-210			氯　仿	
β-氰乙基(25%)甲基聚硅氧烷	XE-60	+3	275	二氯甲烷 氯　仿	苯酚、酚醚、芳胺、生物碱、甾类
聚乙二醇	PEG-20M	+4	225	丙酮、氯仿	选择性保留分离含 O、N 官能团及 O、N 杂环化合物
聚己二酸 二乙二醇酯	DEGA	+4	250	丙酮、氯仿	分离 $C_1 \sim C_{24}$ 脂肪酸甲酯,甲酚异构体
聚丁二酸 二乙二醇酯	DEGS	+4	220	丙酮、氯仿	分离饱和及不饱和脂肪酸酯,邻苯二甲酸酯异构体
1,2,3-三(2-氰乙氧基)丙烷	TCEP	+5	175	氯仿、甲醇	选择性保留低级含 O 化合物,伯、仲胺,不饱和烃,环烷烃等

(3) 固定液的选择。

选择固定液应根据不同的分析对象和分析要求进行。一般可以按照“相似相溶”原理进行选择,即按待分离组分的极性或化学结构与固定液相似的原则来选择,其一般规律如下。

① 分离非极性物质,一般选用非极性固定液。试样中各组分按沸点从低到高的顺序流出色谱柱。

② 分离极性物质,一般按极性强弱来选择相应极性的固定液。试样中各组分一般按极性从小到大的顺序流出色谱柱。

③ 分离非极性和极性混合物时,一般选用极性固定液。这时非极性组分先出峰,极性组分后出峰。

④ 能形成氢键的试样,如醇、酚、胺和水的分离,一般选用氢键型固定液。此时试样中各组分按与固定液分子间形成氢键能力大小的顺序流出色谱柱。

⑤ 对于复杂组分,一般可选用两种或两种以上的固定液配合使用,以增加分离效果。

⑥ 对于含有异构体的试样(主要是含有芳香型异构部分),一般应选用特殊保留作用的有机皂土或液晶做固定液。

上面几点是选择固定液的大致原则。由于色谱柱中的作用比较复杂,因此合适的固定液还必须通过实验进行选择。

(4) 载体。

载体也称作担体,它的作用是提供一个具有较大表面积的惰性表面,使固定液能在它的表面上形成一层薄而均匀的液膜。由于载体结构和表面性质会直接影响柱的分离效果,因此在气-液色谱中,要求载体表面应是化学惰性的,即无吸附性、无催化性,且热稳定性好。为了能涂布更多的固定液又不增加液膜厚度,要求载体比表面积大,孔径分布均匀,另外还要求载体机械强度好,不易破碎。

① 载体的种类。常用的载体大致可分为无机载体和有机聚合物载体两大类。前者应用较为普遍的主要有硅藻土型载体和玻璃微球载体,后者主要包括含氟载体以及其他各种聚合物载体。

a. 硅藻土型。硅藻土型载体使用的历史最长,应用也最普遍。这类载体绝大部分是以硅藻土为原料,加入木屑及少量黏合剂,加热煅烧制成的。一般分为红色硅藻土载体和白色硅藻土载体两种。这两种载体的化学组成基本相同,内部结构相似,都是以硅、铝氧化物为主体,以水合无定形氧化硅和少量金属氧化物杂质为骨架的。但是它们的表面结构差别很大,红色硅藻土载体和硅藻土原来的细孔结构一样,表面孔隙密集,孔径较小,表面积大,能负荷较多的固定液。由于结构紧密,所以机械强度较好。常见的红色硅藻土载体有国产的6201 载体及国外的 C-22 火砖和 Chromosorb P 等。白色硅藻土载体在烧结过程中破坏了大部分细孔结构,变成了较多松散的烧结物,所以孔径比较大,表面积小,能负荷的固定液少,机械强度不如红色硅藻土载体。但是和红色硅藻土载体相比,它的表面吸附作用和催化作用比较小,能用于高温分析,应用于极性组分分析时,易于获得对称峰。常见的白色硅藻土载体有国产的 101 白色载体、405 白色载体,国外的 Celite 和 Chromosorb W 载体等。

b. 玻璃微球。玻璃微球是一种有规则的颗粒小球。它具有很小的表面积,通常把它看作非孔性、表面惰性的载体。为了得到较为理想的表面特性,增大表面积,使用时往往在玻璃微球上涂覆一层固体粉末,如硅藻土、氧化铁、氧化铝等。也可以用含铝量较高的碱石灰玻璃制成蜂窝状结构的低密度微球，或者用硅酸钠玻璃制成表面具有纹理的微球，或者用酸、碱腐蚀法制成表面惰性、多孔性的微球等。这类载体的主要优点是能在较低的柱温下分析高沸点物质，使某些热稳定性差但选择性好的固定液获得应用。缺点是柱负荷量小，只能用于涂渍低配比固定液，而且柱寿命较短。国产的各种筛目的多孔玻璃微球载体性能很好，可供选择使用。

c. 氟载体。这类载体的特点是吸附性小，耐腐蚀性强，适合于强极性物质和腐蚀性气体的分析。缺点是表面积较小，机械强度低，对极性固定液的浸润性差，涂渍固定液的量一般不超过5%。这类载体主要有两种，常用的一种是聚四氟乙烯载体，通常可以在200 ℃的柱温下使用，主要产品有国外的Teflon、Chromosorb T、Hablopart F等；另一种是聚三氟氯乙烯载体，与前者相比，它的颗粒比较坚硬，易于填充操作，但表面惰性和热稳定性较差，使用温度不能超过160 ℃，其主要产品有国外的Ekatlurin、Daiflon kelf300和Halopart K等。

② 载体的预处理。载体主要起承担固定液的作用，它表面应是化学惰性的，但实际中的载体总是呈现出不同程度的催化活性，特别是当固定液的液膜厚度较小、分离极性物质时，载体对组分有明显的吸附作用，造成色谱峰严重不对称，所以载体在使用前必须先经过处理，具体方法如下。

a. 酸洗法。用6 $mol \cdot L^{-1}$盐酸浸泡载体2 h，然后用水洗至呈中性，于110 ℃烘箱中烘干备用。酸洗可除去载体表面的铁等金属氧化物杂质。酸洗后的载体可用于分析酸性物和酯类样品。

b. 碱洗法。将酸洗后的载体放在100 $g \cdot L^{-1}$的NaOH甲醇溶液中浸泡后过滤，再用甲醇和水洗至中性，在110 ℃烘箱中烘干备用。碱洗可以除去载体表面的Al_2O_3等酸性作用点。碱洗后载体可用于分析胺类碱性物质。

c. 硅烷化处理。硅烷化处理是指利用硅烷化试剂处理载体，使载体表面的硅醇和硅醚基团失去氢键力，因而纯化了表面，消除了色谱峰拖尾现象。常用的硅烷化试剂有三甲基氯硅烷、二甲基二氯硅烷和六甲基二硅胺等。硅烷化处理后的载体只适于涂渍非极性及弱极性固定液，而且只能在低于270 ℃的柱温下使用。

d. 釉化处理。将待处理的载体在20 $g \cdot L^{-1}$的硼砂水溶液中浸泡48 h，搅拌数次后，吸滤，并于120 ℃烘干，再在860 ℃高温下灼烧70 min，在950 ℃下保持30 min，最后用开水煮沸20～30 min，过滤烘干，过筛备用。处理过的载体吸附性能低，强度大，可用于分析强极性物质(对一般极性和非极性样品，可不必用此法处理)。

除以上介绍的几种常用的处理方法外，还有物理钝化处理、涂减尾剂等方法，相关知识可查阅有关专著。

目前，市售载体有的已经处理过，过筛，用蒸馏水漂洗除去粉末(已硅烷化的载体应用无水乙醇漂洗)后即可使用(常选用60～80目或80～100目)，涂渍前将载体放在105 ℃烘箱中烘4～6 h，除去吸附在载体表面的水蒸气等。

③ 载体的选择。选择合适的载体能提高柱效，有利于混合物的分离。选择载体的大致原则如下。

a. 如果液载比较小，可选用比表面积小的载体。例如，若液载比大于5%，则可选用硅藻土类单体；若液载比小于5%，则应选用处理过的硅胶土类载体；若液载比低至0.05%～3%，则可选用比表面积很小的玻璃微球等载体。

b. 腐蚀性样品可选氟载体、石英微球等。

c. 对强极性和高沸点的组分，应选用比表面积较小的载体，如玻璃微球、石英微球。

d. 载体粒度一般选用 60～80 目或 80～100 目；高效柱可选用 100～120 目。

表 6-4 列出了根据被测组分极性而选择的合适的载体。

表 6-4　载体选择参考表

固定液的相对极性	样品的相对极性	硅藻土载体预处理方式	备　注
非极性	非极性	未经处理过的载体	
非极性	极　性	酸、碱洗或经硅烷化处理过的载体	当样品为酸性时，最好用酸洗载体；当样品为碱性时，用碱洗载体
极性或非极性，固定液含量（质量分数）小于 5%时	极性及非极性	硅烷化载体	
弱极性	极性及非极性	酸洗载体	
弱极性，固定液含量（质量分数）小于 5%	极性及非极性	硅烷化载体	
极　性	极性及非极性	酸洗载体	
极　性	化学稳定性低	硅烷化载体	对化学活性和极性特强的样品，可选用聚四氟乙烯等特殊载体

(5) 合成固定相。

高分子多孔小球。高分子多孔小球(GDX)是以苯乙烯等为单体与交联剂二乙烯基苯交联共聚的小球，从化学性质上可分为极性和非极性两种。这种聚合物在有些方面具有类似吸附剂的性能，而在另外一些方面又显示出固定液的性能。高分子多孔小球作为固定相，主要具有吸附活性低、对含羟基的化合物具有相对低的亲和力、可选择的范围大等优点。

高分子多孔小球本身既可以作为吸附剂在气-固色谱中直接使用，又可以作为载体涂上固定液后使用，在烷烃、芳烃、卤代烷、醇、酮、醛、醚、酯、酸、胺、腈以及各种气体的气相色谱分析中已得到广泛应用。高分子多孔小球在交联共聚过程中，使用不同的单体或不同的共聚条件，可获得不同分离效能、不同极性的产品。

化学键合固定相，又称化学键合多孔微球固定相。这是一种以表面孔径度可人为控制的球形多孔硅胶为基质，利用化学反应方法把固定液键合于载体表面上制成的键合固定相。这种键合固定相大致可以分为硅氧烷型、硅脂型以及硅碳型三种。

与载体涂渍固定液制成的固定相比较，化学键合固定相主要有以下优点：具有良好的热稳定性；适合于做快速分析；对极性组分和非极性组分都能获得对称峰；耐溶剂。化学键合固定相在气相色谱中常用于分析 C_1～C_3 烷烃、烯烃、炔烃、CO_2、卤代烃及有机含氧化合物等。国产商品主要有上海试剂一厂的 500 硅胶系列与天津试剂二厂的 HDG 系列，国外的品种主要有美国 Waters 公司生产的 Durapak 系列。

(6) 气-液色谱柱的制备。

色谱柱分离效能的高低，不仅与选择的固定液和载体有关，还与固定液的涂渍和色谱柱的填充情况有密切的关系。因此，色谱柱的制备是色相气谱法的重要操作技术之一。

气-液色谱填充柱的制备过程主要包括三个步骤：柱管的选择与清洗、固定液的涂渍、色谱柱的装填和色谱柱的老化。

① 色谱柱柱管的选择与清洗。

a. 色谱柱柱形、柱内径、柱长度的选择。色谱柱柱形、柱内径、柱长度都会影响柱的分离效果，一般直形优于U形、螺旋形，但后者体积小，为一般仪器常用。柱的内径大小要合适，内径太大，柱的分离效果不好；内径太小，容易造成填充困难和柱压降增大，给操作带来麻烦。所以一般选用内径3～4 mm。柱子长，分离效果好，但柱子的压降增大，保留时间长，甚至会出现扁平峰，使分离效果下降。因此，选择柱长的原则是：在使最难分离的物质对得以分离的情况下，尽量选择短柱。通常使用1～2 m长的不锈钢柱子。

b. 柱管的试漏与清洗方法。在选定色谱柱后，需要对柱子进行试漏清洗。试漏的方法是将柱子一端堵住，全部浸入水中，另一端通入气体，在高于使用时操作压力下，不应有气泡冒出，否则应更换柱子。柱子的清洗方法应根据柱的材料来选择。若使用的是不锈钢柱，则可以用50～100 $g \cdot L^{-1}$的热 NaOH 水溶液抽洗4～5次，以除去管内壁的油渍和污物，然后用自来水冲洗至中性，烘干后备用。若使用的是玻璃柱，则可注入洗涤剂浸泡洗涤两次，然后用自来水冲洗至中性。再用蒸馏水洗两次（洗净的玻璃柱内壁不应挂有水珠），在110 ℃烘箱中烘干后使用。对于铜柱，则需要使用$w_{HCl}=10\%$的盐酸浸泡，抽洗，直至抽吸液中没有铜锈或其他浮杂物为止，再用自来水冲洗至中性，烘干备用。对经常使用的柱管，在更换固定相时，只要倒出原来装填的固定相，用水清洗后，再用丙酮、乙醚等有机溶剂冲洗2～3次，最后烘干，即可重新装填新的固定相。

② 固定液的涂渍。

a. 固定液用量的选择。固定液的用量要视载体的性质及其他情况而定。通常将固定液与载体的质量比称为液载比。液载比的大小会直接影响载体表面固定液液膜的厚度，因而也影响柱的分离效果。理论和实践都证明，液载比低，可以提高柱的分离效果。但液载比不能太低，如果载体表面不能全部被固定液覆盖，则载体会出现吸附现象，出现峰的拖尾。因此，固定液不是越少越好，若用量太小，则柱的容量也小，进样量也就要减小。一般常用的液载比为5%～30%。

b. 固定液的涂渍。固定液的涂渍是一项重要的基本操作，它要求固定液能均匀地涂敷在载体表面，形成一层牢固的液膜。其方法如下：在确定液载比后，先根据柱的容量，称取一定量的固定液和载体分别置于两个干燥烧杯中，然后在固定液中加入适当的低沸点有机溶剂（所用的溶剂应能够与固定液完全互溶，并易挥发，常用的溶剂有乙醚、甲醇、丙酮、苯、氯仿等）。溶剂用量应刚好能浸没所称取的载体，待固定液完全溶解后，倒入一定量经预处理和筛分过的载体，在通风橱中轻轻晃动烧杯，让溶剂均匀挥发，以保证固定液在载体表面上均匀分布。然后在通风橱中或红外灯下除去溶剂，待溶剂挥发完全后，过筛。除去细粉，即可准备装柱。

对于一些溶解性差的固定液，如硬脂酸盐类、氟橡胶、山梨醇等，则需要采用回流法涂渍。

③ 色谱柱的装填。

将已洗净烘干的色谱柱的一端塞上玻璃棉，包以纱布，接入真空泵；在柱的另一端放置一个专用的小漏斗，在不断抽气下，通过小漏斗加入涂渍好的固定相。在装填时，应不断轻敲柱管，使固定相填得均匀紧密，直至填满。取下柱管，将色谱柱入口端塞上玻璃棉，并标上记号。

为了制备性能良好的填充柱，在操作中应遵循以下几条原则：第一，尽可能筛选粒度分布均匀的载体和固定相；第二，保证固定液在载体表面涂渍均匀；第三，保证固定相在色谱柱内填充均匀；第四，避免载体颗粒破碎和固定液的氧化作用等。

④ 色谱柱的老化。

新装填好的柱不能马上用于测定，需要先进行老化处理。色谱柱老化的目的有两个：一是彻底除去固定相中残存的溶剂和某些易挥发性杂质；二是促使固定液更均匀、更牢固地涂布在载体表面上。

老化方法是：将色谱柱接入色谱仪气路中，将色谱柱的出气口（接真空泵的一端）直接通大气，不要接检测器，以免色谱柱中逸出的挥发物污染检测器。开启载气，在稍高于操作柱温下（老化温度可选择为实际操作温度以上 30 ℃），以较低流速连续通入载气一段时间（老化时间因载体和固定液的种类及质量而异，2～72 h 不等）。然后将色谱柱出口端接至检测器上，开启记录仪，继续老化。待基线平直、稳定、无干扰峰时，说明色谱柱的老化工作已完成，可以进样分析。

4）柱温的选择

柱温是气相色谱的重要操作条件，柱温直接影响色谱柱的使用寿命、柱的选择性、柱效能和分析速度。柱温低有利于分配，有利于组分的分离；但柱温过低，被测组分可能在柱中冷凝，或者传质阻力增加，使色谱峰扩张，甚至拖尾。柱温高，虽有利于传质，但分配系数变小，不利于分离。一般通过实验选择最佳柱温。原则是：使物质既分离完全，又不使峰形扩张、拖尾。柱温一般选各组分沸点平均温度或稍低些。表 6-5 列出了各类组分适宜的柱温和固定液配比，以供选择参考。

表 6-5 柱温的选择

样品沸点/℃	固定液配比/%	柱温/℃
＜100	15～25	室温或低于 50
100～200	10～15	100～150
200～300	5～10	150～200
300～400	＜3	200～250

当被测组分的沸点范围很宽时，用同一柱温往往造成低沸点组分分离不好，而高沸点组分峰形扁平，此时采用程序升温的办法就能使高沸点及低沸点组分都能获得满意的结果。在选择柱温时，还必须注意柱温不能高于固定液最高使用温度，否则会造成固定液大量挥发流失；同时，柱温至少必须高于固定液的熔点，这样才能使固定液有效地发挥作用。

5）汽化室温度的选择

合适的汽化室温度既能保证样品迅速且完全汽化，又不引起样品分解。一般汽化室温度比柱温高 30～70 ℃，或比样品组分中最高沸点高 30～50 ℃，就可以满足分析要求。温度是否合适，可通过实验来检查。检查方法是：重复进样时，若出峰数目变化，重现性差，则说明汽化室温度过高；若峰形不规则，出现平头峰或宽峰，则说明汽化室温度太低；若峰形正常，峰数不变，峰形重现性好，则说明汽化室温度合适。

6）进样量与进样技术

（1）进样量。在进行气相色谱分析时，进样量要适当。若进样量过大，则所得到的色谱峰峰形不对称程度增加，峰变宽，分离度变小，保留值发生变化，峰高、峰面积与进样量不成线性关系，无法定量。若进样量太小，则又会因检测器灵敏度不够，不能检出。色谱柱最大允许进样量可以通过实验确定。方法是：其他实验条件不变，仅逐渐加大进样量，直至所出峰的半峰宽变宽或保留值改变，此时进样量就是最大允许进样量。对于内径为 3～4 mm、柱长为 2 m、固定液用量为 15%～20%的色谱柱，液体进样量为 0.1～10 μL；检测器为 FID 时，进样量应小于 1 μL。

(2) 进样技术。进样时，要求速度快，这样可以使样品在汽化室汽化后随载气以浓缩状态进入柱内，而不被载气所稀释，因而峰的原始宽度就窄，有利于分离。反之，若进样缓慢，样品汽化后被载气稀释，使峰形变宽，并且不对称，既不利于分离，又不利于定量。为了保证好的分离结果，为了使分析结果有较好的重现性，在直接进样时要注意以下操作要点。

① 用注射器取样时，应先用丙酮或乙醚抽洗 5～6 次后，再用被测试液抽洗 5～6 次，然后缓缓抽取一定量试液（稍多于需要量）。此时若有空气带入注射器内，应先排除气泡后，再排去过量的试液，并用滤纸或擦镜纸吸去针杆处所沾的试液（千万勿吸去针头内的试液）。

② 取样后就立即进样。进样时要求注射器垂直于进样口，左手扶着针头防弯曲，右手拿注射器迅速刺穿硅橡胶垫，平稳、敏捷地推进针筒（针头尖尽可能刺深一些，且深度一定，针头不能碰着汽化室内壁），用右手食指平稳、轻巧、迅速地将样品注入，完成后立即拔出。

③ 进样时要求操作稳当、连贯、迅速。进针位置及速度、针尖停留和拔出速度都会影响进样的重现性。一般进样相对误差为 2%～5%。

7) 气相色谱实训室要求

(1) 环境温度应为 5～35 ℃，相对湿度小于 85%。

(2) 室内应无腐蚀性气体，离仪器及气瓶 3 m 以内不得有电炉和火种。

(3) 室内不应有足以影响放大器和记录仪（或色谱工作站）正常工作的强磁场和放射源。

(4) 电网电源应为 220 V（进口仪器必须根据说明书的要求提供合适的电压），电源电压的变化应在 5%～10%内，电网电压的瞬间波动不得超过 5 V。电频率的变化不得超过 50 Hz 的 1%（进口仪器必须根据说明书的要求提供合适的电频率）。采用稳压器时，其功率必须大于使用功率的 1.5 倍。

(5) 仪器应平放在稳定可靠的工作台上，周围不得有强震动源及放射源，工作台应有 1 m 以上的空间位置。

(6) 有的气相色谱仪要求有良好的接地，接地电阻必须满足说明书的要求。

(7) 气源采用气瓶时，气瓶不宜放在室内，放室外必须防太阳直射和雨淋。

8) 气相色谱仪的维护

(1) 色谱气源必须采用高纯气体，严禁采用任何塑料管道输气，进入仪器前要加具变色分子筛的净化系统，对载气还应串接脱氧管，不同种可燃气体不能放置于同一气源室内。

(2) 任何采用钢瓶供气作为气源，使用的最低气压不得小于 1 MPa。必须及时更换，换瓶时逆时针方向松开减压器支头螺丝，顺时针关闭瓶头，拆下钢瓶减压器，换上同种满瓶气，开启瓶头，顺时针旋进支头螺丝至所需压力。必须特别提醒，在每次打开钢瓶瓶头时，首先必须检查支头螺丝是否松开（逆时针旋转为松开）。只有在确认支头螺丝是松开的状态下，方能打开瓶头，否则钢瓶减压器在打开瓶头时，高压打在低压调节器上，一次即可把减压器击坏。凡遇以上情况，皆做责任事故处理。

(3) 色谱操作人员必须经过专业培训，没有取得上岗证或资格证书不得单独操作。

(4) 使用 TCD 检测器时，应先开载气，并确认整个系统无泄漏情况下再把汽化室、检测室温度升至所需值，然后开启桥路电流。关机时则先关桥路电流，再降温，最后关闭载气。当使用氢做载气时，应用管道把放空气接至室外。

(5) 使用 FID 检测器时，开启载气，把检测器温度升至所需值，点火，然后把汽化室、柱箱温度升至所需值，关机时先关闭氢气、空气，熄火，然后降温至 60 ℃，停载气。

(6) 色谱柱的老化。新柱或长期不用的柱子需老化以去除挥发性的污染物。做法：柱子的一端接在近样器上，与检测器连接的一端拆下来，用螺帽盖好检测器入口，通入载气，设定炉温 100 ℃约 1 h，然后逐渐升温至比使用温度高约 25 ℃（切勿超过柱子的极限最高温度），保持 12～24 h。毛细柱时间可短一些。

(7) 进样器隔垫的使用寿命取决于使用次数和针头质量，一般每天换一次隔垫。

(8) 进样器衬套、内衬管，检测器喷嘴被污染时，要用合适的溶剂清洗。

(9) 当 TCD 检测器开着时，如果没开或中断气流，则灯丝会永久性损坏。每当改变条件影响到通过检测器的气流时，检测器一定要关着。

(10) 用氢气做燃料的检测器(FID、FPD、NPD)，一旦氢气接入仪器，进样口接头就必须始终接一根色谱柱或一个帽，否则氢气会流进加热室引起爆炸事故。

(11) 当用 FID、FPD、NPD 时，检测器温度一定要高于 100 ℃，以免积水。

(12) 所用气体需经净化器（内装变色硅胶、分子筛等）过滤以除去水分、氧气等杂质。

(13) 检测器温度应在柱温以上，以防样品或流失的固定液冷却在检测器里。

(14) 每次完成测试后，进几针溶剂清洗柱子。

(15) 更换毛细管色谱柱时，当毛细管穿过石墨垫时头应向下，穿过以后用毛细管割刀切去 2～3 cm，应严格按仪器说明书规定插入汽化室、检测室的距离。用手旋上毛细管固定螺帽呈水平状至紧，用小扳手顺时针旋转 1/4 圈，检查不漏气即可，千万不要扳得过紧。

(16) 如果色谱柱长期不用，则可拆下色谱柱，填充柱可用螺帽封住两端，毛细管柱端插入废旧进样垫中密封。

(17) 分析样品瓶和进样注射器必须放在专用区域，严禁放在仪器顶部或实验台上。

(18) 仪器要定时保养、专人负责，保持仪器及操作台的干净整洁，每隔一段时间要检查汽化室、检测室的衬管状况，如已污染，则应更换汽化室石英衬管，保持其清洁。

(19) 若仪器出现故障，则应及时报告专业维修单位或专职维修人员。

(20) 仪器室内严禁吸烟或进行任何无关明火操作。仪器室内应配备二氧化碳灭火器，分析人员应能正确操作使用灭火器。

任务 4　工作任务

蔬菜中有机磷类农药的检测

1) 测定依据

本次实验的依据为 NY/T 761—2008《蔬菜和水果中有机磷、有机氯、拟除虫菊酯和氨基甲酸酯类农药多残留的测定》。

2）实验目的

（1）了解前处理的操作要点。

（2）了解气相色谱仪的主要构造及使用方法。

（3）了解色谱工作站的应用。

3）实验原理

试样中有机磷农药经乙腈提取、浓缩后，用丙酮定容，用双自动进样器同时注入气相色谱仪的两个进样口，农药组分经不同极性的两根毛细管柱分离，用火焰光度检测器（FPD 磷滤光片）检测。用双柱的保留时间定性，外标法定量。

4）仪器与试剂

（1）仪器。

气相色谱仪、双火焰光度检测器（FPD 磷滤光片）、双自动进样器、双分流/不分流进样口，分析实验室常用仪器设备，食品加工器，旋涡混合器，匀浆机，氮吹仪。

（2）试剂。

除非另有说明，在分析中仅使用确认为分析纯的试剂和 GB/T 6682 中规定的一级水或二级水。

乙腈、丙酮（重蒸）、氯化钠（140 ℃烘烤 4 h）、滤膜（0.2 μm，有机溶剂膜）、铝箔、农药标准溶液。

5）分析步骤

（1）试样制备。

两根黄瓜去皮，切小块，放入搅拌机中，打浆制成待测样，放入烧杯中备用。

（2）提取。

准确称取 10.00 g±0.1 g 黄瓜匀浆于 50 mL 离心管中，加入标液，用 20 mL 胖肚移液管准确移入 20 mL 乙腈，于旋涡振荡器上混匀 2 min 后，用滤纸过滤，滤液收集到装有 2～3 g 氯化钠的 50 mL 具塞量筒中，收集滤液 20 mL 左右，盖上塞子，剧烈震荡 1 min，在室温下静置 30 min，使乙腈相和水相完全分层。

（3）净化。

用 5 mL 移液管从具塞量筒中准确移取 4 mL 乙腈相溶液于 10 mL 刻度试管中，将其置于氮吹仪中，温度设为 75 ℃，缓缓通入氮气，蒸发近干，用 2 mL 移液管准确移入 2 mL 丙酮，在旋涡混合器上混匀，用 0.2 μm 滤膜过滤后，分别移入自动进样器进样瓶中，做好标记，供色谱测定。

（4）测定。

① 仪器型号：安捷伦 7890 气相色谱仪配 FPD 检测器。

② 色谱柱：HP-530 m×320 μm×0.25 μm。

③ 温度：进样口 220 ℃，检测器 250 ℃。

④ 柱温：150 ℃保持 2 min，以 7 ℃ · min^{-1}升至 250 ℃，保持 1 min。

⑤ 气体及流量。

载气：氮气，流速为 6.5 mL · min^{-1}；

燃气：氢气，流速为 60 $mL \cdot min^{-1}$；

助燃气：空气，流速为 60 $mL \cdot min^{-1}$。

⑥ 进样方式：不分流进样。

(5) 色谱分析。

由自动进样器吸取 1.0 μL 标准混合溶液和净化后的样品溶液注入色谱仪中，以保留时间定性，如果样品溶液中某组分的保留时间与标准溶液中某一农药的保留时间相差在±0.1 min 内，则可认定该组分为该农药。

以获得的样品溶液峰面积与标准溶液峰面积比较来定量。

① 质量分数。试样中被测农药质量含量以 X_i 表示，单位为毫克每千克($mg \cdot kg^{-1}$)，按下式计算：

$$X_i=\frac{V_1 \cdot A \cdot V_3}{V_2 \cdot A_s \cdot m}\times\rho$$

式中 ρ——标准溶液中农药的质量浓度，$mg \cdot L^{-1}$；

A——样品溶液中被测农药的峰面积；

A_s——农药标准溶液中被测农药的峰面积；

V_1——提取溶剂总体积，mL；

V_2——吸取出用于检测的提取溶液的体积，mL；

V_3——样品溶液定容体积，mL；

m——试样的质量，g。

② 回收率计算。

每种农药，根据三个加标试样的农药测定质量，分别计算出一个回收率，再算出回收率平均值。回收率根据下式计算：

$$P=\frac{M-M_0}{M_s}\times 100\%$$

式中 P——加标回收率，%；

M——样品溶液农药的质量，mg；

M_0——空白样中农药的质量，mg；

M_s——加入标准农药的质量，mg。

③ 加标样 RSD 计算。

每种农药，根据三个加标试样质量含量测定值，计算出一个 RSD。

RSD 根据下式计算：

$$\mathrm{RSD}=\frac{\sqrt{\frac{\sum_{i=1}^{n}(x_i-\overline{x})^2}{n-1}}}{\overline{x}}\times 100\%$$

式中 $\overline{x}$——三个平行加标试样中农药质量含量平均值，$mg \cdot kg^{-1}$；

n——平行样品个数，3；

x_i——每个平行样品。

习 题

一、单选题

1. 在色谱法中,(　　)是定量分析的依据。

A. 拖尾因子　　B. 保留时间　　C. 峰面积　　D. 分离度

2. 气相色谱检测器中,几乎对所有物质都有响应的是(　　)。

A. 氢焰离子化检测器(FID)　　B. 热导检测器(TCD)

C. 电子捕获检测器(ECD)　　D. 火焰光度检测器(FPD)

E. 氮磷检测器(NPD)　　F. 质谱检测器(MS)

3. 气相色谱仪中,高灵敏度且通用,不仅可以测含量还可用于结构确证的检测器是(　　)。

A. 氢焰离子化检测器(FID)　　B. 热导检测器(TCD)

C. 电子捕获检测器(ECD)　　D. 质谱检测器(MS)

4. 气相色谱法中,溶液直接进样体积一般不超过(　　)。

A. 0.1 μL　　B. 1 μL　　C. 4 μL　　D. 10 μL

5. 气相色谱检测器中,对含磷、含硫化合物有高选择性、高灵敏度的是(　　)。

A. 氢焰离子化检测器(FID)　　B. 热导检测器(TCD)

C. 电子捕获检测器(ECD)　　D. 火焰光度检测器(FPD)

E. 氮磷检测器(NPD)　　F. 质谱检测器(MS)

6. 火焰原子吸收分光光度法最常用的燃气和助燃气分别为(　　)。

A. 乙炔、空气　　B. 氢气、空气　　C. 氮气、空气　　D. 氦气、空气

7. 气相色谱仪的基线是检测器对(　　)的响应信号。

A. 载气　　B. 水　　C. 流动相　　D. 检品

8. 气相色谱法中,使用火焰离子化检测器时,检测器温度不低于(　　)。

A. 100 ℃　　B. 150 ℃　　C. 200 ℃　　D. 250 ℃

9. 色谱仪检测系统的核心部件是(　　)。

A. 泵　　B. 进样器　　C. 色谱柱　　D. 检测器

10. 常用于表征色谱柱柱效的参数是(　　)。

A. 理论塔板数　　B. 塔板高度

C. 色谱峰宽　　D. 组分的保留体积

11. 衡量色谱柱选择性的指标是(　　)。

A. 理论塔板数　　B. 容量因子　　C. 相对保留值　　D. 分配系数

12. 使用气相色谱仪热导池检测器时,有几个步骤,下面次序正确的是(　　)。

(1) 打开桥电流开关　(2) 打开记录仪开关　(3) 通载气

(4) 升柱温及检测器温度　(5) 启动色谱仪电源开关

A. (1)→(2)→(3)→(4)→(5)　　B. (2)→(3)→(4)→(5)→(1)

C. (3)→(5)→(4)→(1)→(2)　　D. (5)→(3)→(4)→(1)→(2)

E. (5)→(4)→(3)→(2)→(1)

13. 气相色谱载气纯度要求很高，至少不得低于(　　)。

A. 99.99%　　B. 99.95%　　C. 98.99%　　D. 98.95%

14. 某组分在色谱柱中分配到固定相中的质量为 m_b，而该组分在固定相中的浓度为 c_a，在流动相中的浓度为 c_b，则该组分的分配系数为(　　)。

A. m_a/m_B　　B. $m_a/(m_a+m_b)$　　C. c_a/c_b　　D. c_b/c_a

15. 如果样品比较复杂，相邻两峰间距离太近或操作条件不易控制稳定，则要准确保留值有一定困难时，可采用(　　)。

A. 相对保留值进行定性

B. 加入已知物以增加峰高的办法进行定性

C. 文献保留值数据进行定性

D. 利用选择性检测器进行定性

16. 既可用来调节载气流量，又可用来控制燃气和空气流量的是(　　)。

A. 减压阀　　B. 稳定阀　　C. 针型阀　　D. 稳流阀

17. 下列试剂中，一般不用于气体管路清洗的是(　　)。

A. 甲醇　　B. 丙酮

C. 5%氢氧化钠水溶液　　D. 乙醚

18. 在毛细管色谱中，应用最广的柱是(　　)。

A. 玻璃柱　　B. 石英玻璃柱

C. 不锈钢柱　　D. 聚四氟乙烯管柱

19. 下列哪些情况发生后，应对色谱柱进行老化？(　　)。

A. 每次安装了新的色谱柱后

B. 色谱柱使用了一段时间后

C. 分析完一个样品后，准备分析其他样品之前

D. 更换了载气或燃气

二、多选题

1. 按流动相的物态可将色谱法分为(　　)。

A. 气相色谱　　B. 液相色谱　　C. 固相色谱　　D. 混合色谱

2. 气相色谱常用的载气有(　　)。

A. 氧气　　B. 氢气　　C. 氯气　　D. 氮气

E. 氦气

3. 气相色谱法中，热导检测器(TCD)可选用(　　)为载气。

A. 氧气　　B. 氢气　　C. 氯气　　D. 氮气

E. 氦气

4. 消化温度过高，易造成(　　)。

A. 消化率降低　　B. 硫酸铵的分解　　C. 泡沫溢出　　D. 氮损失

5. 气相色谱法中，液体固定相中载体大致可分为(　　)两类。

A. 硅胶　　B. 硅藻土　　C. 非硅藻土　　D. 凝胶

E. 苯乙烯

6. 在气液色谱中，首先流出色谱柱的组分是(　　)。

A. 吸附能力小的　　B. 吸附能力大的　　C. 溶解能力大的　　D. 挥发性大的

E. 溶解能力小的

7. 表示色谱柱效率可以用(　　)。

A. 理论塔板数　　B. 分配系数　　C. 保留值　　D. 塔板高度

E. 载气流速

8. 改变如下条件中的(　　)，可减少板高 H(即提高柱效)。

A. 增加固定液含量　　B. 减慢进样速度

C. 增加汽化室温度　　D. 增加载气流速

E. 减少填料的颗粒度　　F. 降低柱温

9. 范第姆特方程式主要说明(　　)。

A. 板高的概念　　B. 色谱峰的扩张

C. 柱效降低的影响因素　　D. 组分在两相间的分配情况

E. 色谱分离操作条件的选择

三、简答题

1. 简要说明色谱法的分离原理。
2. 简要说明气相色谱法的特点。
3. 简要说明气相色谱法的分析流程。
4. 简述气相色谱柱的日常维护。
5. 简要说明热导检测器的结构组成。
6. 简述说明固定液选择的一般原则。
7. 简述色谱柱的老化方法。
8. 简要说明色谱中常用的定量方法。
9. 简要说明载气种类的选择。

10. (1) 色谱峰越窄，表明理论塔板数越________，理论塔板高度越________，柱效能越________。

(2) 有效理论塔板数与理论塔板数之间的区别在于前者________的影响。

(3) 范第姆特方程式说明了________和________的关系。

(4) 分子扩散又称________，与________及________有关。

四、判断题

1. 气-液色谱柱的固定液在常温下可以不为液体，但在使用温度下一定呈液体状态。(　　)

2. 对于难挥发和热不稳定的物质，可用气相色谱法进行分析。(　　)

3. 在气相色谱中，汽化室的温度一般应低于样品的沸点。(　　)

4. 采用相对分子质量大的气体作为载气，有利于降低分子扩散，提高柱效，但热导检测器灵敏度较低。(　　)

5. 可作为气-固色谱固定相的担体必须是耐压的球形实心物质。(　　)

6. 气-液色谱分离机理是组分在两相间反复多次的吸附与脱附，气-固色谱分离是基于组分在两相间反复多次的分配。(　　)

7. 气-液色谱固定液通常是在使用温度下具有较高热稳定性的大分子有机物。　（　　）

8. 气相色谱检测室温度一般需高于柱温，通常可高于柱温 50 ℃左右或等于汽化室温度。　（　　）

9. 在载气流速比较高时，分子扩散成为影响柱效的主要原因。　（　　）

10. 控制载气流速是调节分离度的重要手段，降低载气流速，柱效增加，当载气流速降到最小时，柱效最高，但分析时间较长。　（　　）

思政园地

一门科学的历史是这门科学中最宝贵的一部分，因为科学只能给我们知识，而历史能给我们智慧。

A. J. P. Martin，英国生化与分析化学家，1936 年获得博士学位，在剑桥大学物理化学实验室工作一年后，进入邓恩营养研究所，主要从事研究维生素 E 和维生素缺乏症的病理分析。后一项研究需要经常应用溶剂萃取和色谱分析，为色谱研究打下坚实基础。1938 年，他转入利兹羊毛绒工业研究所工作，和 R. L. M. Synge 做氨基酸分析，并发明了分配色谱分析法，后又与 A. T. James 发明气-液色谱分析法。A. J. P. Martin 和 R. L. M. Synge 获得 1952 年诺贝尔化学奖。

由于历史原因，我国分析仪器特别是高端精密仪器的研发起步晚、底子薄、基础弱，目前很多高尖端仪器很难比肩国际品牌，主要还是要依靠进口。但我们也应该理智地认识到，经过几十年的历程，我国分析仪器、精密仪器的研发和生产取得了巨大进步。例如，上海一恒科学仪器有限公司就是从无到有，从一开始改装、组装、仿制国外仪器到现在的自主创新，从主要满足国内市场需求，到如今走向国际大市场，一恒公司已在全国各省市建立了完善的营销网络和售后服务分支机构，产品远销全球 60 多个国家和地区。至 2019 年底，全球有 55 万台一恒产品正在使用中。这些仪器设备对促进科技与国民经济的发展，做出了引人注目的贡献。

课堂讨论

气相色谱柱应如何进行日常维护?

答:① 新制备的或新安装色谱柱使用前必须进行老化。

② 新购买的色谱柱一定要在分析样品前测试是否合格,若不合格,则退换或更换新的色谱柱。色谱柱使用一段时间后,柱性能可能会发生变化,当分析结果有问题时,应该用测试标样测试色谱柱,并将结果与前一次测试结果相比较。这有助于确定问题是否出在色谱柱上,以便于采取相应措施排除故障。每次测试结果都应保存起来,作为色谱柱寿命的记录。

③ 色谱柱暂时不用时,应将其从仪器上卸下,在柱两端套上不锈钢螺帽(或者用一块硅橡胶堵上),并放在相应的柱包装盒中,以免柱头被污染。

④ 每次关机前都应将柱箱温度降到 50 ℃以下,再关电源和载气。若在温度过高时切断载气,则空气(氧气)扩散进入柱管,会造成固定液氧化和降解。仪器有过温保护功能时,每次新安装色谱柱时都要重新设定保护温度(超过此温度时,仪器会自动停止加热),以确保柱箱温度不超过色谱柱的最高使用温度,避免对色谱柱造成一定的损伤(如固定液的流失或者固定相颗粒的脱落),降低色谱柱的使用寿命。

⑤ 对于毛细管柱,如果使用一段时间后柱效有大幅度的降低,则往往表明固定液流失太多,有时也可能只是由一些高沸点的极性化合物的吸附而使色谱柱丧失分离能力,这时可以在高温下老化,用载气将污染物冲洗出来。若柱性能仍不能恢复,则要从仪器上卸下柱子,将柱头截去 10 cm 或更长,去除掉最容易被污染的柱头后再安装测试,此时往往能恢复柱性能。如果还是不起作用,则可反复注射溶剂进行清洗。常用的溶剂依次为丙酮、甲苯、乙醇、氯仿和二氯甲烷。每次可进样 5～10 μL,这一办法常能有效。如果色谱柱性能还不好,就只有卸下柱子,用二氯甲烷或氯仿冲洗(对固定液关联的色谱柱而言),溶剂用量依柱子污染程度而定,一般为 20 mL 左右。如果这一办法仍不起作用,说明该色谱柱只有报废了。

思维导图

- 气相色谱法
  - 项目导引
  - 学习目标
    - 知识目标
    - 技能目标
  - 知识准备
    - 色谱法的由来
    - 色谱法的发展
    - 色谱法的特点
      - 分离效率高
      - 应用范围广
      - 分析速度快
      - 样品用量少
      - 分离和测定可一次完成
      - 可以和多种波谱分析仪器联用
      - 易于自动化
    - 色谱法的分类
      - 按两相状态分
        - 气相色谱
        - 液相色谱
        - 超临界流体色谱
      - 按操作形式分
        - 柱色谱
          - 填充柱色谱
          - 毛细管柱色谱
        - 平板色谱
          - 纸色谱
          - 薄层色谱
      - 按分离原理分
        - 吸附色谱
        - 分配色谱
        - 离子交换色谱
        - 凝胶色谱
        - 亲和色谱
    - 解析色谱图
      - 基本术语
        - 基线
          - 基线噪声
          - 基线漂移
        - 色谱峰
          - 前延峰
          - 拖尾峰
          - 分叉峰
          - 馒头峰
        - 峰高和峰面积
        - 区域宽度
          - 峰宽
          - 半峰宽度
          - 标准偏差
        - 保留值
          - 保留时间
          - 死时间
          - 调整保留时间
          - 保留体积
          - 死体积
          - 调整保留体积
          - 相对保留值
        - 相比率

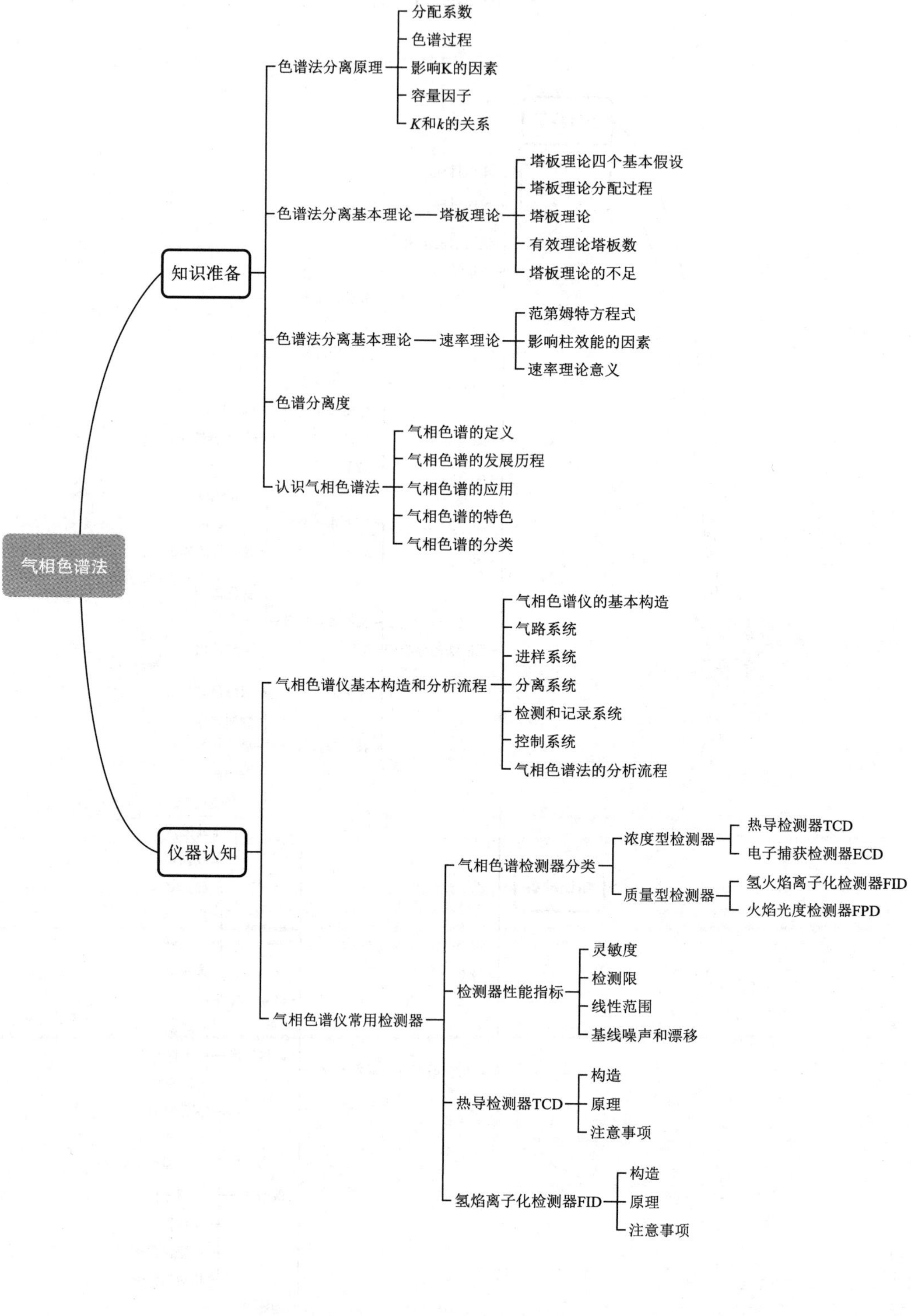
气相色谱法
知识准备
色谱法分离原理
分配系数
色谱过程
影响K的因素
容量因子
K和k的关系
色谱法分离基本理论——塔板理论
塔板理论四个基本假设
塔板理论分配过程
塔板理论
有效理论塔板数
塔板理论的不足
色谱法分离基本理论——速率理论
范第姆特方程式
影响柱效能的因素
速率理论意义
色谱分离度
认识气相色谱法
气相色谱的定义
气相色谱的发展历程
气相色谱的应用
气相色谱的特色
气相色谱的分类
仪器认知
气相色谱仪基本构造和分析流程
气相色谱仪的基本构造
气路系统
进样系统
分离系统
检测和记录系统
控制系统
气相色谱法的分析流程
气相色谱仪常用检测器
气相色谱检测器分类
浓度型检测器
热导检测器TCD
电子捕获检测器ECD
质量型检测器
氢火焰离子化检测器FID
火焰光度检测器FPD
检测器性能指标
灵敏度
检测限
线性范围
基线噪声和漂移
热导检测器TCD
构造
原理
注意事项
氢焰离子化检测器FID
构造
原理
注意事项

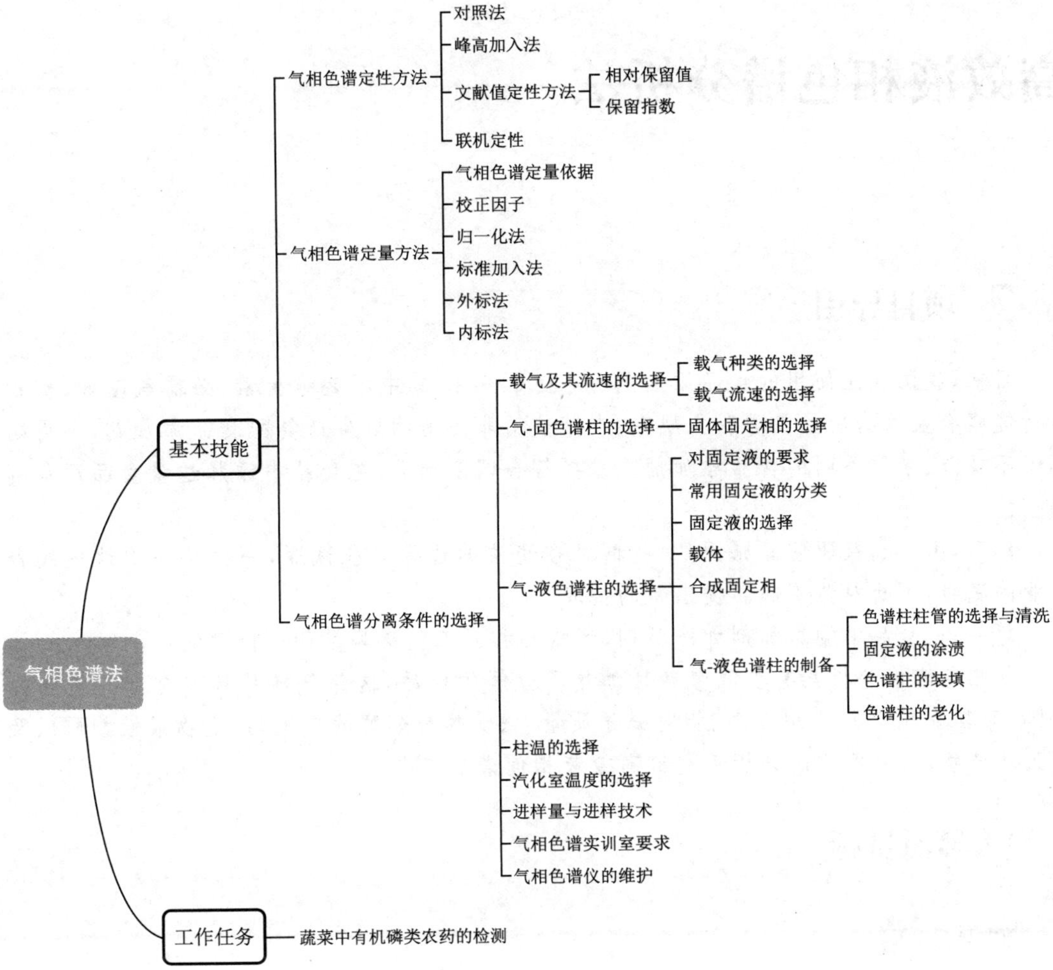
气相色谱法
基本技能
气相色谱定性方法
对照法
峰高加入法
文献值定性方法
相对保留值
保留指数
联机定性
气相色谱定量方法
气相色谱定量依据
校正因子
归一化法
标准加入法
外标法
内标法
气相色谱分离条件的选择
载气及其流速的选择
载气种类的选择
载气流速的选择
气-固色谱柱的选择
固体固定相的选择
气-液色谱柱的选择
对固定液的要求
常用固定液的分类
固定液的选择
载体
合成固定相
气-液色谱柱的制备
色谱柱柱管的选择与清洗
固定液的涂渍
色谱柱的装填
色谱柱的老化
柱温的选择
汽化室温度的选择
进样量与进样技术
气相色谱实训室要求
气相色谱仪的维护
工作任务
蔬菜中有机磷类农药的检测

项目七

高效液相色谱分析法

项目导引

目前,我国合法使用的食品添加剂有2 000多种,其中不乏维生素、必需氨基酸、矿物质等对健康有益的物质。我国明文规定:严禁使用非食用物质生产复配食品添加剂,不得购入标识不规范、来源不明的食品添加剂。只要符合国家标准,在食品中添加适量食品添加剂是安全的。

然而,由于利益驱使等原因,一些商家在违法的边缘疯狂试探,一次又一次地挑战食品行业的底线,不断对监管部门提出新的挑战。

想一想:食品中的添加剂如防腐剂、甜味剂和人工色素等是如何检测的?

气相色谱能分析具有较低沸点且加热不分解的样品,这部分样品只占全部有机物的约20%,而其余80%属于沸点高、相对分子质量大、受热易分解的有机物、生物活性物质以及多种天然产物,这些物质的分析可交给高效液相色谱来完成。

学习目标

知识目标

1. 了解高效液相色谱分析技术的特点。
2. 熟悉各类色谱柱的分离原理。
3. 了解高效液相色谱仪的基本构造。
4. 熟悉液相色谱仪主要部件的功能。
5. 理解禽畜肉中氟喹诺酮类兽药的提取和检验原理。
6. 学会对照品稀释度的计算。
7. 会根据图谱进行数据分析。

技能目标

1. 会选择合适的分离方法。
2. 会使用高效液相色谱仪。

3. 能对色谱柱进行日常维护。

4. 会正确采样和提取。

5. 能完成样品进样前的处理。

6. 会利用液相色谱法完成禽畜肉中氟喹诺酮类兽药残留的检测项目。

素质目标

1. 培养学生良好的职业道德。

2. 培养学生严谨的工作作风和安全意识。

3. 培养学生精益求精、实事求是、一丝不苟的职业素质。

4. 培养学生良好的团队协作能力。

任务1　知识准备

高效液相色谱法(High Performance Liquid Chromatography，HPLC)，又称高压液相色谱、高速液相色谱、高分离度液相色谱、近代柱色谱等。

高效液相色谱是色谱法的一个重要分支，以液体为流动相，采用高压输液系统，将具有不同极性的单一溶剂或不同比例的混合溶剂、缓冲液等流动相泵入装有固定相的色谱柱，在柱内各成分被分离后，进入检测器进行检测，从而实现对试样的分析。该方法已成为化学、医学、工业、农学、商检和法检等学科领域中重要的分离分析技术。

1.1　高效液相色谱法的由来

早在 1906 年，俄国植物学家茨维特为了分离植物色素而发明的色谱就是液相色谱，但其柱效极低。直到 20 世纪 60 年代后期，才将已比较成熟的气相色谱的理论与技术应用于经典液相色谱，液相色谱才得到了迅速的发展。填料制备技术的发展、化学键合固定相的出现、柱填充技术的进步以及高压输液泵的研制，使液相色谱实现了高速化和高效化，产生了具有现代意义的高效液相色谱，而具有真正优良性能的高效液相色谱仪直到 1967 年才出现。

1.2　高效液相色谱法的特点

高效液相色谱法具有“四高一广”的特点。

(1) 高压。流动相为液体，流经色谱柱时，受到的阻力较大。为了能使载液迅速通过色谱柱，必须对其加高压。

(2) 高速。分析速度快，载液流速快，较经典液体色谱法速度快得多。通常分析一个样品用时 15～30 min，有些样品甚至在 5 min 内即可完成，一般小于 1 h。

(3) 高效。分离效能高。可选择固定相和流动相以达到最佳分离效果，比工业精馏塔和气相色谱的分离效能高出许多倍。

(4) 高灵敏度。紫外检测器精确度可达 0.01 ng，进样量在 μL 数量级。

(5) 应用范围广。70%以上的有机化合物可用高效液相色谱分析，特别是对高沸点、大分子、强极性、热稳定性差的化合物的分离分析，显示出优势。

(6) 柱子可反复使用。用一根柱子可分离不同化合物。

(7) 样品量少，容易回收。样品经过色谱柱后不被破坏，可以收集单一组分或做制备。

1.3 高效液相色谱法的分类和分离原理

高效液相色谱的主要类型

高效液相色谱法基本原理

1) 分类

(1) 根据固定相的聚集状态分类：液-液分配色谱法(LLC)和液-固色谱法(LSC)。

(2) 根据分离机制分类：分配色谱法、吸附色谱法、离子交换色谱法(IEC)和空间排阻色谱法(SEC)。

(3) 其他色谱类型：亲和色谱法(AC)、手性色谱法(CC)、胶束色谱法(MC)和电色谱法(EC)。

液-液分配色谱法中的化学键合相色谱法(BPC)是目前应用最广泛的一种高效液相色谱法。

2) 液-液分配色谱法(LLC)

(1) 分离原理。

在液-液分配色谱中，一个液相作为流动相，另一个液相(即固定液)则是涂渍在很细的惰性载体上。一般采用与固定液性质相差很大的不混溶的溶剂为流动相，流动相对固定相的溶解度尽可能小，因此，固定液和流动相的性质往往处于两个极端。作为固定相的液相与流动相互不相溶，它们之间有一个界面，固定液对被分离组分是一种很好的溶剂。当被分离的样品进入色谱柱后，各组分按照它们各自的分配系数，很快地在两相中达到分配平衡。与气-液色谱一样，这种分配平衡的总结果导致各组分迁移的速度不同，从而实现了分离。因此，分配色谱法的基本原理与液-液萃取相同，都是分配定律。

根据固定相和流动相极性的相对大小，可以将液-液色谱法(LLC)分为两类，即正相色谱(NPC)和反相色谱(RPC)，主要差别见表 7-1。

表 7-1 正相色谱(NPC)和反相色谱(RPC)比较

	正相色谱(NPC)	反相色谱(RPC)
固定相极性	大	小
流动相极性	小	大
适用对象	高极性组分	低极性组分
流出顺序	极性小的组分先流出	极性大的组分先流出

在正相分配色谱法中，固定相载体上涂布的是极性固定液，流动相是非极性溶剂。正相分配色谱法可用来分离极性较强的水溶性样品，洗脱顺序与液-固色谱法在极性吸附剂上的洗脱结果相似，即非极性组分先洗脱出来，极性组分后洗脱出来。

在反相分配色谱法中，固定相载体上涂布极性较弱或非极性的固定液，而用极性较强的溶剂做流动相。反相分配色谱法可用来分离油溶性样品，其洗脱顺序与正相液-液色谱相反，即极性组分先被洗脱，非极性组分后被洗脱。

(2) 固定相。

分配色谱固定相由两部分组成，一部分是惰性载体，另一部分是涂渍在惰性载体上的固定液。

正相分配色谱法常用的固定液有 β,β′-氧二丙腈、1,2,3-三(2-氰乙氧基)丙烷、聚乙二醇400、聚乙二醇600、甘油、丙二醇、冰乙酸、乙二醇、乙二胺、二甲基亚砜、硝基甲烷、二甲基甲酰胺；反相分配色谱法常用的固定液有甲基聚硅氧烷、氰丙基聚硅氧烷、聚烯烃、正庚烷。

在分配色谱中使用的惰性载体，主要是一些固体吸附剂，如全多孔球形或无定形微粒硅胶、全多孔氧化铝等。液-液分配色谱中固定液的涂渍方法与气-液色谱中基本一致。

机械涂渍固定液后制成的液-液色谱柱，在实际使用过程中，大量流动相通过色谱柱，会溶解固定液而造成固定液流失，并导致保留值减小，柱选择性下降。实际工作中，一般可采用如下几种方法来防止固定液的流失。

① 应尽量选择对固定液仅有较低溶解度的溶剂作为流动相。

② 流动相进入色谱柱前，应预先用固定液饱和，这种被固定相饱和的流动相在流经色谱柱时就不会再溶解固定液了。

③ 使流动相保持低流速经过固定相，并保持色谱柱温度恒定。

④ 若溶解样品的溶剂对固定液有较大的溶解度，则应避免过大的进样量。

(3) 流动相。

在分配色谱中，除一般要求外，还要求流动相尽可能不与固定相互溶。

在正相分配色谱中，使用的流动相类似于液-固色谱中使用极性吸附剂时应用的流动相。此时流动相的主体为己烷、庚烷，可加入低于 20% 的极性改性剂，如 1-氯丁烷、异丙醚、二氯甲烷、四氢呋喃、氯仿、乙酸乙酯、乙醇、乙腈等。

在反相分配色谱中，使用的流动相类似于液-固色谱中使用非极性吸附剂时应用的流动相。此时流动相的主体为水，可加入一定量的极性改性剂，如二甲基亚砜、乙二醇、乙腈、甲醇、丙酮、对二氧六环、乙醇、四氢呋喃、异丙醇等。

流动相溶液中往往因溶解有氧气或混入了空气而形成气泡，气泡进入检测器后会引起检测信号的突然变化，在色谱图上出现尖锐的噪声峰。小气泡慢慢聚集后会变成大气泡，大气泡进入流路或色谱柱中，会使流动相的流速变慢或不稳定，致使基线起伏。溶解氧常和一些溶剂结合生成有紫外吸收的化合物，在荧光检测中，溶解氧还会使荧光猝灭。溶解气体也有可能引起某些样品的氧化降解和使其溶解，从而导致 pH 发生变化，给分离带来负面的影响。因此，在液相色谱实际分析过程中，必须先对流动相进行脱气处理。

目前，液相色谱流动相脱气使用较多的方法有超声波振荡脱气、惰性气体鼓泡吹扫脱气以及在线(真空)脱气装置三种。

① 超声波振荡脱气的方法是将配制好的流动相连同容器一起放入超声波水槽中，脱气 10～20 min 即可。该法操作简单，又能基本满足日常分析的要求，因此，目前仍被广泛采用。

② 惰性气体(氦气)鼓泡吹扫脱气的效果好。其方法是将钢瓶中的氦气缓慢而均匀地通入储液器的流动相中，氦气分子将其他气体分子置换和顶替出去，流动相中只含有氦气。氦气本身在流动相中溶解度很小，而微量氦气所形成的小气泡对检测没有影响，从而达到脱

气的目标。

③ 在线真空脱气装置的原理是将流动相通过一段由多孔性合成树脂构成的输液管，该输液管外部有真空容器。真空泵工作时，膜外侧被减压，相对分子质量小的氧气、氮气、二氧化碳就会从膜内进入膜外而被排除。在线真空脱气装置的优点是可同时对多个流动相溶剂进行脱气。

流动相的过滤是为了防止不溶物堵塞流路或色谱柱入口处的微孔垫片。流动相过滤使用 G_4 微孔玻璃漏斗，可除去 3～4 μm 以下的固态杂质。

3）液-固色谱法（LSC）

又称吸附色谱，其固定相是固体吸附剂。以固体吸附剂为固定相，如硅胶、氧化铝等，较常使用的是 5～10 μm 的硅胶吸附剂，包括全多孔型，表面多孔型等。流动相可以是各种不同极性的一元或多元溶剂。

（1）分离原理。

吸附色谱是根据固定相对混合物各组分的吸附作用的不同来进行分离的。待分离的混合物组分分子随着流动相的移动，在固定相和流动相之间反复地吸附—解吸—再吸附—再解吸，并随着流动相的流动而在柱中向前移动。因为不同的待测组分分子在固定相表面的吸附能力不同，所以吸附—解吸的速度不同，各组分被洗出的时间（保留时间）也就不同，使得各组分彼此分离。

（2）固定相。

吸附色谱固定相可分为极性和非极性两大类。极性固定相主要有硅胶（酸性）、氧化镁和硅酸镁、分子筛（碱性）等。非极性固定相有高强度多孔微粒活性炭和近来开始使用的 5～10 μm 的多孔石墨化炭黑，以及高交联度苯乙烯-二乙烯基苯共聚物的单分散多孔微球（5～10 μm）与碳多孔小球等，其中应用最广泛的是极性固定相硅胶。早期的经典液相色谱中，通常使用粒径在 100 μm 以上的无定形硅胶颗粒，其传质速度慢，柱效低。现在使用全多孔型和表面多孔型硅胶微粒固定相。其中，表面多孔型硅胶微粒固定相吸附剂出峰快、柱效能高，适用于极性范围较宽的混合样品的分析，缺点是样品容量小。而全多孔型硅胶微粒固定相由于其表面积大，柱效高而成为液-固吸附色谱中使用最广泛的固定相。实际工作中，应根据分析样品的特点及分析仪器来选择合适的吸附剂，选择时考虑的因素主要有吸附剂的形状、粒度、比表面积等。

（3）流动相。

液相色谱分析中，除了固定相对样品的分离起主要作用外，合适的流动相（也称作洗脱液）对改善分离效果也会产生重要的辅助效应。

从实用度考虑，选用作为流动相的溶剂除具有廉价、易购的特点外，还应满足高效液相色谱分析的下述要求。

① 选用的溶剂应当与固定相互不相溶，并能保持色谱柱的稳定性。

② 选用的溶剂应纯度高，以防所含微量杂质在柱中累积，引起柱性能的改变。

③ 选用的溶剂性能应与所使用的检测器相匹配。若使用紫外吸收检测器，就不能选用在检测波长下有紫外吸收的溶剂；若使用示差折光检测器，就不能使用梯度洗脱。

④ 选用的溶剂应对样品有足够的溶解能力，以提高测定的灵敏度。

⑤ 选用的溶剂应具有低的黏度和适当低的沸点。使用低黏度溶剂，可减少溶质的传质

阻力，有利于提高柱效。

⑥ 应尽量避免使用具有显著毒性的溶剂，以保证工作人员的安全。

在液相色谱中，选择流动相的基本原则是极性大的试样用极性较强的流动相，极性小的试样则用极性较弱的流动相。

流动相的极性强度可用溶剂强度参数ε^0表示。ε^0是指每单位面积吸附剂表面的溶剂的吸附能力，ε^0越大，流动相的极性越大。

实际工作中，应根据流动相的洗脱序列，通过实验，选择合适的流动相。若样品中各组分的分配比 k 值差异较大，则可采用梯度洗脱，即间断或连续地改变流动相的组成或其他操作条件，从而改变其色谱洗脱能力的过程。

4）化学键合相色谱（BPC）

利用化学反应将固定液以共价键连接在载体上而获得的固定相称为化学键合相。以化学键合相为固定相的色谱法称为化学键合色谱法（BPC），简称键合色谱法。

键合固定相非常稳定，在使用中不易流失，键合到载体表面的官能团可以是各种极性的，因此，它适用于各种样品的分离分析。目前键合相色谱法已逐渐取代分配色谱法，获得了日益广泛的使用，在高效液相色谱法中占有极其重要的地位。

根据键合固定相与流动相相对极性的强弱，可将键合相色谱法分为正相键合相色谱法和反相键合相色谱法。在正相键合相色谱法中，键合固定相的极性大于流动相的极性，适用于分离油溶性或水溶性极性与强极性化合物。在反相键合相色谱法中，键合固定相的极性小于流动相的极性，适用于分离非极性、极性或离子型化合物，其应用范围比正相键合相色谱法广泛得多。在高效液相色谱法中，70%～80%的分析任务是由反相键合相色谱法来完成的。

反相键合相色谱

（1）分离原理。

正相键合相色谱使用的是极性键合固定相[以极性有机基团，如氨基（—NH_2）、氰基（—CN）、醚基（—O—）等，键合在硅胶表面制成的]，溶质在此类固定相上的分离机理属于分配色谱。

反相键合相色谱使用的是极性较小的键合固定相（以极性较小的有机基团，如苯基、烷基等，键合在硅胶表面制成的），其分离机理可用疏溶剂作用理论来解释。这种理论认为，键合在硅胶表面的非极性或弱极性基团具有较强的疏水特性，当用极性溶剂为流动相来分离含有极性官能团的有机化合物时，一方面，分子中的非极性部分与疏水基团产生缔合作用，使它保留在固定相中；另一方面，被分离物的极性部分受到极性流动相的作用，促使它离开固定相，并减小其保留作用。显然，键合固定相对每一种溶质分子缔合和解缔能力之差，决定了溶质分子在色谱分离过程中的保留值。由于不同溶质分子这种能力的差异是不一致的，所以流出色谱柱的速度是不一致的，从而使得各种不同组分得到了分离。

（2）固定相。

化学键合固定相广泛使用全多孔或薄壳型微粒硅胶作为基体，这是由于硅胶具有机械强度高、表面硅羟基反应活性高、表面积和孔结构易控制等特点。

化学键合固定相按极性大小可分为非极性、极性和离子交换键合相三种。

非极性烷基键合相是目前应用最广泛的柱填料，如 C_{18}、C_8、C_1 与苯基等键合在硅胶表面，尤其是 C_{18} 反相键合相(简称 ODS)在反相液相色谱中发挥着重要作用，它可完成高效液相色谱分析任务的 70%～80%。

极性键合相，如常用—NH_2、—CN 键合相(氰乙硅烷基)，二羟基键合硅胶等，一般用于正相色谱；离子交换键合相，常用的有—SO_3H、—COOH、R_3NCl 等。

化学键合相优点：化学稳定性好，使用过程中不流失，柱寿命长；均一性和重现性好；柱效高，分离选择性好；适于梯度洗脱；载样量大。

一般而言，硅胶基质化学键合相能耐受的 pH 范围为 2～8。低 pH 条件下，硅烷键合于担体上的 Si—O—Si 键易水解，造成固定相流失；而高 pH 条件下，硅胶担体会快速溶解，可造成色谱柱塌陷。现在有一种新型的硅碳杂化硅胶基质可用于较宽 pH 范围，即 pH 为 2～12。

(3) 流动相。

在键合相色谱中使用的流动相类似于液-固吸附色谱、液-液分配色谱中的流动相。

正相键合相色谱中，采用和正相液-液分配色谱相似的流动相，流动相的主体成分为己烷(或庚烷)。为改善分离的选择性，常加入的优选溶剂为质子接受体乙醚或甲基叔丁基醚、质子给予体氯仿和偶极溶剂二氯甲烷等。

反相键合相色谱中，采用和反相液-液分配色谱相似的流动相，流动相的主体成分为水。为改善分离的选择性，常加入的优选溶剂为质子接受体甲醇、质子给予体乙腈和偶极溶剂四氢呋喃等。

实际使用中，一般采用的甲醇-水体系已能满足多数样品的分离要求。由于甲醇的毒性比乙腈小 $\frac{4}{5}$，价格是乙腈的 $\frac{1}{6}$～$\frac{1}{7}$，因此，反相键合色谱中应用最广泛的流动相是甲醇。

除上述流动相外，反相键合色谱中也经常采用乙醇、丙醇及二氯甲烷等作为流动相。实际上采用适当比例的二元混合溶剂就可以适应不同类型的样品分析，但有时为了获得最佳分离，也可以采用三元甚至四元混合溶剂作为流动相。

5) *离子色谱法(IC)*

离子色谱法的分离原理与离子交换色谱原理类似，但流出的各种离子一般用电导检测器进行检测。由于流动相也是强电解质，其电导率往往比待测离子高，所以一般在离子交换柱以后，再串接一根抑制柱，使得通过分离柱以后的样品再经过抑制柱，从而将具有高背景电导的流动相转变为低背景电导的流动相，使电导检测器能检测到各种待测离子含量。

该法可以分析无机与有机阴、阳离子和氨基酸，以及糖类和 DNA、RNA 的水解产物等。

6) *凝胶色谱法*

又称为空间排阻色谱法，它以凝胶作为固定相，以液体作为流动相。凝胶内具有一定大小的孔穴，它是根据样品相对分子质量的不同分离产生的。当试样随着流动相进入色谱柱后，体积大的分子不能渗透到凝胶孔隙里去，所以路程短，较早被洗脱出来。小分子可以渗透到凝胶孔隙内部，所以路程较长，最后被洗出。中等分子可以部分渗透到凝胶孔隙中，路程适中，在中间出来。这样可以使物质得以分离。

根据所用流动相的不同，凝胶色谱法可分为两类，即用水溶剂做流动相的凝胶过滤色谱法与用有机溶剂如四氢呋喃做流动相的凝胶渗透色谱法。

凝胶色谱法主要用来分析高分子物质的相对分子质量的分布，以此来鉴定高分子聚合。由于聚合物的相对分子质量及其分布与其性能有着密切的关系，因此凝胶色谱的结果可用于研究聚合机理，选择聚合工艺及条件，考察聚合材料在加工和使用过程中相对分子质量的变化等。在未知物的剖析中，凝胶色谱作为一个预分离手段，再配合其他分离方法，能解决各种复杂的分离问题。

1.4　分离方式的选择

进行高效液相色谱分析时，首先要根据试样的特性来选择合适的分离类型。一般依据为相对分子质量的大小、化学结构、极性大小、溶解度参数等性质。分离方式的选择如图 7-1 所示。

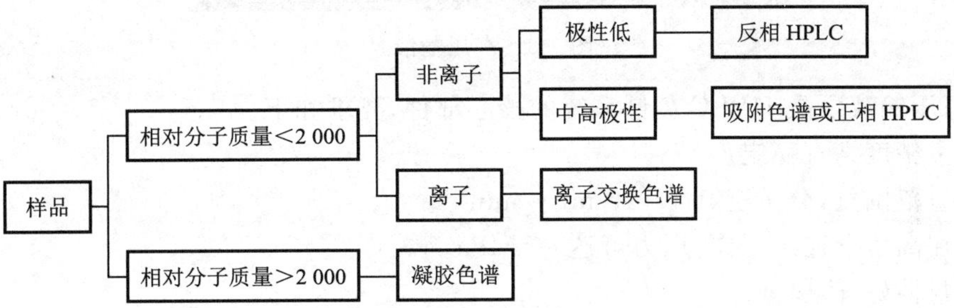

图 7-1　分离方式的选择

任务 2　仪器认知

2.1　高压输液系统

HPLC 所用固定相颗粒极细，因此对流动相阻力很大，为使流动相较快流动，必须配备高压输液系统。高压输液系统由储液瓶、高压输液泵、过滤器、梯度洗脱装置等组成。

1）储液瓶

储液瓶一般为硬质玻璃瓶，用来储存足够数量、符合要求的流动相。

流动相在进入 HPLC 系统前要先进行过滤和脱气处理，防止不溶性微粒及气泡进入色谱系统高压输液泵。如图 7-2 所示。

图 7-2　储液瓶

2）高压输液泵

如图 7-3 所示。

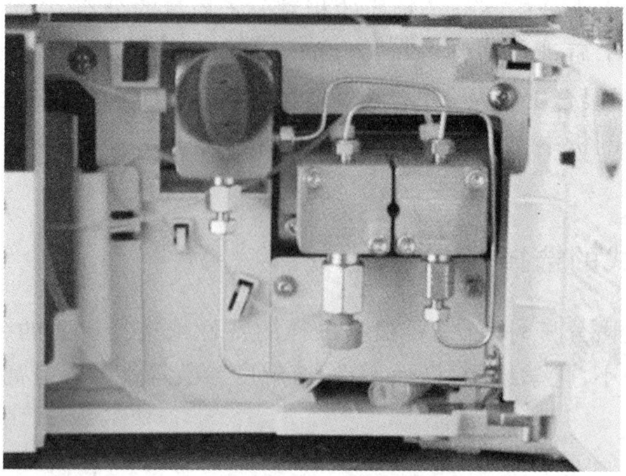

图 7-3　高压输液泵

(1) 高压输液泵是 HPLC 色谱系统的核心部件,要求如下。

① 流量精度高且稳定。

② 流量范围宽,分析型 0.1～10 $mL \cdot min^{-1}$。

③ 能在高压下连续工作,压力可达 40 MPa。

④ 密封性好,耐腐蚀。

一般分为恒流泵和恒压泵两种,目前常采用恒流往复柱塞泵。

(2) 高压输液泵使用注意事项。

① 防止固体微粒进入泵体。

② 流动相不含任何腐蚀性物质。

③ 防止气泡进入,留心流动相是否用完。

④ 不要超过规定的最高压力。

3) 梯度洗脱装置

等度洗脱:是在同一分析周期内流动相组成保持恒定,适合于组分数目较少,性质差别不大的样品。

梯度洗脱:是在一个分析周期内,使两种或两种以上不同极性的溶剂按一定程序连续改变它们之间的比例,从而使流动相的强度、极性、pH 或离子强度相应地变化,达到提高分离效果,缩短分析时间的目的。但是常常引起基线漂移和降低重现性。

有两种实现梯度洗脱的装置。

高压梯度:利用两台高压输液泵,将两种不同极性的溶剂按一定的比例送入梯度混合室,混合后进入色谱柱。

低压梯度:在常压下,预先按一定程序将两种或多种不同极性的溶剂混合后,再用一台高压泵输入色谱柱。

进样系统

4) 进样系统

进样系统是将样品溶液准确送入色谱柱的装置,要求密封性好,死体积小,重复性好,进样引起色谱分离系统的压力和流量波动很小。有手动进样方式和自动进样方式两种。

5）六通阀进样器

六通阀进样器是液相色谱仪上最常用的手动进样器，如图 7-4。其特点是能承受高压，重现性好，精密度高。六通阀的六个通路分别对应的是进样口、色谱柱、高压输液泵的输入系统，还有两个口对应的是不锈钢的定量管，定量管的体积规格有 10 μL、20 μL、50 μL、100 μL 和 200 μL。最后一个通路是连接废液杯。当进行进样操作时，需要配合使用微型注射器，将液体样品注射到六通阀中。

操作时，先将柄置于采样位置（Load），这时进样口只与定量管接通，处于常压状态。用平头微量注射器（液相色谱进样针类似于气相色谱进样针，只是其针头为平头，以免扎破六通阀管路。体积应为定量管体积的 3～5 倍）注入样品溶液，样品停留在定量管中。当需要将样品引入色谱系统时，把进样器柄顺时针转动 60°至进样位置（Inject），此时定量管的一侧与高压输液系统连接，另一侧与色谱柱的入口连接，那么高压输送的流动相与定量管接通，样品被流动相带到色谱柱中进行分析。

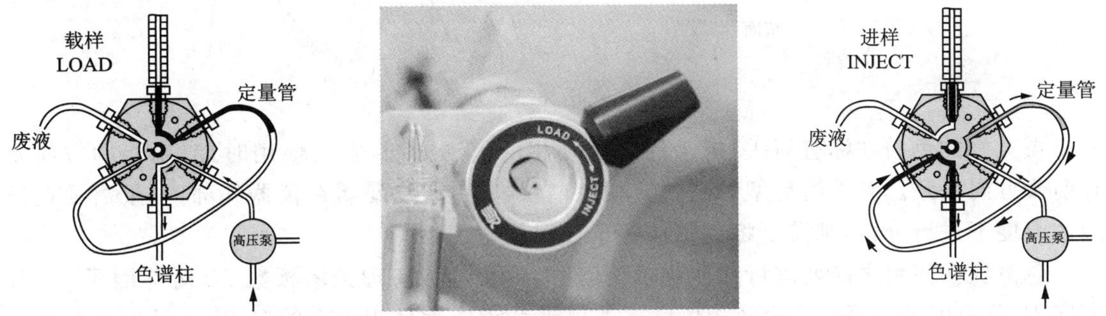

图 7-4　六通进样阀

6）自动进样装置

自动进样器是由计算机自动控制定量阀，按预先编制注射样品的操作程序工作。取样、进样、复位、样品管路清洗等步骤全部按预先设定程序自动进行，一次可进行几十个或上百个样品的分析。

自动进样器的特点是：可由电脑程序控制，自动进样的样品量可连续调节，进样重复性高；适合大量样品分析，节省人力，但造价高，可实现自动化操作。

7）分离系统

分离系统是高效液相色谱的核心部位，包括色谱柱、恒温装置和连接管等部件。其中色谱柱是分离系统的核心部件，如图 7-5 所示。

分离系统

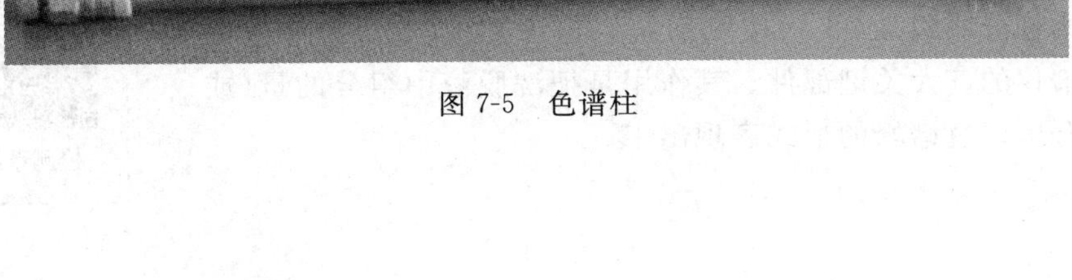

图 7-5　色谱柱

(1) 色谱柱。

色谱柱包括柱管和固定相两部分，色谱柱管由内部抛光的不锈钢或塑料、玻璃、铝等材料制成。目前，液相色谱常用的标准柱是内径为 1～6 mm、柱长为 10～30 cm 的直型不锈钢柱。填料颗粒度为 5～10 pm，柱效的理论值可达每米 5 000～10 000 块理论塔板数。

通过柱两端的接头与其他部件(如前连进样器，后接检测器)连接。通过螺帽将柱管和柱接头牢固地连成一体。为了使柱管与柱接头牢固而严密地连接，通常使用一套两个不锈钢垫圈，呈细环状的后垫圈固定在主管端头合适位置，呈圆锥形的前垫圈从柱管端头套出，正好与接头的倒锥形相吻合。用连接管将各部件连接时的接头也采用类似的方法。另外，在色谱柱的两端还需各放置一块由多孔不锈钢材料烧结而成的过滤片，出口端的过滤片起挡住填料的作用，入口端的过滤片既可防止填料倒出，又可保护填充床在进样时不被损坏。如图 7-6 所示。

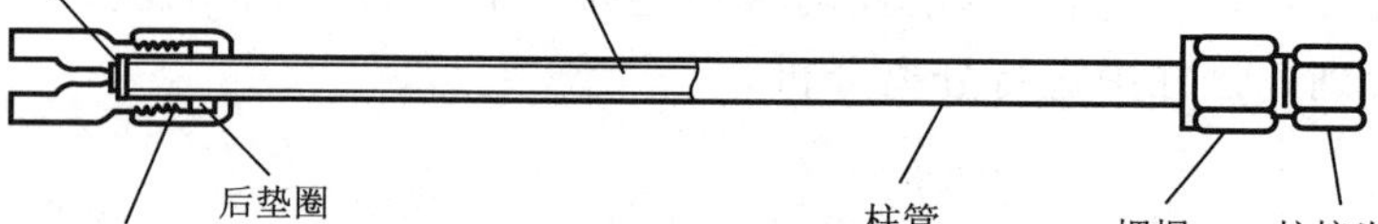

图 7-6 色谱柱结构示意图

填充好的色谱柱标有箭头，指示的是流动相的流动方向，安装使用时，流动相的方向要与箭头方向一致。有些简易型的高效液相色谱仪，其色谱柱暴露在仪器外部，如果需要在恒定的温度下进行分析，则需要将色谱柱置于柱温箱中。

色谱柱在使用之前要进行性能评价，其性能评价参数有理论塔板数 N、对称因子 f_s、分离度 R、分离因子 α 等。评价液相色谱柱的仪器系统应满足相当高的要求，一是液相色谱仪器系统的死体积应尽可能小，二是采用的样品及操作条件应当合理，在此合理的条件下，评析色谱柱的样品可以完全分离并有适当的保留时间。考察方法如下。

① 硅胶柱(正相色谱)，以甲苯、萘和联苯为试样，无水己烷或庚烷为流动相。

② 烃基键合柱(反相色谱)，以苯、甲苯和萘为试样，甲醇-水或乙腈-水为流动相。

在比较不同色谱柱的柱效时，要注意采用相同样品和相同色谱条件，在不同样品和不同色谱条件下测得的参数没有可比性。

(2) 保护柱。

所谓保护柱，就是在分析柱的入口端、装有与分析柱相同固定相的短柱(5～30 mm 长)，可以经常且方便地更换，可起到保护分析柱、延长分析柱寿命的作用。虽然采用保护柱会使分析柱损失一定的柱效，但是，换一根分析柱不仅浪费(柱子失效往往只在柱端部分)，还费事，而保护柱色谱系统的影响基本上可以忽略不计。所以，即便损失一定的柱效也是可取的。

8) 检测器

样品经过色谱柱分离以后，进入检测系统。检测系统、高压泵和色谱柱是高效液相色谱仪的三大关键部件。其作用是把洗脱液中组分的量(或浓度)转变为电信号，以色谱峰的形式表现出来。

检测系统

(1) 检测器的要求。

理想的检测器:灵敏度高,噪声低,线性范围宽,稳定性好,重现性好,响应时间快。

(2) 检测器的分类。

按其适用范围可分为两大类。

一类是通用型检测器,如示差折光检测器、蒸发光散射检测器、质谱检测器等,这类检测器对样品具有普遍适用性,可连续测量色谱柱流出物(包括流动相和样品组分)的全部特性变化,通常采用差分测量法。但由于对流动相有响应,因此易受温度变化、流动相流速和组成变化的影响,噪声和漂移都较大,灵敏度较低,不能用于梯度洗脱。

另一类是专属型检测器,如紫外检测器、荧光检测器、电化学检测器等,其中紫外检测器(UVD)是高效液相色谱应用最广泛的检测器。专属型检测器用于测量被分离样品组分某种特性的变化,这类检测器对样品中组分的某种物理或化学性质敏感,而这一性质是流动相所不具备的,或至少在操作条件下不显示。专用型检测器灵敏度高,受操作条件变化和外界环境影响小,并且可用于梯度洗脱操作。

① 紫外检测器。

紫外检测器适用于对紫外光有吸收的样品的测定,其测定原理是基于待测组分对特定波长紫外线的选择性吸收,组分浓度与吸光度的关系服从朗伯-比尔定律。紫外检测器灵敏度高,噪声低,线性范围宽,对流速和温度波动不敏感,适用于梯度洗脱。常见的类型有可变波长检测器和光电二极管阵列检测器,其中可变波长检测器是目前配置最多的检测器,它只能检测一个波长的信号。如图 7-7 所示。

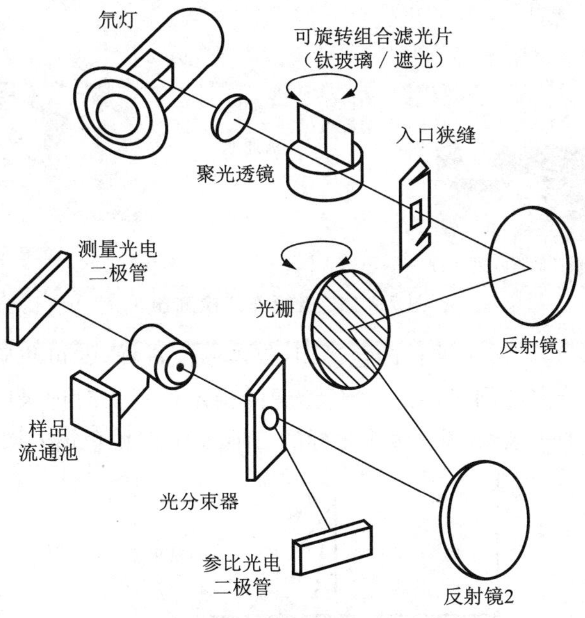

图 7-7　紫外检测器光学系统图

紫外检测器基本结构与一般紫外可见分光光度计结构类似,均包括光源、分光系统、试样室和检测系统四大部分。

② 可变波长检测器。

光源(氘灯)发射的光经聚光透镜聚焦,由可旋转组合滤光片滤去杂散光,再通过入口狭缝至平面反射镜1,经反射后到达光栅,光栅将光衍射色散成不同波长的单色光。当某一波长的单色光经平面反射镜2反射至光分束器时,透过光分束器的光通过样品流通池,最终到达检测样品的光电二极管;被光分束器反射的光到达检测基线波动的参比光电二极管;通过比较可以获得测量光电二极管和参比光电二极管的信号差,此即为样品的检测信息。这种可变波长紫外吸收检测器的设计,使它在某一时刻只能采集某一特定的单色波长的吸收信号。光栅的偏转可由预先编制的采集信号程序加以控制,以便于采集某一特定波长的吸收信号,并可使色谱分离过程洗脱出的每个组分峰都获得最灵敏的检测。

紫外检测器与紫外分光光度计仪器结构的主要区别是将吸收池改为流通池,以适应高效液相色谱进样量小,柱外谱带展宽小的要求。

③ 光电二极管阵列检测器。

光电二极管阵列检测器(Photo-Diode Array,PDA)或(Diode Array Detector,DAD),是20世纪80年代出现的一种光学多通道检测器。在晶体硅上紧密排列一系列光电二极管,每一个二极管相当于一个单色器的出口狭缝,二极管越多,分辨率越高,一般是一个二极管对应接受光谱上一个纳米谱带宽的单色光。此外,还有多通道快速紫外-可见光检测器(multi-channel rapid scanning UV-VIS detector)、三维检测器(three dimensional detector)等。光电二极管阵列检测器已在高效液相色谱分析中大量使用,一般认为是液相色谱最有发展、最好的检测器。如图7-8所示。

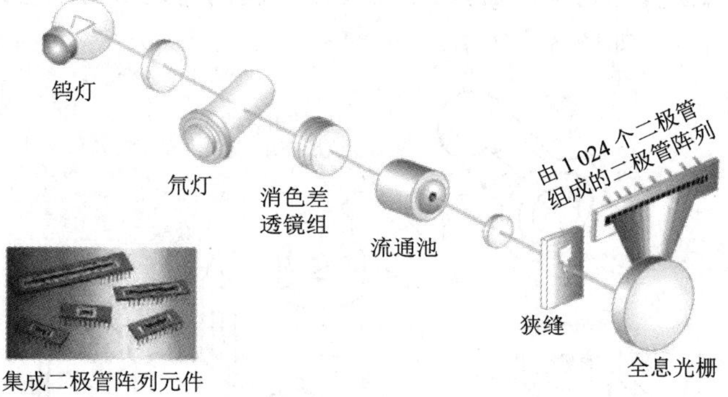

图7-8　二极管阵列检测器

其优点是可以同时得到多个波长的色谱图,仅需一次进样,就可将吸收波长不同的组分检测出来。另外,在色谱分离的同时,对每个色谱峰的指定位置实时记录吸收光谱图。可以逐点进行光谱扫描,得到以时间-波长-吸光度为坐标的三维图形(三维色谱光谱图)。如图7-9所示。

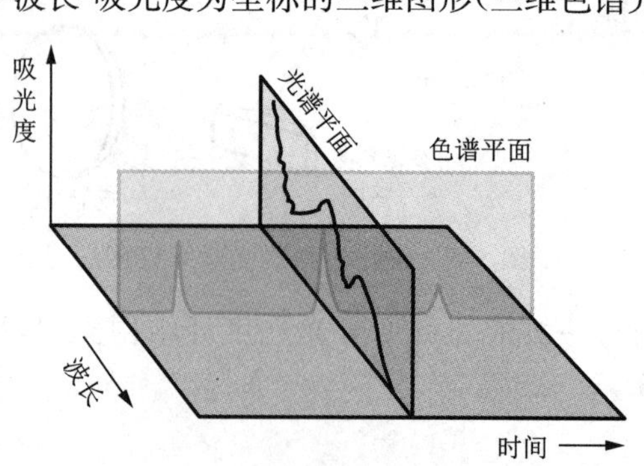

图7-9　二极管阵列检测器色谱图

光电二极管阵列检测器不仅可用于被测组分的定性分析，还可用化学计量学方法辨别色谱峰的纯度及分离情况，其全部检测过程均由计算机控制完成。

④ 荧光检测器。

许多化合物，特别是芳香族化合物、生化物质，如有机胺、维生素、激素、酶等，被入射的光照射后，能吸收一定波长的光，使原子中的某些电子从基态中的最低振动能级跃迁到较高电子能态的某些振动能级之后，由于电子在分子中的碰撞，消耗一定的能量而下降到第一电子激发态的最低振动能级，再跃迁回到基态中的某些不同振动能级，同时发射出比原来所吸收的光频率低、波长长的光，即荧光，被这些物质吸收的光称为激发光(λ_{ex})。

荧光检测器(FD)就是利用某些溶质在受到紫外线激发后能发射可见光(荧光)的性质来进行检测。荧光的强度与入射光的强度、样品浓度成正比。它是一种具有高灵敏度和高选择性的浓度型检测器。对不发生荧光的物质，可使其与荧光试剂反应，制成可发生荧光的衍生物后再进行测定。

荧光检测器的灵敏度比紫外检测器要高100倍，当要对痕量组分进行选择性检测时，它是一种强有力的检测工具。但它的线性范围较窄，不宜作为一般的检测器来使用。荧光检测器也可用于梯度洗脱。其光路如图7-10所示。

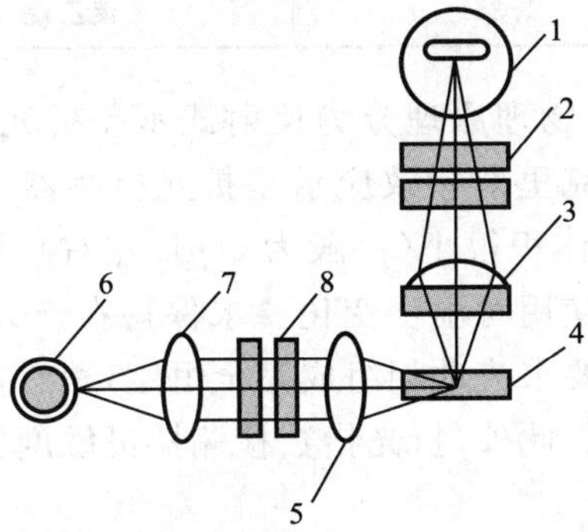

图7-10　荧光检测器光路示意图

1—光电倍增管；2—发射滤光片；3—透镜；4—样品流通池；
5—透镜；6—光源；7—透镜；8—激发滤光片。

⑤ 折光指数检测器。

折光指数检测器(RID)，又称示差折光检测器，它是通过连续监测参比池和测量池中溶液的折射率之差来测定试样浓度的检测器。折光指数检测器的普及程度仅次于紫外检测器，属于总体性能检测器，对所有物质都有响应，是一种通用型检测器，也属于浓度敏感型检测器、非破坏型检测器。折光指数检测器还适用于流动相紫外吸收本底大，不适于紫外吸收检测的体系。在凝胶色谱中，折光指数检测器是必不可少的，尤其是对聚合物，如聚乙烯、聚乙二醇、丁苯橡胶等的相对分子质量分布的测定。此外，折光指数检测器在制备色谱中也经常使用。

溶液的光折射率是溶剂(流动相)和溶质各自的折射率乘以其物质的量浓度之和，溶有样品的流动相和流动相本身之间光折射率之差即表示样品在流动相中的浓度。原则上，凡是与流动相光折射率有差别的样品，都可用它来测定。见表7-2。

表 7-2　常用溶剂在 20 ℃时的折射率

溶　剂	折射率	溶　剂	折射率
水	1.333	苯	1.501
乙　醇	1.362	甲　苯	1.496
丙　酮	1.358	己　烷	1.375
四氢呋喃	1.404	环己烷	1.462
乙烯乙二醇	1.427	庚　烷	1.388
四氯化碳	1.463	乙　醚	1.353
氯　仿	1.446	甲　醇	1.329
乙酸乙酯	1.370	乙　酸	1.329
乙　腈	1.344	苯　胺	1.586
异辛烷	1.404	氯代苯	1.525
甲基异丁酮	1.394	二甲苯	1.500
氯代丙烷	1.389	二乙胺	1.387
甲乙酮	1.381	溴乙烷	1.424

示差折光检测器一般可按物理原理分为反射式示差折光检测器、偏转式示差折光检测器、干涉式示差折光检测器和克里斯琴效应示差折光检测器。高效液相色谱都使用反射式折光指数检测器，因其检测池体积很小（一般为 5 μL 左右），可获得较高灵敏度。折光指数检测器对温度的变化很敏感，使用时温度变化要求保持在－0.001～＋0.001 ℃内。此检测器对流动相流量变化也敏感，要求流动相组成完全恒定，稍有变化都会对测定产生明显的影响，因此一般不宜做梯度洗脱。此外，折光指数检测器灵敏度较低，不宜用作痕量分析。

⑥ 蒸发激光散射检测器。

蒸发激光散射检测器（ELSD）是近年新出现的高灵敏度、通用质量型检测器。它可以用来检测挥发性低于流动相的任何样品组分，特别适于无紫外吸收的样品，主要用于糖类、高级脂肪酸、磷脂、硫族化合物等无紫外吸收或紫外末端吸收的化合物。此外，ELSD 对流动相的组成不敏感，可以用于梯度洗脱。ELSD 的检测灵敏度要高于低波长紫外检测器和折光指数检测器，检测限可低至10^{-10} g・mL^{-1}。ELSD 可用于梯度洗脱，且响应值仅与光束中溶质颗粒的大小和数量有关，而与溶质的化学组成无关。

2.2　数据记录处理和计算机控制系统

现代 HPLC 的重要特征是仪器的自动化，其中心计算机控制系统，即色谱工作站，既能做数据采集和分析工作，又能程序控制仪器的各个部件。

(1) 控制仪器各部件。输液系统中控制流速，梯度洗脱中控制溶剂间比例及流速变化；控制自动进样装置，准确、定时进样；编制程序，自动进样、运行及数据采集；

(2) 采集和分析数据。采集来自检测器的原始数据，并进行积分，给出峰信息中峰宽、峰面积、对称因子、分离度、理论塔板数等参数计算结果；DAD 检测器软件可给出三维图谱、光谱图、各波长下色谱图等，从而对组分进行定性定量分析。

任务3　基本技能

3.1　高效液相色谱分析方法建立的一般步骤

一般情况下，HPLC 分离方法的建立遵循以下步骤。

1）了解样品的基本情况

所谓样品的基本情况，主要包括样品所含化合物的数目、种类（官能团）、相对分子质量、pK_a、UV 光谱图以及样品基体的性质（溶剂、填充物等）、化合物在有关样品中的浓度范围、样品的溶解度等。

2）明确分离目标

(1) 主要目的是分析还是回收样品组分？

(2) 是否已知样品所有组分的化学特性，或是否需做定性分析？

(3) 是否有必要解析出样品的所有的组分？

(4) 若需做定量分析，则精密度需多高？

(5) 本法适用于几种样品分析还是许多种样品分析？

(6) 实验室中已有哪些 HPLC 设备和技术？

3）了解样品的性质和需要的预处理

考察样品的来源形式，除非样品是适于直接进样的溶液，否则，高效液相色谱分离前均需进行某种形式的预处理。例如，有的样品需加入缓冲溶液以调节 pH；有的样品含有干扰物质或“损柱剂”，必须在进样前将其去除；还有的样品本身是固体，需要用溶剂溶解，为了保证最终的样品溶液与流动相的成分尽量相近，一般最好直接用流动相溶解（或稀释）样品。

4）检测器的选择

不同的分离目的对检测器的要求不同。测单一组分，理想的检测器应仅对所测成分响应，而其他任何成分均不出峰。另外，若目的是定性分析或是制备色谱，则最好用通用型检测器，以便能检测到混合物中的各种成分。仅对分析而言，检测器灵敏度越高越好，最低检出量越小越好；若目的是用作制备分离，则检验器的灵敏度没必要很高。

应尽量使用紫外检验器（UV），目前一般的 HPLC 都配有这类检测器，它方便且受外界影响小。若被测化合物没有足够的 UV 生色团，则应考虑使用其他检测手段，例如示差折光检测器、荧光检测器、电化学检测器等。如果实在找不到合适的检测器，那么才可以考虑将样品衍生化为有 UV 吸收或有荧光的产物，然后用 UV 或荧光检测。

3.2　高效液相色谱仪的使用基本流程

1）开机前准备

(1) 阅读说明书，熟悉仪器操作规程。

(2) 确定色谱柱、检测器、流动相及其他分析条件。

(3) 准备流动相各种溶剂,包括过滤和脱气。

(4) 安装色谱柱。

(5) 检查并连接各电路和连接线。

2) 开机操作

(1) 打开仪器各个模块电源开关,仪器自检。

(2) 打开计算机,进入色谱工作站。

3) 分析方法编辑

(1) 仪器各个参数设置。

(2) 分析测定条件设置。

(3) 洗脱梯度设置。

(4) 进样方式设置。

(5) 数据采集处理输入方式设置。

(6) 文件保存路径。

4) 分析

检测器输出基线稳定后,进样检测。

5) 关机

(1) 继续用流动相冲洗 10～20 min。

(2) 关闭检测器、梯度洗脱装置、高压输液泵电源。

(3) 退出数据工作站,关闭计算机。

3.3 高效液相色谱实训室的要求

温度:常温,建议安装空调设备,无回风口。

湿度:小于 60%。

供水:准备室可配置 1～2 个水龙头。

废液排放:应配制专门废液接收器,并能密封。

供电:设置单相插座若干,设置独立的配电盘、通风柜开关;照明灯具不宜用金属制,以防腐蚀。

供气:若无特殊要求,则无需用气。

工作台防振:合成树脂台面,防振。

防火防爆:配置灭火器。

避雷防护:属于第三类防雷建筑物。

防静电:设置良好接地。

电磁屏蔽:若无特殊要求,则无需电磁屏蔽。

通风设备:准备室可配置通风柜。

3.4 高效液相色谱仪的维护

保持储液器的清洁,专用储液器定期用酸、水和溶剂清洗,用普通溶剂瓶做流动相储液器时，应根据使用情况不定期废弃瓶子。

定期(如半个月)在稀硝酸中超声清洗过滤器，保持过滤器畅通无阻。过滤器使用 3～6 个月后，若出现阻塞现象，则要及时更换新的，以保证仪器正常运行和溶剂的质量。

使用 HPLC 试剂和新制备的二次蒸馏水做流动相，对不是 HPLC 级的试剂要进行过滤，对流动相一定要脱气。

每次使用之前应放空排除气泡，确保泵头、流动池以及其他流路系统中无气泡存在，并使新流动相从放空阀出口流出 20 mL 左右。

更换流动相时一定要注意流动相之间的互溶性问题，若更换非互溶性流动相，则应在更换前使用能与新旧流动相均互溶的中介溶剂清洗输液泵。

若用缓冲液做流动相或一段时间不使用泵，则工作结束后应从泵中用超纯水或去离子水洗去系统中的盐，然后用纯甲醇或乙腈冲洗。

不要使用存放多日的蒸馏水及磷酸盐缓冲液。

长时间不使用，必须用去离子水清洗泵头及单向阀，以防球被座“粘住”导致泵头吸不进流动相。

防止缓冲盐溶液和其他残留物留在进样系统中，每次工作结束后应冲洗整个系统。

保护色谱柱，流速不可一次改变过大，应避免色谱柱受突然变化的高压冲击，使柱床受到冲击，引起紊乱，产生空隙。

采用保护柱，延长柱的寿命。若污染物堆积于保护柱头，造成柱压升高、柱效下降、峰形变差，则卸下用强溶剂反冲后再用，或更换新的保护柱。

经常用强溶剂冲洗柱子，将柱内强保留组分及时洗脱出来。反相柱用异丙醇-二氯甲烷(1∶1)冲洗，正相柱(硅胶柱)用纯甲醇或异丙醇清洗，时间均不小于 1 h。

色谱柱应在要求的 pH 范围和柱温范围下使用。不要把柱子放在有气流的地方或直接放在阳光下，气流和阳光都会使柱子产生温度梯度，造成基线漂移。

样品进样量不应过载。进样前应将样品进行必要的净化，以免其中的杂质对色谱柱造成损伤。

尽量用流动相溶解样品，一是避免出现拖尾峰、怪峰，二是避免试样在系统中由于溶解度降低而析出。

对于阻塞或受伤严重的柱子，必要时可卸下不锈钢滤板，超声洗去滤板阻塞物，对塌陷污染的柱床进行清洗、填充、修补工作，此举可使柱子恢复到一定的程度(80%)，有继续使用的价值。色谱柱长时间不用或储藏时，应封闭储存在惰性溶剂中。

任务4 工作任务

乳品中三聚氰胺含量的检测

参照国家标准 GB/T 22388—2008《原料乳与乳制品中三聚氰胺检测方法》。

1）样品预处理

（1）样品称量。

称取 2 g(精确至 0.01 g)乳品试样于 50 mL 具塞塑料离心管中，制备 3 个平行样与 1 个空白样，及时填写样品称量记录单。

（2）样品提取。

在上述离心管中用移液枪加入标准试液 100 μL，准确移入 15.00 mL 三氯乙酸溶液和 5.00 mL 乙腈，涡旋混匀后，超声提取 5 min 后，以不低于 7 000 $r \cdot min^{-1}$的速度离心 5 min，移取 4.00 mL 上清液并加入 2 mL 水充分混匀后，作为待净化液。

依次用 3 mL 甲醇、5 mL 水活化固相萃取柱，转移待净化液至固相萃取柱，依次用 3 mL 水和 3 mL 甲醇淋洗，抽至近干后用 6.00 mL 氨化甲醇溶液洗脱，洗脱液于 50 ℃下用氮吹近干。向残留物中准确加入 2.00 mL 流动相，涡旋混匀 1 min，用 0.22 μm 针式滤膜过滤后，分别移至液相进样瓶中，做好标记，供 HPLC 色谱测定。

2）测定

（1）HPLC 参考条件。

① 色谱柱。C_{18}柱，柱长 250 mm，内径 4.6 mm。粒径 5 μm，或等效色谱柱。

②流动相。

③ C_{18}柱：离子对试剂缓冲液-乙腈(90＋10，V＋V)，混匀。

④ 流速：1 $mL \cdot min^{-1}$；

⑤ 柱温：40 ℃；

⑥ 检测波长：240 nm；

⑦ 进样量：20 μL。

（2）定性分析。

将样品溶液中未知组分的保留时间与标准溶液在同一色谱柱上的保留时间做比较，如果样品溶液中某组分的保留时间与标准溶液中三聚氰胺的保留时间相差在±0.05 min 内，那么可认定为三聚氰胺。

（3）标准曲线的绘制及样液定量测定。

用流动相将三聚氰胺标准储备液逐级稀释，得到浓度为 0.8 $\mu g \cdot mL^{-1}$、2 $\mu g \cdot mL^{-1}$、20 $\mu g \cdot mL^{-1}$、40 $\mu g \cdot mL^{-1}$、80 $\mu g \cdot mL^{-1}$的标准工作液，按浓度由低到高进样检测，以峰面积-浓度作图，得到标准曲线回归方程。待测样液中三聚氰胺的信号响应值应在标准曲线线性范围内，若超过线性范围，则应适当稀释后再进行分析。

3）数据处理

（1）定量结果计算。

试样中三聚氰胺的含量按下式计算：

$$X=\frac{V_3 c A V_1 \times 1\,000}{V_2 m A_s \times 1\,000}$$

式中 X——试样中三聚氰胺的含量，$mg \cdot kg^{-1}$；

A——样液中三聚氰胺的峰面积；

c——标准溶液中三聚氰胺的浓度，$\mu g \cdot mL^{-1}$；

V_1——提取液总体积，mL；

V_2——吸取出用于检测的提取液的体积，mL；

V_3——样品溶液上机前定容体积，mL；

A_s——标准溶液中三聚氰胺的峰面积；

m——试样质量，g。

计算结果保留 3 位有效数字。

(2) 回收率计算。

根据 3 个加标试样的测定质量，分别计算出一个回收率，再算出回收率平均值。回收率根据下式计算：

$$P=\frac{M-M_0}{M_s}\times 100\%$$

式中　P——加标回收率，%；

M——样品中三聚氰胺的质量，mg；

M_0——空白样液中三聚氰胺的质量，mg；

M_s——加入标准三聚氰胺的质量，mg。

(3) 加标样 RSD 计算。

RSD 根据下式计算：

$$\mathrm{RSD}=\frac{\sqrt{\dfrac{\sum_{i=1}^{n}(x_i-\overline{x})^2}{n-1}}}{\overline{x}}$$

式中　x——3 个平行加标试样中三聚氰胺含量平均值，$mg\cdot kg^{-1}$；

n——平行样品个数，3；

x_i——每个平行样品。

习　题

一、单选题

1. 液相色谱适宜的分析对象是(　　)。
A. 低沸点小分子有机化合物　　B. 高沸点大分子有机化合物
C. 所有有机化合物　　D. 所有化合物

2. 在液相色谱中,梯度洗脱适用于分离(　　)。
A. 异构体　　B. 沸点相近,官能团相同的化合物
C. 沸点相差大的试样　　D. 极性变化范围宽的试样

3. 吸附作用在(　　)中起主要作用。
A. 液-液色谱法　　B. 液-固色谱法　　C. 键合相色谱法　　D. 离子交换法

4. 在液相色谱中,提高色谱柱柱效的最有效途径是(　　)。
A. 减小填料粒度　　B. 适当升高柱温
C. 降低流动相的流速　　D. 增大流动相的流速

5. 液相色谱中,通用型检测器是(　　)。
A. 紫外吸收检测器　　B. 示差折光检测器　　C. 热导池检测器　　D. 荧光检测器

6. 高压、高效、高速是现代液相色谱的特点,采用高压主要是由于(　　)。
A. 可加快流速,缩短分析时间　　B. 高压可使分离效率显著提高
C. 采用了细粒度固定相所致　　D. 采用了填充毛细管柱

7. 在液相色谱中,下列检测器可在获得色谱流出曲线的基础上,同时获得被分离组分的三维彩色图形的是(　　)。
A. 光电二极管阵列检测器　　B. 示差折光检测器
C. 荧光检测器　　D. 电化学检测器

8. 液相色谱中不影响色谱峰扩展的因素是(　　)。
A. 涡流扩散项　　B. 分子扩散项　　C. 传质扩散项　　D. 柱压效应

9. 在液相色谱中,常用作固定相又可用作键合相基体的物质是(　　)。
A. 分子筛　　B. 硅胶　　C. 氧化铝　　D. 活性炭

10. 样品中各组分的出柱顺序与流动相的性质无关的色谱是(　　)。
A. 离子交换色谱　　B. 环糊精色谱　　C. 亲和色谱　　D. 凝胶色谱

11. 在液相色谱中,固体吸附剂适用于分离(　　)。
A. 异构体　　B. 沸点相近,官能团相同的颗粒
C. 沸点相差大的试样　　D. 极性变换范围

12. 水在下述色谱中,洗脱能力最弱(作为底剂)的是(　　)。
A. 正相色谱法　　B. 反相色谱法
C. 吸附色谱法　　D. 空间排斥色谱法

13. 在下列方法中,组分的纵向扩散可忽略不计的是(　　)。
A. 毛细管气相色谱法　　B. 高效液相色谱法

C. 气相色谱法　　D. 超临界色谱法

14. 下列用于高效液相色谱的检测器，(　　)不能使用梯度洗脱。

A. 紫外检测器　　B. 荧光检测器

C. 蒸发光散射检测器　　D. 示差折光检测器

15. 高效液相色谱仪与气相色谱仪比较，增加了(　　)

A. 恒温箱　　B. 进样装置　　C. 程序升温　　D. 梯度淋洗装置

16. (　　)在输送流动相时无脉冲。

A. 气动放大泵　　B. 单活塞往复泵　　C. 双活塞往复泵　　D. 隔膜往复泵

17. 一般评价烷基键合相色谱柱时所用的流动相为(　　)。

A. 甲醇-水(83∶17)　　B. 甲醇-水(57∶43)

C. 正庚烷-异丙醇(93∶7)　　D. 水-乙腈(98.5∶1.5)

18. 下列检测器中，(　　)属于质量型检测器。

A. UV-Vis　　B. Rl　　C. ELSD　　D. FD

19. 大多数情况下，为保证灵敏度，高效液相色谱常选用(　　)。

A. 荧光检测器　　B. 二极管阵列检测器

C. 紫外可见检测器　　D. 蒸发光散射检测器

20. 色谱峰的宽度决定于组分在色谱柱中的(　　)。

A. 保留值　　B. 分配系数　　C. 扩散速　　D. 理论塔板数

二、多选题

1. 高效液相色谱中的(　　)技术类似于气相色谱中的程序升温，不过前者连续改变的是流动相的(　　)，而不是温度。

A. 组成与非极性　　B. 组成与极性　　C. 等度洗脱　　D. 梯度洗脱

2. 在液-液分配色谱中，对于亲水固定液采用(　　)流动相，即流动相的极性(　　)固定相的极性，称为正相分配色谱。

A. 疏水性　　B. 大于　　C. 吸水性　　D. 小于

3. 正相分配色谱适用于分离(　　)化合物，极性(　　)的先流出，极性(　　)的后流出。

A. 极性　　B. 小　　C. 大　　D. 非极性

4. 高压输液泵是高效液相色谱仪的关键部件之一，按其工作原理分为(　　)和(　　)两大类。

A. 恒流泵　　B. 蠕动泵　　C. 恒压泵　　D. 增压泵

5. 离子对色谱法是把(　　)加入流动相中，被分析样品离子与(　　)生成中性离子对，从而增加了样品离子在非极性固定相中的(　　)，使(　　)增加，从而改善分离效果。

A. 离子对试剂　　B. 离子对试剂　　C. 溶解度　　D. 分配系数

6. 在正相色谱中，极性(　　)的组分先出峰，极性(　　)的组分后出峰。

A. 小　　B. 正　　C. 大　　D. 负

7. 用凝胶为固定相，利用凝胶的(　　)与被分离组分分子(　　)间的相对大小关系，而分离、分析的色谱法，称为空间排阻(凝胶)色谱法。凝胶色谱的选择性只能通过选择合适的(　　)来实现。

A. 孔径　　B. 尺寸　　C. 流动相　　D. 固定相

8. 在液相色谱中,(　　)色谱特别适合于分离异构体,(　　)洗脱方式适用于分离极性变化范围宽的试样。

A. 吸附　　B. 过滤　　C. 梯度　　D. 等度

9. 高效液相色谱的基本组件有(　　)。

A. 高压输液系统　　B. 进样器　　C. 色谱柱　　D. 检测器

E. 色谱工作站

10. 通过化学反应,将(　　)键合到(　　)表面,此固定相称为化学键合固定相。

A. 载体　　B. 流动相　　C. 固定相　　D. 化学物

三、简答题

1. 简述高效液相色谱法与气相色谱法的异同点。

2. 液-固吸附色谱中常用的固定相是什么?

3. 什么是梯度洗脱? 液相色谱中梯度洗脱适用于分离什么样的混合物? 梯度洗脱的作用有哪些?

4. 简述高效液相色谱仪的工作原理。

5. 按固定相与流动相相对极性的不同,液-液分配色谱可分为哪两类? 其特点是什么?

6. 高压输液系统一般包括什么?

7. 对高压输液泵的要求主要是什么?

8. 简述液相色谱中引起色谱峰扩展的主要因素。如何减少谱带扩张,提高柱效?

9. 为什么作为高效液相色谱仪的流动相在使用前必须过滤、脱气?

10. 高效液相色谱仪的操作流程是什么?

四、判断题

1. 利用离子交换剂做固定相的色谱法称为离子交换色谱法。(　　)

2. 高效液相色谱适用于大分子、热不稳定及生物试样的分析。(　　)

3. 离子色谱中,在分析柱和检测器之间增加了一个“抑制柱”,以增加洗脱液本底电导。(　　)

4. 反相分配色谱适用于非极性化合物的分离。(　　)

5. 高效液相色谱法采用梯度洗脱,是为了改变被测组分的保留值,提高分离度。(　　)

6. 示差折光检测器属于通用型检测器,适于梯度淋洗色谱。(　　)

7. 化学键合固定相具有良好的热稳定性,不易吸水,不易流失,可用梯度洗脱。(　　)

8. 液相色谱的流动相又称为淋洗液,改变淋洗液的组成、极性,可显著改变组分分离效率。(　　)

9. 高效液相色谱柱柱效高,凡是能用液相色谱分析的样品,都不用气相色谱法分析。(　　)

10. 正相键合色谱的固定相为非(弱)极性固定相,反相色谱的固定相为极性固定相。(　　)

思政园地

1

《孙子·谋攻篇》云："知己知彼，百战不殆。"只有在对分析方法和待测样品充分了解的基础上，才能选择合适的分析方法，才能更好地完成分析任务。

2

用 GB 5009.5—2016《食品安全国家标准　食品中蛋白质的测定》中第一法凯氏定氮法测定食品中粗蛋白质的含量，即以含氮量的多少乘以 6.25 得出蛋白质含量。然而应用凯氏定氮法只能用来检测食品中的氮含量，并不能区分蛋白氮和三聚氰胺的氮含量。一些无良商贩人为地在食品中添加三聚氰胺以提高含氮量，从而达到降低生产成本以牟取暴利的目的。最为典型的事例即 2007 年"美国宠物毒粮事件"和 2008 年"中国毒奶粉事件"。此两事件给生命和社会带来极大危害。乳制品中三聚氰胺的检测方法有液相色谱-质谱法、气相色谱-质谱法、表面增强拉曼光谱法、电化学分析法、红外光谱法和荧光光度法等。越来越丰富、精确的检测方法，使得不法商贩无所遁形。

课堂讨论

什么是制备液相？有什么用途？

答：制备液相是利用色谱柱的分离能力，去除杂质，得到高纯度样品，区别于分析液相。在实验室里，红外、紫外、核磁这些仪器，都要求样品达到足够的纯度，才能得到准确的结果。此外，药品的生产也需要纯化，特别是生物制品和药剂。用于制备的液相，是在普通分析液相时常用的结构，即高压泵、进样器、色谱柱、检测器外，配制一个馏分收集器，用于收集分离出来的化合物。馏分收集器通常连接在检测器后面，根据检测器的信号显示，当化合物出峰的时候，仪器会自动收集，一个个化合物通过馏分收集器收集到小瓶或者试管里，或者连接到更大的瓶子里。

思维导图

- 高效液相色谱法
  - 项目导引
  - 学习目标
    - 知识目标
    - 技能目标
  - 知识准备
    - 高效液相色谱法的由来
    - 高效液相色谱法特点——“四高一广”
      - 高压
      - 高速
      - 高效
      - 高灵敏度
      - 应用范围广
    - 高效液相色谱法的分类和分离原理
      - 分类
        - 根据固定相的聚集状态分类——液-液分配色谱法(LLC)和液-固色谱法(LSC)
        - 根据分离机制分类——分配色谱法、吸附色谱法、离子交换色谱法(IEC)和空间排阻色谱法(SEC)
        - 其他色谱类型——亲合色谱法(AC)、手性色谱法(CC)、胶束色谱法(MC)和电色谱法(EC)
      - 液-液分配色谱法(LLC)
        - 分离原理
        - 固定相
        - 流动相
      - 液-固色谱法(LSC)
        - 分离原理
        - 固定相
        - 流动相
      - 化学键合相色谱(BPC)
        - 分离原理
        - 固定相
        - 流动相
      - 离子色谱法(IC)——与离子交换色谱原理类似,但流出离子用电导检测器进行测
      - 凝胶色谱法——以凝胶作为固定相,液体作为流动相
    - 分离方式的选择——一般依据
      - 相对分子质量的大小
      - 化学结构
      - 极性大小
      - 溶解度参数
  - 仪器认知
    - 高压输液系统
      - 储液瓶
      - 高压输液泵
      - 梯度洗脱装置
    - 进样系统
      - 六通阀进样器
      - 自动进样装置
    - 分离系统
      - 色谱柱
      - 色谱柱的性能评价
      - 保护柱
    - 检测器
      - 检测器的要求
      - 检测器的分类
      - 紫外检测器
        - 可变波长检测器
        - 光电二极管阵列检测器
      - 荧光检测器
      - 折光指数检测器
      - 蒸发激光散射检测器
    - 数据记录处理和计算机控制系统
      - 控制仪器各部件
      - 采集和分析数据

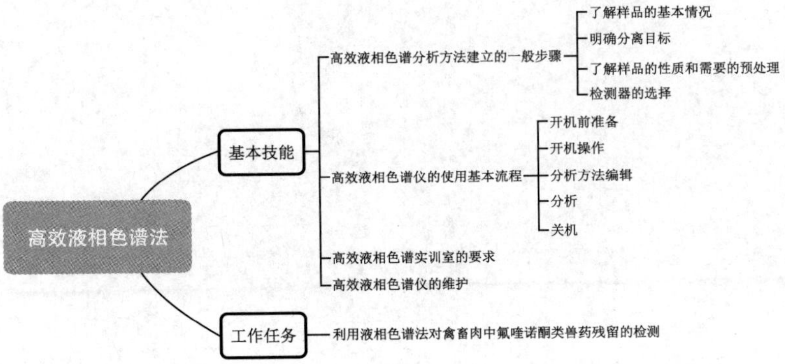
高效液相色谱法
基本技能
高效液相色谱分析方法建立的一般步骤
了解样品的基本情况
明确分离目标
了解样品的性质和需要的预处理
检测器的选择
高效液相色谱仪的使用基本流程
开机前准备
开机操作
分析方法编辑
分析
关机
高效液相色谱实训室的要求
高效液相色谱仪的维护
工作任务
利用液相色谱法对禽畜肉中氟喹诺酮类兽药残留的检测

模块四

现代分析技术

项目八

现代分析技术介绍

项目导引

中国白酒含有丰富的风味成分，但是其中大部分成分的风味贡献和影响机制尚不明晰。随着现代仪器分析技术和风味组学技术在白酒风味化学研究中的快速发展，可以建立白酒风味组学应用体系，加强对白酒风味的科学认识，挖掘白酒风味成分，解析特征风味。当前，在白酒中已检测出 2 400 多种风味成分，包括酯类、醇类、酸类、醛酮类和其他类。

想一想：为什么说传统分析方法基本可以实现食品成分检测，但是已不能完全满足现代食品工业的发展要求？基于现代仪器分析技术建立的风味组学在白酒特征风味解析中发挥着什么作用？

学习目标

知识目标

1. 了解现代仪器分析技术的特点。
2. 熟悉现代光学技术。
3. 熟悉现代色谱分析技术。
4. 了解各类仪器联用技术。

技能目标

1. 能说出现代仪器分析技术的特点。
2. 能说出现代光学技术和色谱学技术的发展现状。
3. 能说出现代仪器联用技术的运用状况。

素质目标

1. 培养学生良好的职业道德。
2. 培养学生严谨的工作作风和安全意识。
3. 培养学生精益求精、实事求是、一丝不苟的职业素质。
4. 培养学生良好的团队协作能力。

概　述

近年来,现代仪器分析技术正向智能化、数字化方向发展。基于微电子技术和计算机技术的应用实现分析仪器的自动化,通过计算机控制器和数字模型进行数据采集、运算、统计、分析、处理,提高分析仪器数据处理能力,数字图像处理系统实现分析仪器数字图像处理功能的发展;分析仪器的联用技术向测试速度超高速化、分析试样超微量化、分析仪器超小型化的方向发展。

现代仪器分析技术的发展方向为:

① 高通量分析:在单位时间内分析大量样品。

② 极端条件分析:实现单分子单细胞分析。

③ 在线、实时、现场或原位分析。

④ 联用技术:将两种以上分析技术联接,完成更复杂的分析任务。

⑤ 阵列技术:阵列方法大幅度提高了分析速度或样品处理量,将并行阵列技术与集成和芯片制作相结合。

现代仪器分析技术普遍具有取样量小、灵敏度高、重现性好、分析速度快、自动化和信息化程度高等特点,不但能够进行痕量、超痕量的测定,还能实现复杂混合物的分离、鉴定。

任务1　现代光学分析技术简介

1.1　原子荧光光谱法(AFS)

原子荧光分析技术是20世纪60年代初期由Winfordnei和Vickers提出的,经我国众多科学工作者的不懈努力,现已发展出了具有我国特色的原子荧光光谱法分析理论和仪器。对汞、砷等十余种元素,若采用火焰原子化或石墨炉原子化方式分析,则这些元素的发射谱线与吸收谱线都位于紫外光谱区,故不但分析灵敏度低,而且火焰原子化时背景吸收严重,石墨炉原子化时基体干扰和灰化损失严重。目前,原子荧光光谱法成为汞等元素测定的常规方法,甚至电感耦合等离子体发射光谱法和电感耦合等离子体质谱法都无法将其替代。原子荧光光谱法已成为各类检验实验室中砷、汞、硒、锑等金属元素痕量分析的重要手段。

原子荧光光谱法的原理是气态和基态原子的核外层电子吸收特征频率的光辐射后,被激发至激发态,然后又在瞬间跃迁回较低能态,同时产生光辐射,即原子荧光。从理论上讲,原子荧光光谱法与原子发射光谱法、原子吸收光谱法一样,都可对数十种常见元素进行分析,但迄今原子荧光光谱法最主要也最成功的分析对象是以汞、砷为代表的十余种元素。这十余种元素的原子荧光光谱法有着较低的检出限,通常在1 ppb以下;灵敏度较高;吸收谱线与发射谱线比较单一,干扰较少;线性范围较宽,通常在3个数量级以上;仪器结构简单,价格便宜。另外,由于原子荧光的性质是向空间各个方向发射,仪器易设计成多通道多元素同时分析的模式。

1.2 电感耦合等离子体发射光谱法(ICP-OES)和电感耦合等离子体质谱法(ICP-MS)

原子发射光谱仪器常用的光源主要有直流电弧、交流电弧、电火花及等离子体。电感耦合等离子体(ICP)就是其中一种常用的等离子体光源,其感应线圈通过的高频电流具有"趋肤效应",形成环形加热区,温度可达 10 000 K。样品气溶胶通过环形中心进入等离子体内,在高温焰心区和测光区停留较长时间,使得样品充分原子化,并能够在一定程度上消除化学干扰,因此检出限低,稳定性好,精密度、准确度高。因为 ICP 利用热传导与辐射的方式间接加热,加之进样量小,故产生的基体效应小。ICP 的一系列优点使之成为实验室环境中金属元素分析的重要技术,但它也存在缺点,比如对非金属的测量灵敏度较低、仪器维护费用较高等。

ICP-OES 测量的是光学光谱,而 ICP-MS 是以质谱仪为检测器的等离子体,两者的进样部分和等离子体部分是十分相似的,区别是检测器不同。ICP-MS 不仅可以测定元素含量,还可以测定同位素。ICP-OES 检出限通常为 1～10 ppb,而 ICP-MS 可以达到 ppt 级别。相比于 AAS,ICP-OES/ICP-MS 更大的优势在于可以同时测定多种元素,且样品分析速度快,能实现复杂体系的痕量或超痕量的元素分析。除汞等极个别元素外,ICP-MS 对 80 余种元素都能较好地完成定性、半定量和定量分析任务。对水和废水、空气和废气、土壤和沉积物、固体废物的 ICP-OES 和 ICP-MS 国家标准检测方法都已陆续颁布,ICP-MS 已逐步被公认为最理想的无机元素分析方法。

任务2　现代色谱分析方法简介

色谱技术基于不同物质在固定相和流动相中具有不同的分配系数而使各物质达到分离。现代仪器分析技术的发展,促进了现代色谱技术在各类精密分析中的应用,主要有气相色谱-质谱法(GC-MS)联用和液相色谱-质谱法(LC-MS)联用技术。

2.1 气相色谱-质谱法(GC-MS)

由于色谱具有出色的分离能力,将它与结构分析器(MS)联用,便可以同时实现对化合物的分离和定性,各种色谱-质谱联用技术便成了仪器分析领域最常见、最有效的复杂混合物成分分离、鉴定技术。电子捕获检测器(ECD)、火焰光度检测器(FPD)、氮磷检测器(NPD)则因对某些特定化合物表现出出色的灵敏度而不可或缺,例如 ECD 检测卤代化合物,FPD 检测含硫、磷农药的化合物,NPD 检测含氮、磷农药的化合物等。GC-MS 技术发展至今,衍生出了气相色谱-三重四极杆质谱(GC-QQQ)、气相色谱-飞行时间质谱(GC-TOF-MS)、高分辨气相色谱-高分辨质谱(HRGC-HRMS)等气相色谱与质谱联用的技术,但它们目前在环境监测领域的应用还不是很广泛。

2.2 液相色谱-质谱法(LC-MS)

高效液相色谱法(HPLC)是在经典色谱基础和气相色谱的高速发展影响下产生的现代色谱学技术。由于气相色谱有其局限性,即无法解决生命科学、医药学等新兴学科发展过程中面临的大分子、高沸点、强极性、热不稳定等复杂混合物的分离分析难题,HPLC 技术才应运而生。HPLC 与 GC 相似,都有着仪器分析方法高速、高效、高选择性、高灵敏度的特点,但 HPLC 色谱柱填料粒径更小,柱效更高。HPLC 又与 GC 不同,它没有像氢火焰离子化检测仪(FID)这类通用、可靠且灵敏度高的检测器,它常用的检测器有紫外吸收检测器、光二极管阵列检测器、荧光检测器等。而以 MS 为检测器,即成为 LC-MS。与 GC-MS 相比,LC-MS 的连接更为复杂,对接口要求更为严苛,对质谱的离子源系统也有很高的要求,传统的 EI、CI 源并不适合 LC 的分析对象,LC-MS 是在热喷雾电离(TSI)、大气压化学电离(APCI)技术的基础上才逐渐发展起来的。

LC-MS 在现代仪器分析中有着广泛的分析对象,如醛酮类化合物、酚类化合物、多环芳烃、苯胺类化合物、三嗪类农药等各类农药残留等。尤其是农药残留,在农村饮用水调查、面源污染调查中都成为突出的污染因素,成为影响民生的重大问题。现代农药趋于更低毒和更高效,对农药残留的检测方法要求也逐步提高,因此诞生了超高效液相色谱(UPLC)、液相色谱-三重四极杆质谱(LC-QQQ)等更高分离度、更高灵敏度和更快速分离的技术,使得以 LC 及 LC-MS 为基础的分析技术成为农药残留分析的最有力的工具。

思政园地

1

在国产洗涤剂公司立白集团成立的时候，全国洗衣粉市场基本被外资品牌所垄断。为了在夹缝中生存，立白集团迅速打开了全国市场，从区域品牌成为全国知名品牌。立白集团找到了一条靠品牌、品质不断新生的道路，进而奠定了成为民族日化用品领头羊的基础。国际日化巨头宝洁连续多年把立白集团列为其在中国市场上的四大竞争对手之一，除了立白集团，其他三大竞争对手都是外资企业。立白集团的成功基于“科技引领绿色健康”的理念。“创新”是立白集团的核心竞争力。立白集团每年都会将销售收入的3%用于研发，大部分产品的配方均能保持每两年升级一次。

民族品牌通过科技创新，自主研发，可以打败进口品牌，我们应当具备对科研的不断探索精神。

2

高鸿是中国近代仪器分析学科奠基人之一，他一生致力于祖国分析化学学科前沿领域的研究和科学教育事业，在国内外学术界享有崇高威望。高鸿擅长仪器分析，特别致力于电化学分析的研究。他在近代极谱分析基础理论和新技术、新方法的研究方面成绩卓著。高鸿曾就读于美国伊利诺大学，1947年获得化学博士学位并留校担任助教。1948年2月，由于国内局势变化，高鸿终止了未到期的工作合同，匆匆回国，进入中央大学(今南京大学)任教。20世纪50年代中期，中国开始实行第一个五年计划，国家急需分析化学人才，急需仪器分析方面的教材。为适应国家建设需要，高鸿编写了中国第一部《仪器分析》教科书，该书培育了几代人，现在中国年龄在50岁以上的化学界同仁几乎都读过这本书。晚年的高鸿在谈及当年的选择时，深有感触地说：“梁园虽好，并非久留之地，我应该为我的祖国和同胞服务，我的事业在祖国。”高鸿从事化学教育工作60年，辛勤耕耘，教书育人，诲人不倦，把自己的全部精力献给了中国的科学教育事业。教育部1990年赠给他的石刻上写着“老骥伏枥，志在千里，桃李不言，下自成蹊”，表彰了他的功绩。

课堂讨论

现代仪器分析发展的方向和特点是什么?

答:近年来,现代仪器分析技术正向智能化、数字化方向发展。现代仪器分析技术的发展方向如下。① 高通量分析:在单位时间内分析大量样品。② 极端条件分析:实现单分子单细胞分析。③ 在线、实时、现场或原位分析。④ 联用技术:将两种以上分析技术联接,完成更复杂的分析任务。⑤ 阵列技术:阵列方法大幅度提高了分析速度或样品处理量,将并行阵列技术与集成和芯片制作相结合。特点:现代仪器分析技术普遍具有取样量小、灵敏度高、重现性好、分析速度快、自动化和信息化程度高等特点,不但能够进行痕量、超痕量的测定,还能实现复杂混合物的分离、鉴定。

思维导图

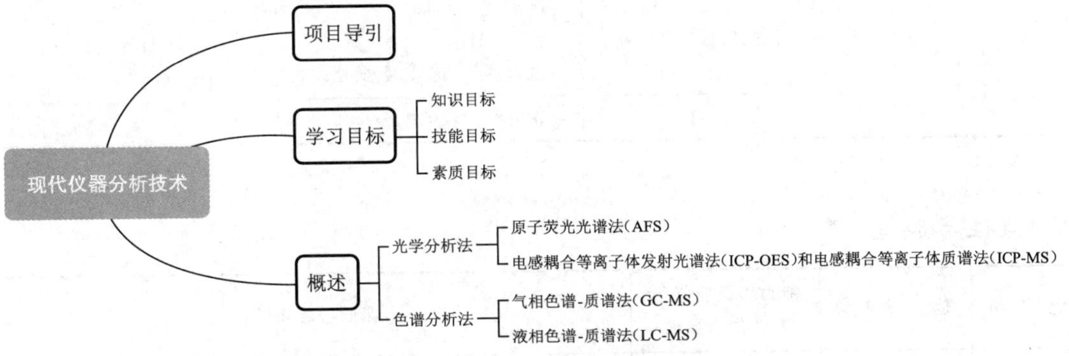

岗课赛证融通

模块一　电位分析

职场省思

在检验分析岗位中，电位分析的相关仪器操作相对简单，但对操作人员的要求如其他分析仪器一样严苛。让我们来看一下岗课融通点。

岗课融通点

典型工作领域	典型工作岗位	岗位职责技能要求	岗课融通知识点
食品生产 药品生产 化工	检验质量控制	准确测量 pH； 监控 pH； 规范操作、记录、数据处理	电位分析法基本原理 基本技能
	设备维护	正确维护保养电极	

课证关联点

能力等级	典型工作领域	能力等级规范和专业能力要求	课证融通知识点
初级、中级、高级	农产品种植、粮农产品流通、粮农食品加工、质量安全信息管理与评价	质量安全检测与监测、相关信息收集与分析、质量安全管理等综合应用能力；运用化学分析方法进行检测及评价；监测仪器设备设施安装与运维	饱和甘汞电极的规范使用 pH 玻璃电极的规范使用 复合电极的规范使用 氟电极使用注意事项 比色皿成套性及仪器波长准确性的检查 显色与操作条件的选择 邻菲罗啉光度法测铁条件实验 定量分析方法 分光光度法测定混合液中的钴和铬 高含量组分的测定 紫外吸收光谱定性分析应用 紫外吸收光谱定量分析应用——紫外分光光度法测定水中硝酸盐氮 试样的预处理与制样 标准样品溶液的配制 测定条件的选择 干扰及其抑制

续表

能力等级	典型工作领域	能力等级规范和专业能力要求	课证融通知识点
初级、中级、高级	农产品种植、粮农产品流通、粮农食品加工、质量安全信息管理与评价	质量安全检测与监测、相关信息收集与分析、质量安全管理等综合应用能力；运用化学分析方法进行检测及评价；监测仪器设备设施安装与运维	气相色谱定性方法 气相色谱定量方法 气相色谱分离条件的选择 高效液相色谱分析方法建立的一般步骤 高效液相色谱仪的使用基本流程 高效液相色谱实训室的要求 高效液相色谱仪的维护

课赛关联点(全)

大赛级别	竞赛名称	模　块	竞赛赛点和专业能力要求	课赛融通知识点
世界级	化学实验室技术	电位分析	正确校准仪器，规范标定标准滴定溶液，测定样品浓度，正确进行数据处理并完成实验报告	电位滴定装置与测定过程 滴定终点的确定方法
世界级	化学实验室技术	紫外-可见分光光度法	准确称量药品，配制溶液并建立标准工作曲线，规范处理样品，测定未知试样的含量，正确进行数据处理并完成实验报告	比色皿成套性及仪器波长准确性的检查 定量分析方法
国家级	食品安全与质量检测	色谱法	利用现代化大型分析仪器(气相色谱、原子吸收分光光度计、液相色谱)进行农药残留、重金属污染、兽药残留的检测；具备社会责任意识和质量安全知识	茶叶中铅含量的测定 蔬菜中有机磷类农药的检测
国家级	工业分析检验	电化学分析法； 色谱法； 原子吸收光谱法	工作效率、文明生产、安全生产的职业素养；执行国家质量标准规范的能力	电位滴定装置与测定过程 滴定终点的确定方法 原子吸收光谱法测定原理 色谱法分离原理 利用液相色谱法对禽畜肉中氟喹诺酮类兽药残留的检测

模块二　光学分析

岗课融通点

典型工作领域	典型工作岗位	岗位职责技能要求	岗课融通知识点
化学研究、生物医药、环境科学和食品分析等	生化物质（蛋白、维生素、盐离子等）浓度测定 食品分析（亚硝酸盐的测定）	规范取样，准确称量样品、药品，准确移取配制试剂，配制溶液并建立标准工作曲线，规范处理样品，测定未知试样的含量，正确进行数据处理并完成实验报告	食品中亚硝酸盐含量的测定 紫外吸收法测蛋白质含量

模块三　色谱分析

岗课融通点

典型工作领域	典型工作岗位	岗位职责技能要求	岗课融通知识点
石油化工、医药卫生、环境监测、生物化学、食品分析	检验（空气、水中污染物如挥发性有机物、多环芳烃检测） 质检（农作物中残留有机氯、有机磷农药，食品添加剂苯甲酸等） 分析（体液和组织等生物材料的分析，如氨基酸、脂肪酸、维生素等）	有较强的工作责任感和事业心；能够规范操作；能够正确处理数据并完成报告；能够对仪器进行简单的日常维护	气相色谱定性方法 气相色谱定量方法 气相色谱分离条件的选择 高效液相色谱分析方法建立的一般步骤 高效液相色谱仪的使用基本流程 高效液相色谱实训室的要求 高效液相色谱仪的维护